U0216265

打破重力束缚

NASA之前的航天故事

（美）艾米·希拉·泰特尔 著

王幼军 胡小波 高飞 译

BREAKING
THE CHAINS
OF
GRAVITY

The Story of Spaceflight before NASA

漓江出版社

著作权合同登记号桂图登字：20-2016-175 号

图书在版编目（CIP）数据

打破重力束缚：NASA 之前的航天故事/（美）艾米·希拉·泰特尔 著；王幼军，胡小波，高飞 译. —桂林：漓江出版社，2019.8
书名原文：Breaking The Chains of Gravity-The Story of Spaceflight Before NASA
ISBN 978-7-5407-8581-9

Ⅰ. ①打… Ⅱ. ①艾… ②王… ③胡… ④高… Ⅲ. ①航天－技术史－美国－通俗读物 Ⅳ. ①V4-097.12

中国版本图书馆 CIP 数据核字（2018）第 302685 号

打破重力束缚：NASA 之前的航天故事
（Dapo Zhongli Shufu：NASA Zhiqian de Hangtian Gushi）

作者：（美）艾米·希拉·泰特尔　译者：王幼军，胡小波，高飞

出 版 人：刘迪才
策划编辑：叶　子
责任编辑：叶　子
装帧设计：赵　瑾
责任监印：陈娅妮

漓江出版社有限公司出版发行
社址：广西桂林市南环路 22 号　邮政编码：541002
网址：http：//www.lijiangbook.com
发行电话：010-85893190　　　0773-2583322
传　　真：010-85890870-814　0773-2582200
邮购热线：0773-2583322
电子信箱：ljcbs@ 163.com

山东德州新华印务有限责任公司印刷
（山东省德州市经济开发区晶华大道 2306 号　电话：0534-2671218）
开本：880 mm×1 230 mm　1/32
印张：9.375　插页：4　字数：200 千字
版次：2019 年 8 月第 1 版
印次：2019 年 8 月第 1 次印刷
定价：46.00 元

目录 CONTENTS

前言 1

第1章　火箭爱好者 4

第2章　火箭的漏洞 21

第3章　战争的转折 49

第4章　逃跑与投降 69

第5章　在新墨西哥州的纳粹火箭 87

第6章　火箭与飞机相遇 106

第7章　新的战争、新的导弹和新的领导者 122

第8章　飞得更高、更快 133

154　　　第 9 章　缓慢进入高超音速

171　　　第 10 章　在空中飘浮的宇航员

193　　　第 11 章　太空成为一个选项

213　　　第 12 章　第一次卫星竞赛

227　　　第 13 章　一个小球的巨大冲击

254　　　第 14 章　掌控太空之争

271　　　结语 美国步入太空

275　　　人物列表

277　　　地区和组织列表

279　　　火箭列表

281　　　注释

287　　　参考资料

293　　　致谢

献给那些仍在激励我们的航天先驱们，
以及一直信赖着我的马克。

前　言

关于美国国家航空航天局（National Aeronautics and Space Administration，简称 NASA）的历史，有一个广泛流传的版本：1961年，肯尼迪总统誓言十年之内一定要把一个美国人送上月球，而且他还得安全返回地球。果然，1969 年 7 月，尼尔·阿姆斯特朗（Neil Armstrong）在静海（Sea of Tranquillity，美国阿波罗 11 号飞船的月球着陆点）迈出了小小的一步。这一步不仅实现了已故总统的梦想，而且以恢复美国国家地位的名义，完成了一项技术上异常艰难的壮举。人们一致认为，这项非凡的成就诞生于 20 世纪 60 年代的航天萌芽时期，而且是在极短的时间里产生的。如果再考虑到以下事实，这个故事将变得更加不可思议：当时 NASA 才刚刚成立三年，当肯尼迪宣布美国一定要把人送上月球时，他们还没有将人送入太空轨道。这个众所周知的故事版本给人们造成了一种错觉——NASA 制订登月计划完全是执行总统命令的结果。

事实上，美国国家航空航天局并非诞生于一片真空之中，制定实施登月计划也并非毫无基础。或许可以说这个机构成立于 1958年，但此前已经进行了长达几十年的零部件组装、火箭技术、人体承受力以及超音速飞行等方面的研究，监管登月计划这种庞大工程的政治机构也早已存在。在 NASA 向商界开放并使阿波罗计划获得可能之前,其技术与官僚源头就可追溯到几十年前,而这正是本书所要探寻的。

将第一批美国宇航员送入太空的神奇火箭是经由一批德国工程师带入美国的,他们在第二次世界大战后被引进,当时受雇于美国军方。人在太空中的生存知识主要来自一些早期的空军项目,这些项目有些与灵长类动物有关,有些与人有关。关于一个航天器如何才能从轨道上安全返回的知识主要归功于美国国家航空咨询委员会(National Advisory Committee for Aeronautics,简称NACA)的成果,该机构在尖端的航空计划中善于架设沟通军事与民用的桥梁。

必须要说明的是,本书所讲述的只是这个故事的一部分,书中所提及的几乎每一枚火箭、每一架飞机、每一位人物、每一个组织,以及每一个研究实验室都值得拥有自己的专门历史。事实上,其中的大多数的确已有相关专著。在此,为了将简明的故事带给更多读者,我决定聚焦于某些特定的人物,并且遵循某种特定的叙述方法,这样就把一些著名的人物排除在外了,如美国工程师罗伯特·戈达德①和俄罗斯科学家康斯坦丁·齐奥尔科夫斯基②,这两位"火箭之父"对这个领域的贡献是难以估量的。但一个包罗万象而不加剪辑的故事将会是一本厚重无比的大书,只有铁杆的太空迷们才有耐心从头到尾地细读这样的著作。航天飞行是我们人类共同历史的一

---

① 罗伯特·戈达德(Robert Goddard, 1882—1945),美国工程师、发明家,液体火箭发明者。月球上的戈达德环形山便以他的名字命名。代表作有《达到极端高度的方法》。编注。

② 康斯坦丁·齐奥尔科夫斯基(Konstantin Tsiolkovsky, 1857—1935),苏联火箭专家,现代宇宙航行学奠基人,被称为"航天之父"。他至今仍流传于航天界的名言是:"地球是人类的摇篮,但人类不可能永远被束缚在摇篮里。"编注。

部分,它不应该只是初学者的入门书籍,而应该激发出每个人的兴趣去探索这一段精彩纷呈的历史。

在本书的写作中,我决定使用男性代词,因为在 1930 年到 1958 年之间,除了极个别的情况,在航空航天领域工作的人几乎都是男性。那时大多数具有超前意识的人也自然而然地认为,第一位进入太空的人必定是男性。这是那个时代的思维方式。另外,我还保留了与本书的时间架构一致的一些机构和中心的名称以及美元的数值,前者与当下的叫法未必能够完全对应起来,而后者也没有因为通货膨胀而做出相应调整。

我希望本书能够呈现出美国国家航空航天局正式成立之前的历史,我将着重于讲述 NASA 的那些还不为人所知的引人入胜的背景故事,因为这些会激发人们进一步探究的愿望。人类对于太空的探索美妙无比。深入了解这一切如何开始,不仅是出于兴趣,更是因为这一了解能让人类 20 世纪下半叶在太空探索中取得的成就显得更为不可思议。

第 **1** 章

火箭爱好者

1930 年 5 月 17 日，一个温暖而晴朗的周六即将结束[1]，在柏林的布里茨（Britz），夜幕已在九点之前降临①，但马克斯·瓦利尔（Max Valier）还没有一点离开的意思，他仍然在工作台前忙碌着。从黄昏开始他就一直不停地工作，他坐在一把椅子上，聚精会神地盯着工作台上的一个燃烧室。这是一个简单的装置，只有一根钢管在燃烧室中央，钢管的一端安装着可以向上排气的喷嘴，另一端是一系列小孔，它们是用来导入燃料和氧化剂的。整个装置的规模和一个杂货铺差不多，装置中还有两个容器，一个容器盛着煤油和水的混合物，另一个盛着液态氧。瓦利尔的助手亚瑟·鲁道夫（Arthur Rudolph）和沃尔特·里德尔（Walter Riedel）坐在两个容器旁，他们在瓦利尔的指示下打开阀门，将燃料和氧化剂导入燃烧室中混合。当燃烧室被充分加压时，瓦利尔用喷灯点燃了混合物。当燃烧的气体通过喷嘴咻咻地从燃烧室向上喷出时，对装置产生了一个向下的反作用力。在发动机燃烧启动的同时，瓦利尔往装置的另一端增加适当的配重直到完全平衡，这样他就可以粗略计算出引擎的功率。

那一天，瓦利尔已经用相同的装置做了两次成功的试验。燃烧

---

① 柏林纬度较高，每年 5 月至 7 月日落时间为 20：30—21：30 之间。编注。

室的两次燃烧试验都非常理想，得出了比较好的数据，但第三次试验却失败了；与此同时，硬件在颠簸震动中的变形试验也在进行。此时，里德尔急切地想让全体工作人员结束一天的工作，准备第二天再重新开始，瓦利尔却兴致正浓，没有作罢的意思。下午的成功给予了他极大的鼓舞，他决定做最后一次测试[2]，想要以高昂的状态结束一天的工作。于是，燃烧室再一次被重新组装，之后，盛着燃料和液态氧的容器又被连接起来。

　　与他以前做过的几十次这种测试一样，瓦利尔将火焰移向加压的燃烧室，但这一次火焰并非如他所期待的那样缓慢而稳定地燃烧，整个空间反而被一声震耳欲聋的爆炸剧烈地撼动了。出乎瓦利尔的意料，煤油和水混合形成的一部分乳化物与液态氧相结合，形成了果冻状的物质粘在燃烧室两侧，导致了致命的爆炸。里德尔本能地关上容器的阀门并迅速冲向瓦利尔，在瓦利尔即将倒地的瞬间扶住了他。里德尔让鲁道夫和他们的机械师看顾受伤的瓦利尔，自己冲出去向路过的车辆求助。但为时已晚，瓦利尔和燃烧室之间没有任何防护，爆炸发生时，一块碎片刺穿了他的肺动脉。那天，德国著名的火箭及太空旅行普及者瓦利尔，因失血过多倒在了斯巴达实验室（Spartan laboratory）的地板上。

　　瓦利尔曾经做过几次类似的危险且近乎鲁莽的公开实验，因此名声大振，而火箭强大的推进力也获得了一片赞誉之声。为了实现少年时代的梦想，他始终坚持做各种各样的尝试性试验，当他还是个孩子时。只要学校的假期一到，他就把鞭炮装到飞机模型上，让飞机模型在奥地利因斯布鲁克①的上空穿梭飞行。成年后，瓦利尔

---

①　因斯布鲁克（Innsbruck）坐落在阿尔卑斯山谷之中，是奥地利西南部城市，蒂罗尔州的首府。它濒临因河（Inn），意为因河上的桥。译注。（本书脚注若非标注均为译注。）

结识了一个志趣相投的朋友——赫尔曼·奥伯特（Hermann Oberth），一位出生于罗马尼亚的物理学家。

奥伯特通过法国小说家儒勒·凡尔纳①的著作才知道有火箭这种东西。奥伯特在 14 岁时因猩红热在意大利养病，其间他阅读了凡尔纳在 1865 年出版的小说《从地球到月球》(*De la Terre à la Lune*)。书中讲述了这样一个故事：一群来自巴尔的摩大炮俱乐部的美国人造了一架巨大无比的炮，他们就像乘火车一样乘坐在空心炮弹里，用大炮把自己发射到月球上。这不仅仅是一个美妙的故事，而且对于航天飞行中火箭的推动力也具有潜在的实际意义，这一点对奥伯特具有极大的吸引力，尽管他知道故事的主人公所用的黑火药根本不可能把飞船送至月球，因为如果火箭用黑火药作为燃料，飞船根本不可能获得足够的动力。但奥伯特认为，用液体推进火箭会将这一目标变为现实。于是，他开始设计一种简单的概念型火箭，称之为反冲式火箭，这种火箭通过后端排出气体来推动自身在太空中飞行。牛顿第三定律指出，每一个作用力都有一个大小相等且方向相反的反作用力，这种火箭是对这个定律的基本应用，火箭尾部喷出的气体将推动它前进。但是父亲的干涉阻碍了奥伯特对火箭的追求。1912 年，他移居德国，在慕尼黑大学学习医学，然而，行医在他的职业生涯中只持续了非常短暂的时间，在第一次世界大战中，奥伯特参加了一个战场医疗队，此后便决定再也不做医生。

战争结束后，奥伯特决心转变自己的人生轨道，他回到了大学，研究领域从医学转到了数学和物理，专攻火箭推进。他的研究工作

---

① 儒勒·凡尔纳(Jules Verne, 1828—1905)，法国作家，代表作有《格兰特船长的儿女们》《海底两万里》《神秘岛》《气球上的五星期》《地心游记》等。他的作品对科幻文学流派有着重要的影响，被称为"科幻小说之父"。

在 1922 年的博士论文中达到巅峰,这篇论文的研究对象是液体火箭及其在航天中的应用,然而他的指导教授却否定了他的工作。这篇论文不同寻常、别出心裁,但答辩委员会却认为该论文不满足授予经典物理学学位的要求,因为他们认为火箭和航天飞行只是科幻小说的素材。对于奥伯特来说,这着实是一次不小的打击,这种打击足以迫使一位年轻的物理学家离开学术圈,更不用说追求火箭梦想了。奥伯特将被否决的论文发给一些出版商,最终找到了一家愿意为他出版的小出版社。

1923 年,《星际火箭》(*Die Rakete zu den Planetenräumen*)上架了,这本书并未获得人们的广泛青睐,虽然篇幅不到一百页,但内容广博繁杂并配有烦琐的图表和计算,使得普通的读者敬而远之。不过这本书引起了火箭业余爱好者的共鸣,这些人被同样的前景所吸引——把火箭推进作为太空旅行的一种手段。在《星际火箭》的热心读者中,瓦利尔就是其中的一位,他被这项工作深深地吸引了,1924 年开始给奥伯特写信。第一封信就激起了两人之间富有成效的交流沟通,奥伯特的角色就像老师,而瓦利尔则是一个充满激情的学生,两人讨论了火箭的基本原理、最佳的测试实践,甚至谋划合作出版一本书。合作可以使两人充分发挥各自所长,奥伯特提供技术方面的细节,瓦利尔则在写作上予以润色,如此写出的作品对于外行人来说也简明易懂。但不久,这种二人组的合作就陷入了僵局,在讨论未来的火箭研究计划时,奥伯特想通过按部就班的测试程序逐步探索并了解液体推进火箭的动力,而瓦利尔打算使用目前可用动力的火箭来收集基本的数据。瓦利尔想要公开地进行这些实验,奥伯特却认为这种行为太过浮夸,并不是科学的行为。但瓦利尔坚持认为,这是向赞助人展示火箭研究是一项崇高事业的最好方式。

瓦利尔已经着手为这项研究事业和一些公开的展示寻求资助了,他想把火箭捆扎在某些移动的物体上,这种尝试从汽车开始。瓦利尔找到了一位热心的赞助人——德国汽车工业家弗里兹·冯·欧宝①。冯·欧宝要求将火箭捆绑到他的一款汽车上以展示它们的动力。汽车制造商和火箭爱好者的第一次合作是"火箭一号"②,就是将一个标准的欧宝赛车的发动机拆除,而用一捆固体燃料火箭作为新动力源。固体燃料火箭由弗里德里希·威廉·桑德③制造,它被绑在赛车的尾部。"火箭一号"看起来就像一辆火箭车,前轮的上面装载着四四方方的汽车主体,这样的"火箭一号"并不符合空气动力学的流线型设计,但它已整装待发,准备试驾。

1928年3月12日,"火箭一号"停在欧宝工厂的圆形跑道上,赛车手库尔福特(Kurt C. Volkhart)坐在方向盘前。人们忐忑不安,没人能确定会发生什么,即使像库尔福特这样一位经验丰富的赛车手也要冒极大的风险。他双手伸向前面,紧握着方向盘,以此支撑着身体,感觉就像是即将从一个大炮中被射出的炮弹。火箭被点燃之前,一群围观的人翘首以待,他们期待的结果可能是看到火箭汽车沿着跑道急速地奔驰,抑或是看到火箭汽车在一次炽热的爆炸中分崩离析。信号发出,燃料被点燃,两条明亮的喷射流出现在一团烟雾中。当燃烧进行到火箭内部时,突然出现了一阵巨大的嘶嘶声,"火箭一号"开始移动,然而正当它要加速时,燃料却已消耗殆尽,火箭失去了推力。世界上第一辆火箭汽车在35秒内行进了500

① 弗里兹·冯·欧宝(Fritz von Opel,1899—1971),德国人,当年负责欧宝汽车的测试和宣传。

② "火箭一号"(Opel-Sander Rak.Ⅰ),即欧宝-桑德-火箭一号。

③ 弗里德里希·威廉·桑德(Friedrich Wilhelm Sander,1885—1938),德国烟火制造商和工程师。

英尺①,它的最高时速仅有每小时 5 英里②,在场边观看的冯·欧宝禁不住地哈哈大笑。一旁的瓦利尔不愿傻傻地站在那里继续被人讥笑[3],他决定展示之前设计的一个只有两英寸③长的微型炮膛火箭(bore rocket)。在没有气动顶帽(aerodynamic cap)或者合适长度的导杆的情况下,他发射了这个火箭。包括冯·欧宝在内的围观人群都看到,大约只用了两秒,它就上升到了超过 1 300 英尺的高度。这个简单的演示让冯·欧宝不再讥笑,众多媒体的关注焦点也集中到了一个令人兴奋的应用前景上——乘火箭旅行。

　　瓦利尔明白"火箭一号"的问题实际上是摩擦力问题,火箭很难克服汽车轮子在运动时与沥青路面的摩擦力。所以他尝试利用动量,在汽车行驶时点燃火箭,这样的效果还不错,尽管还没有达到他所期望的那种突破性的加速度,在汽车以每小时 18 英里的速度行驶时点燃火箭会使它的速度增加三倍。第一次运行成功后,瓦利尔和冯·欧宝开发了第二个版本的火箭汽车——欧宝"火箭二号",这辆火箭汽车具有了流线型的设计:前端设计成像子弹一样的锥形,轮子被置于车身之内。瓦利尔甚至在车身两侧增加了小型逆向机翼,这样就可以保证汽车车轮紧贴地面,以避免火箭加速过度而使汽车升空。"火箭二号"的设计也可以让司机通过控制脚踏板来点燃后置式火箭。在"火箭一号"表演失败的两个月后,冯·欧宝决定亲自掌舵,在尾部 24 支固体燃料火箭的驱动下,第二辆火箭车在柏林的高速公路上达到的最高速度约为每小时 145 英里。与此前试运行的火箭汽车相比,这是一个巨大的进步,但仍然落后于传统

---

① 1 英尺约为 0.304 8 米。编注。

② 1 英里约为 1.609 3 千米。编注。

③ 1 英寸约为 2.54 厘米。编注。

内燃机的动力。在"火箭二号"开动的几周之前,美国赛车手雷·基奇①在佛罗里达州迪通拿沙滩公路赛道(Daytona Beach Road Course)上,驾驶着一辆名为"三重灵魂的马鹿怀特"(White Triplex Spirit of Elkdom)的三引擎内燃机车,创造了将近每小时208英里的陆地滑行纪录。

瓦利尔还认识到一个问题,即车轮和沥青之间产生的摩擦力太大,这使火箭车难以达到可能的最高速度。为了解决摩擦力问题,瓦利尔设计了一辆在轨道上运行的车,命名为艾斯菲尔德-瓦利尔"火箭一号",这个名字反映了他与位于德国中部希尔伯福特-安哈尔茨特(Silberhütte-Anhalt)的 J. F.艾斯菲尔德火药和烟火公司之间的关系。夏末秋初,这款新型机车在哈尔茨山区进行了第一次测试。瓦利尔的直觉是对的,不过他的设计在实施过程中却接二连三地遇到问题。轮式滑橇由于速度太快而飞出轨道,最后坠毁了;安装在车底部的轮胎支柱断裂并损坏了轨道。在10月初的一次测试中,车轮甚至完全脱离了车辆。对瓦利尔来说,这次失败令他进退维谷、处境尴尬。他邀请了国有铁路的负责人来观摩10月的测试,顺便寻找认同其想法的新投资者。然而,事与愿违,这一事件引起了当地政府的介入,他设计的火箭动力车因为安全隐患而被禁止,直到安全隐患消除了,禁令才会解除。

轨道运行的失败却激发了瓦利尔的一个灵感,他尝试研制没有活动部件的火箭车。为了实现这个目标,他制作了一个又细又长的雪橇,飞行员滑行时可以坐在后座上。雪橇的座位后面是一堆小型火箭。在1929年初的冬季体育节上,"火箭鲍勃"(Rak Bob),正如

① 雷·基奇(Ray Keech,1900—1929),美国职业赛车手,生于宾夕法尼亚,曾获得美国汽车协会三届冠军。

它的名字一样,在巴伐利亚的艾布湖(Eibsee Lake)上做了一系列演示运行。这是瓦利尔的诸多设计中前景相对乐观的一个,他对这辆火箭车信心满满,觉得它足够安全,于是让他的妻子海德薇格坐在车轮后面,雪橇以惊人的速度在寒冬里飞奔。瓦利尔随后查验了运行轨迹,发现一些轨迹在某些地方消失得无影无踪,事实上这是由于"火箭鲍勃"的速度太快而脱离了地面。然而,高速的陆地车从来不是瓦利尔的追求目标,他的抱负始终在于实现火箭动力飞行,所以,下一步的测试手段就是把火箭安装在轻型飞机上。

在德国的罗恩山区(Rhön Mountains),有一片名叫瓦瑟山的高原。20 世纪 20 年代,这里是滑翔机爱好者的天堂,他们乘着强大的上升气流往上飞行并穿越下方的山谷。1928 年 3 月,瓦利尔和桑德去瓦瑟山旅行,他们在那里偶遇滑翔机设计师亚历山大·李比希①。在两人的交谈中,瓦利尔一直保持着神秘与低调,他没有向李比希透露自己的名字和打算,只是不停地向他打听关于自定义滑翔机设计的问题。瓦利尔告诉这位著名的滑翔机设计师,他想要他帮助研制一款重量轻且无尾的滑翔机,这种滑翔机将用于一个非常特殊的目的,他只透露了这会涉及一种大推力的后置发动机。李比希和他的设计师们对于这个陌生人的奇怪要求半信半疑,但最终还是同意研制这种滑翔机。几天后,李比希在当地报纸上看到一篇关于火箭车的文章,其中附有瓦利尔的照片,他这才恍然大悟,并兴趣陡增,想看看这位火箭普及者究竟如何完成其神秘的滑翔机试验。

瓦利尔最终使用的滑翔机是由李比希特地改装过的"鸭子"

---

① 亚历山大·李比希(Alexander Lippisch,1894—1976),德国航空工程师,先锋空气动力学的先驱,最著名的工作是设计梅塞施米特 Me163 火箭动力截击机。

（Ente），之所以用这个绰号是因为飞机特别长，前端喙状结构突出，而在尾部放置了两个圆柱形火箭，其中装满了近 9 磅①重的浓缩黑火药，电点火则在飞行员的座位上进行。1928 年 6 月 11 日早晨，李比希公司的试飞员弗里德里希·斯塔默（Friedrich Stamer）坐在驾驶舱中，当瓦利尔对火箭车的处理就绪，斯塔默驾驶着"鸭子"起飞了，他将依次点燃火箭。轻轻的嘶嘶声向他表明第一枚火箭已经在燃烧，此时加速度并不显著，飞机运行如常。几秒钟后，嘶嘶声被一阵隆隆的爆炸声所取代，在那一瞬间，"鸭子"着火了。斯塔默没有惊慌失措，他冷静地进行着陆操作，这次着陆堪称他职业生涯中最精彩的一次⁴，在第二枚火箭被点燃之前的千钧一发之际，他沉着地将冒着火苗的飞机降落到地面。着地后，斯塔默迅速启动应急措施，爬出飞机，在潮湿的草地上翻滚以熄灭和减弱后背的火苗。最终，斯塔默安然无恙地逃离了飞机，然而飞机却没这么走运，此时"鸭子"已被大火吞没。

多年来，瓦利尔在火箭动力汽车、雪橇和滑翔机等方面进行了持续不断的探索，渐渐这些累积都被纳入用火箭来缩小世界的终极梦想之中。他憧憬的未来情景是，通过火箭推进，人们在一个小时之内就可以从欧洲跨越大西洋到达美洲。他设想，以此为起点，火箭可以更高更快地推动飞机达到那个能让飞机脱离地球大气层而进入太空飞行的点。但是他也知道，如果不放弃在公开展示的试验中一直使用黑火药的火箭，这个梦想将永远不会成为现实，这样的火药根本无法提供让一架飞机快速穿越海洋或进入太空的动力。对此，他需要液体推进，并力图寻求更多的有才之士一同来应对发展这门科学所面临的挑战。

① 1 磅约 0.453 千克。编注。

1927 年 6 月 5 日，在布雷斯劳①一间酒店的后客厅里，瓦利尔与一小群火箭爱好者聚会，其中还有一些力图将这个异想天开的想法变成现实的科学家。这些人都被奥伯特在《星际火箭》中描述的火箭所吸引，那天下午他们成立了太空旅行协会（Verein für Raumschiffahrt，简称 VfR），其目标是真正造出他们的偶像所描述的火箭，这个最终目标可以用一句简单通俗的口号作为总结："齐心协力造飞船！"[5]

1929 年，奥伯特在瓦利尔的邀请下加入了太空旅行协会，这份邀请函是两人最后的一封通信，此后，在对待火箭测试的方式上，两人各持己见，最终分道扬镳。那时，协会花名册上的会员人数急剧增加，已经达到八百多位，其中有作家、工程师，也有科学家。很多人像奥伯特一样，发现瓦利尔的方法令人沮丧之处远远多于其取得的成效。毋庸置疑，实验名气大增对于增加曝光率和吸引赞助人来说大有裨益，尽管如此，大多数人还是觉得，瓦利尔的作秀表演贬损了他们正在进行的事业。[6]他们认为，他把火箭研究变成了一种人们茶余饭后的娱乐节目，而不再是严肃的科学。尽管瓦利尔是太空旅行协会的创始人，但他和协会之间很快出现了裂痕，并且不断扩大，最终的结局是这个最出色的拉拉队队长离开了他自己创立的协会。

在加入太空旅行协会的同一年，奥伯特同意出版已经发表的论文的扩展版，并重新命名为《太空航行》（*Ways to Spaceflight*），此书篇幅长达四百多页。该书的出版确立了奥伯特作为火箭科学家的地位，这是无可争议的。这一版的可读性更强，其中借用了一些月球航行的故事来描述那些难以理解的概念，回应了批评人士对早期

① 布雷斯劳（Breslau），波兰西南部城市，二战后改称弗罗茨瓦夫（Wroclaw，波兰语）。

版本提出的质疑，并进一步拓展了对这些问题的讨论。这本新书还增加了过去六年中一些最新的研究内容，其涵盖的主题包括装载航天装备的火箭飞离地球的最优飞行轨迹等。奥伯特写道，垂直发射火箭是最自然的，但这种发射方式效率低下，这与瓦利尔在他的第一个火箭车实验中所发现的情况相似，只是这一次阻碍火箭的是空气摩擦力而不是沥青。火箭直接穿过大气层时，空气会产生阻力，这会耗费宝贵的能量。奥伯特认为，沿着朝向东方的路径发射火箭会更好一些，这样可以利用地球自转的离心力使速度略有增加，由此弥补因大气摩擦而造成的速度损失。

奥伯特的开拓性远远超越了其科学同行，并且拓展到了艺术家的领域。他引起了弗里兹·朗（Fritz Lang）的注意，这位广受赞誉的无声电影导演此时正在推出他导演的第十一部作品《大都会》（Metropolis）。这部影片的筹备开始于四年前，主要讲述了一个发生在未来世界的恐怖故事，生活在地下城市的奴隶劳动者供养着那些住在地面上的富人们。这部电影深受观众的喜爱。为了使电影获得更好的效果，弗里兹·朗开始尝试着借助人们对于火箭的兴趣。弗里兹·朗的妻子蒂娅·冯·哈布（Thea von Harbou）创作了一个剧本，其中描写了一位勇敢的宇航员的飞往月球之旅，其目的是验证一位老博士的推测预言：月球上山脉的黄金含量比地球上所有的储存总量都要大。为了让冯·哈布的故事更加生动，在电影《月亮上的女人》（Frau im Mond）中，弗里兹·朗想用技术上的精确逼真来处理那些离奇的情节。为此，他聘请奥伯特担任电影的技术顾问。

这种参与的前景让奥伯特欣然应允，他知道一部关于火箭的逼真电影不仅使该领域能够广为人知，而且也可能会给研究带来资金资助。这位物理学家积极投身于这次活动，在实践操作方面，如火箭的大小和结构,他为弗里兹·朗提供的意见鞭辟入里,生动形象地描绘了火箭飞到月球的最佳轨迹。尽管在这部电影中,弗里兹·朗把自己的艺术想象凌驾于奥伯特的技术指导之上,但它对一枚正在飞离地球的火箭的逼真刻画是史无前例的。在火箭发射的一幕中,弗里兹·朗展示了这样一幅景象:从装配大楼到发射点,巨大的火箭在铁轨上缓缓爬行,当探照灯扫过,其结构给人留下了深刻的印象。火箭一到达目的地,马上被浸入到一个水池中,头部几乎全部浸没在水中,这是一种吸收炽热的火箭振动和声波的方法。引擎被点燃了,火箭在沸腾的水中一冲而起,向月球飞去,聚集在附近看台上的人群欢声雷动。

　　毫无疑问,奥伯特因为电影《月亮上的女人》提供技术建议而感到大喜过望,其得意之情不言而喻,不过,这只是真正激发这位科学家参与其中的一个附带因素。维利·莱[①]是一位太空旅行协会的资深会员,也是一位狂热的火箭普及者,他建议奥伯特制造并发射一枚真正的液体燃料火箭以呼应电影的上映。这个火箭不可能强大到可以抵达月球的程度,就像电影中的火箭那样,但它会成为一个非常有效的宣传噱头。电影发行公司即环球电影股份公司(UFA)及其市场运作部门也支持这个想法,它资助了奥伯特一小笔资金,但有一个条件,即奥伯特必须向他们支付未来收益的50%,这主要是指在建造这枚火箭过程中发展出的技术所带来的收益。

　　未来的潜在利益并没有让奥伯特特别上心,彼时,他邀请太空旅行协会的资深会员鲁道夫·内贝尔(Rudolf Nebel)也加入其中,开始启动火箭设计。他将自己设计的一种燃料液体发动机置于火箭的中心位

---

① 维利·莱(Willy Ley,1906—1969),德国人,后入美国籍,著名的航天科普作家,月球上的一个火山就是以他的名字命名的。

置,这种燃料是液态氧和汽油的混合物。但要把他的理论、计算和思想实验具体化为一个能够飞行的火箭,说起来简单,做起来并不那么容易。事实证明,他选取的燃料是一种难处理的混合物。在推力实验中,他观察到汽油被引入一个装满液态氧的容器时流得非常顺畅,这种混合物像在火箭的燃烧室中那样被点燃后,反应却顷刻化为了爆炸。突如其来的爆炸震破了奥伯特的耳膜并烧伤了左眼周围的皮肤,差点让他失去左眼。就在那一天,这位物理学家才知道汽油和液态氧在一个密闭而狭窄的空间内的燃烧速度非比寻常。

令人遗憾的是,进展比奥伯特预期的要慢,他未能在环球电影股份公司的计划发射日期 1929 年 10 月 29 日完成试验。在《月亮上的女人》首映之前,电影公司不得不发布一个简短的新闻公告,解释说由于不利的天气条件,发射计划不得不取消。这完全是一个借口,公众对其中的异常浑然不觉,奥伯特也避免了相当尴尬的处境,然而,他自己却没有摆脱这次惨痛失败造成的影响。这部电影在 10 月 15 日的首映式上获得了令人难以置信的好评,随即社会大众、知识分子和政治精英们对弗里兹·朗的赞美之词汹涌而至,称赞说这是他的又一杰作。奥伯特则被冷落一旁,由于幻想的破灭和资金的缺乏,他不得不离开柏林,回到了罗马尼亚的家中。

几个月后,一个新的机会又吸引奥伯特回到德国。内贝尔从政府资助的帝国化学技术研究所获得了一笔资金资助,随着这笔资金的到位,太空旅行协会希望将奥伯特的火箭变为现实。在内贝尔的再三恳切邀请下,奥伯特同意返回德国,这一次他将与一个更庞大的团队一起工作,这个团队的成员选自太空旅行协会。奥伯特聘请了西门子公司的一位工程师克劳斯·里德尔(Klaus Riedel),西门子是一家生产收音机电器元件和电子显微镜的公司。同时被招聘来的还有一位柏林工业大学工程系的学生——沃纳·冯·布劳恩（Wernher von Braun）。那时冯·布劳恩只有十几岁，是一位狂热的业余天文爱好者，他痴迷于天体，幻想着有朝一日拜访其他星球。他读过《星际火箭》的最初版本（1923 年），之后就成了奥伯特的狂热追随者。这位雄心勃勃的年轻人在奥伯特的书中看到了离开我们这个星球的方法，他拥有其他人不可比拟的优越条件来从事这项昂贵的消遣，他的富翁父亲马格努斯·冯·布劳恩（Magnus Freiherr von Braun）能够为他从事的一切活动买单。

瓦利尔为了探求液体推进技术已献出了宝贵的生命，而奥伯特的新团队正在进行的试验与瓦利尔的试验非常相似。瓦利尔是奥伯特以前的同事，他们孜孜以求的火箭核心是一个基础引擎（基础机），奥伯特称之为"单元"（Kegeldüse），其燃烧室是一个空心钢锥，有两个入口，一个用于注入燃料，另一个用于注入氧化剂。为了引擎测试，研发团队在燃烧室中固定了一个装满水的金属桶作为冷却剂，因为它的排气端朝向上方，所以会产生方向朝下的推力。然后，将金属桶放置在一个类似杂货店使用的天平上，这样奥伯特就可以像瓦利尔那样测量引擎的推力了。

奥伯特的第一次测试于 1930 年 7 月 23 日进行。连绵的阴雨天让实验小组笼罩在一片凝重的氛围中，而旁观者的到场更加重了这种氛围。帝国化学技术研究所的赞助负责人亲临现场验证结果，确保不会使投入的资金浪费掉。奥伯特的助手们正在进行测试准备，然后给燃烧室加压，奥伯特在一旁焦急地注视着。里德尔是小团队中比较年轻的成员，他把燃烧着的、浸透汽油的碎布扔到向上的排气喷嘴中。从燃烧室中呼呼地喷出了一团 3 英尺高的火焰！他做到了，没有发生爆炸，"单元"燃烧了 90 秒，产生了 15.4 磅的持续推力。经过电影《月亮上的女人》的那次失败之后，这次试验的成功使得奥伯特所遭遇的质疑消失了,但他仍然没有获得研究经费的投入。无可奈何之下,奥伯特又一次回到罗马尼亚,在那里,为了养家糊口,他从事着一份高中数学老师的工作。留在德国的火箭研究工作就由内贝尔、冯·布劳恩以及其他的太空旅行协会成员负责了。

　　然而,太空旅行协会仍然无力继续从事奥伯特留下的试验,他们没有获得来自大学、军方或者工业界的任何赞助,也没有一个专门的实验室空间。此外,瓦利尔的死亡虽有一定的偶然性,但火箭试验的安全性却令人担忧,他们将受到有关方面的法律限制。内贝尔和里德尔在后者家乡的一个家庭农场里做了一些小实验,但显而易见的是,他们需要一个更好的工作空间作为主要基地,并建造永久性设施。如果太空旅行协会想要破解液体燃料火箭推进的秘密,就需要一个更好的试验基地去实施他们的设计,而不是在里德尔的家乡伯恩施塔特(Bernstadt)的这片农场上。

　　1930 年的秋天,内贝尔为研究小组找到了一个落脚点。在柏林北部郊区的赖尼肯多夫(Reinickendorf),他沿着一条残破不堪的道路,发现了一片被铁丝栅栏围着的空地。这块空地大约有两平方英里①,里面有 6 栋军事建筑物,每一栋都被 40 英尺高、60 英尺厚的土墙围着,其间有一条狭窄的通道进入仓库。从前,这里是一个军火仓库,第一次世界大战之后被废弃,这个地方用来进行火箭试验再合适不过了。内贝尔与市政府就租赁事宜进行了谈判,最终市政府同意太空旅行协会租赁军火仓库和一栋小的行政楼,前提条件是任何设施不能被长久性地改变,如果有需要,新安装的设备必须能够在 48 小时内被拆除。低廉的租赁费足以弥补这些严格条款带来的影响,太空旅行协会每年需要支付的场地租赁费只有 10 个马

---

① 1 平方英里约 2.589 平方千米。编注。

克[7]（约 42 美元或 204 英镑）①。9 月 27 日这一天，研究小组正式拥有了这个基地，内贝尔在前面竖起了一个牌子，上面写着"柏林火箭发射场"（Raketenflugplatz Berlin）。这是德国的第一个火箭发射场。

　　火箭发射场渐渐成形。[8]太空旅行协会的第一批成员在这里建起了简陋的生活区和实验室，之后就把注意力转向开发目标——可行的液体燃料火箭。因为缺乏赞助，为了建造试验平台和购买火箭发动机零件，研究小组在财务上只能依靠自己的成员们，他们捐出了能够捐赠的所有东西，最常使用的方式是以物易物。他们用不需要的物品换取所需要的东西，或者通过提供自己的机械方面的技能换回机械零件，有时甚至以物品换取食物来保持团队的运行。

　　太空旅行协会也仿效瓦利尔的做法，用公开演示的方式引起当地人的兴趣，从而获取一些捐赠。内贝尔带头宣传太空旅行协会的活动，并邀请游客来到火箭发射场观看火箭引擎的试验。资助和捐赠通常取决于一次演示的成功与否。不幸的是，成功的演示总是少之又少，太空旅行协会只好继续用最少的资源和简陋的测试装置维持研究的进行。尽管条件极其艰苦，当成功来临时，这项事业又变得如此令人兴奋。1931 年初，研究团队开始进行反重力火箭（Repulsor）试验，他们将引擎放入具有冷却作用的水箱中，为了导航，在引擎后面安装一个长长的支撑操纵杆，操纵杆与燃料箱连接在一起，燃料箱里装着为发动机提供动力的液态氧和汽油。为了防止火箭飞行时偏离航线目标，他们在其底座上设计了四个尾翅，动力飞行结束后，置于火箭尾部舱中的降落伞就展开了，这样可以使其缓慢着陆。总体而言，这是一个小型火箭，大约有 12 英尺长，装满了燃料之后大约 45 磅重。2 月 21 日，在研究团队进行的一次反

①　1930 年美元对英镑汇率为 4.86。

重力引擎试验中,整个火箭出乎意料地向空中飞去,大约上升到60英尺的高度才开始坠落在整个过程中,火箭只有一些轻微的损坏。这是第一次成功的火箭发射,颇具偶然性,但使每一位太空旅行协会的成员感到振奋。

火箭发射场的第一年是繁忙的一年,总共进行了87次发射和270次静态点火试验。所谓的静态点火试验就是用螺栓将设备固定在一个位置上,使它不能移动,然后再进行引擎试验。所有的事情看起来都处于向好的势头中。1931年,公众对火箭的兴趣正浓,因此,媒体为了写出一个精彩的故事,会到处寻觅饶有趣味的火箭试验。10月,环球电影股份公司,也就是投资弗里兹·朗的电影《月亮上的女人》的那家电影公司,派了一个摄制组来到太空旅行协会所在的郊区,为《每周新闻》这档节目拍摄反重力火箭发射的短片。随着摄像机的转动,一枚火箭在摄制组眼前呼啸而过,发射平台被照得通亮,火箭直向高空冲去,使他们惊叹不已。但是,顷刻之间,降落伞却断裂脱落,油箱中的剩余汽油着火燃烧,飞溅的火花穿过天空飘落在火箭发射场马路对面的一间旧房屋上。油箱里的少量汽油引燃了建筑物,这惊动了当地的警察。身穿制服的警察冲进了火箭发射场,命令立即停止所有的火箭试验。太空旅行协会为此据理力争,认为个别的试验出现错误是难免的。在多次心平气和的交涉之后,双方达成了一个折中方案:如果太空旅行协会对他们的活动采取更严格的安全措施,就可以继续发射火箭。对于太空旅行协会来说,这是一个令人欣慰的解决方案;对于环球电影股份公司来说,这也是一个极具娱乐性的新闻。[9]这家媒体的关注并不是因为它眼光独具,而是因为有钱可赚。自此,其他媒体也开始关注穿梭于火箭发射场上空的火箭了。

第 **2** 章

火箭的漏洞

　　1932 年的春天,火箭发射场迎来了三位来访者。尽管身着便服,但从行为举止可以看出,他们并非只是对火箭感兴趣的过路人。一行人中带头的是卡尔・贝克尔(Karl Becker)上校,他是德国陆军的弹药和军需主管。陪同他一起前来的是军火专家里特・冯・豪斯蒂格(Ritter von Horstig)少校,另一位陪同者是沃尔特・多恩贝格尔(Walter Dornberger)上尉。沃尔特・多恩贝格尔的毕生职业都是军人,其军旅生涯的唯一一次中断是在 1925 年,那一年他离开军队去柏林夏洛滕堡工业大学(Berlin-Charlottenburg Technische Universität)学习工程学。他于 1930 年拿到学士和硕士学位之后回到军队中继续服役,学术研究的经历使他很容易地转向了弹道学研究,他开始研究火箭作为攻击性武器的潜力。从到达火箭发射场那天起,多恩贝格尔就是军方固体燃料火箭开发计划的负责人了。

　　把火箭作为武器,德国陆军的这一兴趣相当独到。早在几十年前,随着更加精良的大炮和作战飞机的问世,新技术迅速取代了那些无法精确瞄准的、需人工装弹的火炮,而火箭作为武器并没有受到青睐。航空业在第一次世界大战期间迅速成熟起来。第一批飞机用于辅助侦察,在骑兵和地面部队前面飞行,对埋伏的敌军进行鸟瞰侦察。在这些侦察机里,坐在后排的驾驶员拿着枪对敌人开火,但很快他们就发现,自己是在对着空中的同伴射击。为了简化越来越普遍的空中枪战,战争中的双方军队在飞机前面装上机枪,以便让飞行员向他们的目标直接开火。福克飞机公司(Fokker aircraft company)把空战向前推进了最重要的一步。福克公司完善了射击电动协调装置①,确保了自动武器在旋转的螺旋桨叶片之间可以持续开火,减小了子弹击中螺旋桨叶片并向不必要的方向反弹的概率。射击电动协调装置与德国创新性的全金属机身相结合,国家空军借此成为了一支不容被忽视的军事力量,而这促进了空战时代的到来。

　　战斗机的发展并没有让德国赢得第一次世界大战。战争使这个国家满目疮痍,战后被迫执行的《凡尔赛条约》让德国的军事力量也受到重创。为了防止战败国重新装备自己的武装力量而挑起新的冲突,条约规定德国军队只能保留七个师的步兵和三个师的骑兵,共计四千人,其中军官不超过三百人。德国的空军力量进一步受到限制。条约要求所有的飞行人员退役,并将未来的德国空军人数限制在一千人以内。所有的飞机、水上飞机、飞艇和其他飞行器,所有正在制造的车辆,所有的配套设施,包括生产氢气球、飞机零件和弹药的工厂都被迫向协约国和相关国家的政府移交。《凡尔赛条约》没有涉及火箭,这是因为在第一次世界大战中火箭还没有被用来当作进攻性武器。虽然德国空军的被迫投降严重削弱了这个国家的整体军事实力,但对火箭的忽略却为它打开了一扇窗口。德国军方有机会重新审视这一技术,用它来装备自己并发展远程轰炸能力,而这些并没有公然违反停火协议中的各项条款。

　　正是抱着这种意图,贝克尔、冯·豪斯蒂格和多恩贝格尔才会

---

① 　射击电动协调装置(interrupter gear),也叫机枪射击协调器。

在那年春天来到火箭发射场,实际上,他们早先已收到鲁道夫·内贝尔的邀请。为了给太空旅行协会寻求资金来源,内贝尔曾向贝克尔递交过一份名为"远程火箭炮保密备忘录"的技术文件。从科学的角度来说,这并不是一份完美的文件,但其中的思想理念非常先进。这激起了贝克尔的好奇心,他决定到柏林郊区走一趟,去看看这些年轻人到底在做什么。

那天,在火箭发射场有两个简单的火箭装置正在接受测试:"迷你火箭一号"(Mirak 1)和"迷你火箭二号"(Mirak 2)。Mirak 这个词是 minimumrakete 的缩写,意思是"简单的火箭"。"迷你火箭一号"看起来就像一个爆竹。在圆柱形的机身内有一个简单的铜质火箭发动机,这是奥伯特"单元"发动机的一个缩小版,在子弹形状的保护罩后面是一根长长的铝合金管子,用来当作导航操纵杆。"迷你火箭一号"已准备好发射,但是让军方代表更感兴趣的是更大、更复杂的"迷你火箭二号"。太空旅行协会向他们展示了装置和数据,这些数据都是从那些先进火箭的早期试验中得到的。不需要发射火箭,仅通过静态点火试验就可展示发动机的动力。

太空旅行协会并没有给军方代表留下深刻的印象。[1] 对于习惯于军事精确度的人来说,研究小组所得到的可怜记录和了无新意的发动机试验数据给人的印象就是:太空旅行协会的最大的成果就是令人眼花缭乱的爆炸物演示。但是贝克尔发现研究小组中有许多天才,因此他给了太空旅行协会一次机会,用军方的赞助制造一枚先进的火箭,并在距离柏林大约 17 英里的库默斯多夫西部试验基地(Kummersdorf West)发射。贝克尔还暗示到,必须有一次成功的发射才会让军方成为太空旅行协会的资助者。

太空旅行协会用了几个月的时间进行新火箭的研制,直到 7 月底才做好火箭发射的准备。一天清晨,太阳还未升起,两辆卡车从火箭发射场徐徐开出,驶往库默斯多夫西部试验基地。第一辆车装载着一枚火箭,这是一枚按照军方的规格要求从最早设计的模型改进的单操纵杆反重力火箭。第二辆车装载着液态氧、汽油,以及安装和发射火箭所需要的所有工具。车上坐着冯·布劳恩、内贝尔和里德尔,他们都为即将到来的发射试验感到光荣,多恩贝格尔作为军方的代表也在其中。

库默斯多夫西部试验基地的尖端精密设备令这些太空旅行协会的先驱们惊叹不已。[2] 他们从未见过在一个地方集中了如此种类繁多的测量设备,从各种照相机到计时仪一类的精密计时器,还有摄影经纬仪一类的光学跟踪仪器。这些工具可以对火箭的相关数据进行准确的收集。他们着手准备反重力火箭的发射,下午两点,一切准备就绪,随着发令信号一响,火箭一跃升空。但大约上升了一百英尺之后,其飞行路径开始发生水平倾斜并撞向了森林。更糟糕的是,他们没有成功地采集到任何数据,这可能使陆军再也不会向太空旅行协会提供进一步的研究资金。不过,虽然火箭没有给德国陆军留下什么印象,但沃纳·冯·布劳恩却给多恩贝格尔留下了深刻的印象。[3] 多恩贝格尔与这个拥有一头迷人金发的年轻工程师讨论了关于火箭的试验和技术,包括以前做过的以及将来要做的,多恩贝格尔被冯·布劳恩的聪明才智和火箭技术知识所吸引。冯·布劳恩还对多恩贝格尔说到他对于未来的火箭领域抱有极大的信心。

冯·布劳恩的个人魅力打动了多恩贝格尔。为了不让陆军与太空旅行协会之间潜在的合作因库默斯多夫西部试验基地的这次反重力火箭的失败而终结,冯·布劳恩也带着自己在太空旅行协会的火箭发射场试验中所获得的极少量的数据去拜见了贝克尔上校,并说服了贝克尔,这不仅是因为他带来的数据,还有胆识与自信。

两人达成了一份协议,军方将成为太空旅行协会的赞助者。这种合作关系是互惠互利的,他们彼此心照不宣,[4] 贝克尔可以得到武器,而冯·布劳恩可以获得必要的资金来实现他少年时代的火箭梦想。冯·布劳恩欣喜若狂,但并不是每一位火箭发射场的人都像他那样激动万分。[5] 有些人希望与军方撇清关系,因为他们认为这种严格的合作关系将会主导控制他们的工作方向和目标,他们自己要做的只是探索性的火箭,而不是导弹。[6] 其他的一些成员则担心一旦与军方建立起牢固的合作关系,战争冲突爆发时,他们个人将不得不被卷入其中。

太空旅行协会对多方面问题的整体性担忧并没有影响贝克尔的兴致,他向冯·布劳恩发出了另一个邀请:把为军方开发液体火箭作为一个博士学位的研究工作。贝克尔上校也是柏林大学的一名教授,在他的安排下,冯·布劳恩为军方所做的工作报告将会作为一篇论文而呈交,这些资料都是保密的。年仅 20 岁的冯·布劳恩接受了这份邀请并正式受雇于多恩贝格尔,1932 年 10 月 1 日,他开始为军方工作。军方对杰出精英人才的猎取标志着德国火箭研究业余时代的终结,同时也标志着把火箭作为一种武器进行研究的复兴。

为了充实新液体推动火箭项目的研发队伍,多恩贝格尔陆续招募了太空旅行协会的其他成员,其中包括阿图尔·鲁道夫(Arthur Rudolph)和沃尔特·里德尔(Walter Riedel)。随着库默斯多夫西部试验基地的装备和设施越来越完善,这些太空旅行协会的工程师们开始了新火箭的设计工作,并反复进行试验。这个过程非常曲折,他们把一次次的经验与教训当作最伟大的老师。

冯·布劳恩为军方做的第一次试验是在他被雇用了两个月后开始的。12 月 21 日这个晴朗而寒冷的夜晚,在库默斯多夫西部试验基地,冯·布劳恩、里德尔、多恩贝格尔和另一名叫海因里希·格鲁诺(Heinrich Grunow)的技术员来到室外试验的平台前。三块18英尺长、12英尺高的混凝土板构成了一个开放的围墙,用一套可折叠的金属门闭合起来。屋顶是木制板条搭建的,上面盖着沥青纸,试验的时候就把它卷起来。那天晚上,试验基地里正要测试的是一个火箭发动机,这是冯·布劳恩在多恩贝格尔的领导下开发的首个成果。这是一个20英寸长的梨形发动机,采用铝合金设计,可以产生650磅①的推力。在墙的另一边,管道和电线从测试装置连接到控制室,这样可以在发动机试验中为技术人员里德尔和格鲁诺提供保护。在试验过程中,他们把燃料和氧化剂注入燃烧室,此时,多恩贝格尔则躲在树的后面。

当燃烧室装满了燃料,作为团队中资深成员的冯·布劳恩手动点火并启动燃烧反应。他小心翼翼地用一根2英尺长的杆子挑起一罐燃烧的汽油,慢慢地把它移到酒精和液态氧的混合处,此时酒精和液态氧正从发动机喷嘴口向外喷涌。瞬间,试验平台被吞没在火焰中,束缚折叠门的铰链被炸得七零八落,炽热的金属四处飞溅。大火熄灭后,一大堆烧焦的金属显露出来,电线还冒着有毒的浓烟。里德尔和格鲁诺从控制室跑出来,发现冯·布劳恩和多恩贝格尔奇迹般地毫发无损。后来发现,这次失败的罪魁祸首是引擎点火装置的启动延迟。在冯·布劳恩将汽油移向引擎之前的几秒钟里,燃烧室中存有的酒精和液态氧已经达到了燃爆极限。经历了一次新的教训,库默斯多夫西部试验基地的研发工作继续进行。一个月后,在重建的试验平台上,推动试验又重新开始了。

1933年,多恩贝格尔的研发团队根据他们早期的火箭设想,开

---

① 1磅约0.45千克。编注。

始制造为军方专门研发的第一个产品,这个火箭被称为 Aggregate-1①或者 A-1,此时,对于这些从前的太空旅行协会的工程师们而言,这是重大转变的标志。最初在火箭发射场时,研发团队将发动机安装在火箭的头部,油箱则安装在后面,这种结构与汽车相似。而对于此时的 A-1 火箭,他们则把发动机安装在尾部,当火箭垂直竖起来时,发动机上面就是装燃料和氧化剂的油箱。随着火箭越来越大,这个简单的新设计就可以防止火箭的尾气引燃油箱。A-1 火箭不像一只爆竹,而像一枚巨大的炮弹,它的外壳直径有 1 英尺,长度达 4.6 英尺。研究小组还在火箭的头部安装了一个重达 85 磅的调速轮,这个装置增加了火箭的动量,可以让它在飞行中更加稳定。

　　不过,这种新的设计带来的问题逐渐显露出来。试验表明,这样的设计使火箭头部过于沉重。火箭的重心离它的推力中心太远,即使在头部安装一个陀螺仪也不能保持其稳定。到 1933 年底,这个问题暂时被搁置在一旁。在一系列静态点火试验的基础上,多恩贝格尔的研发团队决定无论如何也要发射 A-1 火箭了。他们认为,即使失败了,他们至少也会在这个过程中学到一些东西。火箭被安装到发射架上,随后燃料和氧化剂被注入,点火装置开始点火。瞬间,火箭在一个巨大的火球中爆炸,最后只留下了一堆扭曲变形的金属。这次同样是点火延迟的问题,在发动机点火前一秒钟,过量的压缩燃料和液态氧已经有一小部分扩散并形成燃爆气体,在燃烧室内部形成了一个爆炸性环境,所以爆炸的发生也就在所难免了。

　　1934 年伊始,多恩贝格尔的研发团队从 A-1 火箭的失败中吸取了教训,着手研发后续的 A-2 火箭。这种火箭的尺寸、形状以及发动机与它的前驱 A-1 火箭一样,只是仪器的位置有所不同。在 A-2

────────────────

①　Aggregate 意为"聚集"或"集结"。

火箭上，陀螺仪安装在火箭的中心部位而不是头部，研发人员希望以此来解决 A-1 火箭的稳定性问题。两个完全相同的 A-2 火箭马克斯（Max）和莫里兹（Moritz）（用两个当时流行的卡通人物来命名的）在 1934 年底建造完成。

当库默斯多夫西部试验基地的研发团队正忙着将 A-2 火箭变成现实之时，火箭发射场却寿终正寝了。被封杀的原因不是火箭爆炸，而是一张水费账单。由于闲置的建筑年久失修，漏水的管道和水龙头成为一大难题。每年 10 马克的租金他们尚且负担得起，但是由于持续不断的漏水而导致的水费却是一笔沉重的负担。太空旅行协会被迫放弃了这个基地，将它归还柏林市，而由于没有工作地点，协会也只能解散，业余的火箭研究无法继续下去了。就这样，库默斯多夫西部试验基地的多恩贝格尔研究小组成为了德国唯一能够运转的火箭研究团队。

相对当时德国正在发生的变化，火箭前景的改善仍无任何进展。1934 年 8 月 2 日，德国总统兴登堡，这位魏玛共和国最后的遗老死于肺癌。紧接着《帝国元首法》就颁布了，该法规将总统和总理职位合二为一，只设立一位国家元首。于是，时任德国总理的阿道夫·希特勒没有通过正式的选举就成为元首，其代表的国家社会主义德国工人党（纳粹党）进一步攫取国家权力，控制了包括军队在内的国家机器。至此，多恩贝格尔的研究小组就间接地被纳粹掌控了。

然而，政治环境的激荡变迁并没有使库默斯多夫西部试验基地日复一日的研发工作发生什么变化。1934 年整整一年，研发团队都在全力以赴研制马克斯和莫里兹两枚火箭，并于圣诞节的前几天，在北海的博尔库姆岛基地（Borkum Island）成功发射。最新的引擎和新的陀螺仪配置使火箭逐渐向满足导弹的功能转变。这个结果具有重要的现实意义,对于它的奖励就是大量涌入的军方资金,这让研发团队可以继续开发该系列的另一种火箭——A-3 火箭。这对双子火箭发射的成功也引起了德国残存的空军——纳粹德国空军(Luftwaffe)对于该火箭研究团队的关注。

　　纳粹德国拥有空军已是一个公开的秘密。20 世纪 30 年代,民航部长赫尔曼·戈林①就打着航空体育联赛的旗号,进行表演飞行训练,变相培养军事飞行员。到了 1935 年,这层掩饰的面纱也被扯开了,纳粹德国空军正式成立,这无疑是纳粹政权的一个军事创新。新的纳粹德国空军对军方正在研发的液体推进引擎具有异乎寻常的兴趣,但他们的兴趣不在于火箭,而在于用火箭驱动的飞机。绰号为"红男爵"的著名飞行员曼弗雷德·冯·里希特霍芬②的表弟沃弗兰·冯·里希特霍芬(Wolfram von Richthofen)少校拜访了库默斯多夫西部试验基地的研究团队,想让他们开发一种以乙醇和液态氧作为燃料的飞机引擎,这种引擎将作为传统螺旋桨推进系统的次级引擎。费迪南·冯·里希特霍芬甚至要求让自己的一个团队进驻库默斯多夫西部试验基地,开发可以用于飞机动力的火箭引擎,而这个要求是军方的研发团队必须执行的。库默斯多夫西部试验基地研发团队早期的成功给德国军方留下了深刻印象,他们对这种引擎的前景感到兴奋,因为这种发动机可以让重型轰炸机起飞,也可以让小型战斗机变成强大的飞行武器,轻而易举地超越敌人的飞机。

---

① 　赫尔曼·戈林(Hermann Göring,1893—1946),纳粹德国空军的缔造者,也是盖世太保的创建者。

② 　曼弗雷德·冯·里希特霍芬(Manfred von Richthofen,1892—1918),德国在第一次世界大战中的王牌飞行员。他曾击落 80 架敌机,创下一战中所有飞行员的最高纪录。由于他的座机涂着耀眼的红色,对手敬畏地称他为"红男爵"。

费迪南·冯·里希特霍芬的计划继续向前推进。1935年夏的一天,沃纳·冯·布劳恩亲自坐上一架被螺栓牢牢固定在试验平台上的无翼飞机。他的身后是一个固定的火箭引擎发动机,该引擎具有650磅的推力,具有同样推力的引擎已经驱动了A-2型双子火箭——马克斯和莫里兹。冯·布劳恩在驾驶舱内按下开关来启动引擎,飞机尾部瞬间喷射出了长矛般的火焰。火焰喷出的力量太大,如果没有固定在机身上的机翼,冯·布劳恩就会连人带机飞向空中了。虽然这只是一次静态试验,但也足以令冯·布劳恩感到非常兴奋,他刚刚亲身体验了一把航行所必需的火箭动力,这更激起了他对动力强大的火箭旅行的渴望。

为了完成为德国空军开发火箭发动机的新合同,同时为了向陆军提供有效的进攻性火箭,他们还要继续进行A-3火箭的研发。多恩贝格尔的研发团队迅速壮大,很快就超出了库默斯多夫基地的承载能力。郊区的位置也是一个问题,因为这个基地距离柏林大约17英里,逐渐增多的活动使它很难保持必要的军事保密级别。很显然,他们需要一个新的场所,一个与世隔绝的地方,在那里他们可以建立更大的测试平台,以及满足安全地发射越来越多的大型导弹所需要的发射范围。他们也意识到,把陆军和空军的火箭项目集中合并在同一个基地可以避免不必要的重复。

寻找一个完美的试验基地开始于1935年的夏天,最终通过冯·布劳恩的努力,这个问题得以解决。[7]冯·布劳恩在其孩提时代,曾经跟随家人到德国北部的乌瑟多姆岛(island of Usedom)进行狩猎旅行。乌瑟多姆岛是波罗的海岸边一个静僻的岛屿,与大陆之间隔着一条佩内河(Peene River)。乌瑟多姆岛西北部有一个村子叫佩内明德(Peenemünde),字面意思是"佩内河入口处",表明这里是佩内河流入波罗的海的地方。这种与世隔绝的状态作为武器开发基地再合适不过了,考虑到安全发射的范围,其沿海的位置是一个理想的场所,火箭可以在无人区和水面上空肆意而安全地飞行。

1936 年春,德国空军部门协议出售佩内明德附近一片 2.5 英里×7.5 英里的土地,标价 75 万马克①,与建设基地的预算资金相比,这个数额显得微不足道。既然为陆军建造一个新的设施扫清了障碍,贝克尔上校联合多恩贝格尔、冯·布劳恩和里希特霍芬,向当时德国空军飞机建造的负责人阿尔贝特·凯塞林②将军提出了使用佩内明德的想法。根据建立联合设施基地的计划,他们很快获得了这块土地。随即,讨论出资配比问题又提上了日程,里希特霍芬当即代表德国空军拿出了 500 万马克,贝克尔也不甘示弱,为新火箭设施的建造投入了 600 万马克的陆军津贴。佩内明德建设的迅速展开标志着陆军和空军之间协同合作的开始,与此同时,德国空军又设立了另外一项研究——研发火箭发动机的独立计划。

尽管赫尔曼·奥伯特一直在德国工作,其著作也在德国出版,但他的影响力已经越出了他的第二故乡。瓦利尔、冯·布劳恩以及奥地利出生的工程师尤金·桑格③等人,他们在读了赫尔曼·奥伯特关于火箭主题的作品之后,都为利用火箭进行航行的可能性而感到鼓舞。桑格的遭遇和他的灵感激发者一样,其关于火箭推进的博士论文于 1931 年在维也纳工业大学(Technical University in Vienna)也被否决了,理由是这篇论文太异想天开,太不切实际。和

---

① 1936 年前后,75 万马克约相当于 30 万美元。编注。

② 阿尔贝特·凯塞林(Albert Kesselring, 1885—1960)纳粹德国最具指挥能力的将领之一,绰号"微笑的阿尔贝特"。他的军事生涯横跨两次世界大战。

③ 尤金·桑格(Eugen Sänger, 1905—1964),奥地利航天工程师,提出了升力理论、冲压式喷气发动机技术以及亚轨道轰炸机的概念。

奥伯特一样,这次否定没有让桑格脱离学术研究,或者说没有让他放弃火箭研究。20 世纪 30 年代中期,他在母校获得了一个教授的职位,并在研发计划中完成了初步的宇宙飞船设计。桑格憧憬[8] 未来的商业飞船在一个小时之内,通过高空平流层可以把乘客和货物运送到地球上的任何一个地方。他继而设计了一种系统,他相信这种系统能够把这样的未来变为现实。

该系统的核心是一个大约 90 英尺长的运载器,其翼展接近 50 英尺,体型近似于圆柱形,前端逐渐变为一点,小小的机翼和平坦的底面是别具特色的装配,也是他设计的关键。桑格论证道,如果运载器能够达到足够的速度和高度,当它从飞行的最高处下降时能够从大气中反弹,就像一块石头在平静的池塘水面上弹起一样。他认为,通过能量的利用以及沿飞行路径跳跃滑翔一段相当长的距离之后,运载器就会在跑道上实现无动力着陆,就像传统的飞机着陆那样。

桑格需要火箭使他的运载器达到足够大的速度和高度才开始滑翔下降。他构想的发射系统是:将滑翔机安装在火箭动力驱动的滑橇上,让滑橇沿着倾斜的单轨轨道水平地运行,进行水平发射而不是垂直发射,这样旅客就会觉得这只是一次舒适安逸的飞行,而且也确保了简单的弹道飞行路径。一旦到达空中,运载器自身的火箭发动机将驱动其上升到飞行高度,在此过程中所有可用的燃料都得以充分燃烧。一旦燃料耗尽,动量会使滑翔机飞得更高,直到重力占据了主导作用,运载器才开始下落。它会反弹和滑翔,直到到达较低的大气层。在那里,它完全可以像传统的滑翔机一样全程在跑道上滑翔。但这只是最初的设想,桑格知道,如果利用足够强大的火箭推进力,相同的滑翔机就能飞得足够快,足以离开地球大气层而进入运行轨道。

　　桑格确信,以现有的技术可以建造出第一次迭代(iteration)①的运载器并将之应用于飞行中。目前的问题是缺少必要的推进系统、恒压的燃烧室以及油箱,一旦满足这些条件,就可以将滑橇上的运载器从起点驱动,然后推动火箭进入大气层上层。但这可望而不可即,由于没有实验场所和资金,桑格无法实现自己的理念。因此,就像冯·布劳恩在火箭发射场所做的那样,桑格也转向军方寻求赞助。

　　获得军方资金的支持意味着桑格不得不将他的航天运输系统定位为武器,所以他把炸弹安装在运载器上,把它变成了一个人工操纵的远程轰炸机。由于他的滑翔机在理论上可以在一个小时内到达地球上任何一个地方,他就将这批翻版的武器称为亚轨道轰炸机(antipodal bomber)②。

　　他设想了两种基本飞行任务的亚轨道轰炸机类型。第一种是定点攻击,这是一种精确的技术,使用这种技术,飞行员能够以适中的速度飞行,在适当的高度投放炸弹。如果时间控制得当,他可以用同样的设备摧毁一座桥梁、一座房屋,或者某一隧道的入口。第二种方式是区域轰炸攻击,这是用可能性取代精确性——摧毁一大片区域,如一座城市,这种类型的攻击方式是飞行员在更快速的飞行中把炸弹从高达 100 英里的地方投下去。在这两种情况下,飞行员都可以在跑道上继续滑翔飞行直至安全降落,如果需要,他可以通过延长飞行时间去燃尽所有的剩余燃料。在罕见的情况下,如目标位置距离安全着陆地点太远,飞行员可弃机跳伞,以确保自身的安全,任由飞机滑翔坠落。

----

① 重复加速中的第一次加速称为第一次迭代。
② 意为点对点轰炸机,这种飞机的飞行速度极快,后来被称为亚轨道轰炸机。

1933 年,桑格曾为奥地利的纳粹党和"党卫军"(以 SS① 而为人们所知)短期工作。后来,他把亚轨道轰炸机的想法告知了其祖国的军方,但奥地利军方并不感兴趣,国防部表示肯定不会采用跳跃滑翔系统。桑格的设计中包含液态氧和碳氢化合物的燃烧系统,这是一个人们知之甚少的化学反应且具有高爆炸风险。奥地利军方认为这样一种不稳定的组合,很可能永远不会成为可投入实际运用的推动方式⁹。桑格没有气馁,他继续独自探索液体火箭推进,同时也做着一份维也纳建筑公司工程师的工作。1934 年,他带着他的亚轨道轰炸机找到德国军方寻求赞助,但再次被拒绝。因为桑格不是在德国出生的,所以他的背景资料需要提交到冲锋队(突击师或 SA②)进行安全检查,而之后一直没有得到答复。这些成果没有起到多大的用处,因为他的研究并不比军方自己的研究先进,火箭专家冯·布劳恩建议德国航空部不要雇用桑格。陆军方面最终也拒绝了桑格潜在的重复性设计,但建议他带着亚轨道轰炸机去国防军空军③那里碰碰运气。

国防军空军认为桑格的奥地利背景没有问题¹⁰,他的技术与冯·布劳恩的技术相似也不是问题。于是,这位工程师被征召入伍,成为戈林研究所技术研究部门的一员,并加入了航空研究实验室,这个位于德国中北部布伦瑞克(Braunschweig)附近的实验室正

---

① SS,即党卫军(德语:Schutzstaffel),为德语 Schutz(护卫、防护、亲卫)与德语 Staffel(团队、编群、队伍)的组合词,英文普遍简称为 SS。这是德国纳粹党中用于执行治安勤务的编制之一,也是一个纳粹党情报和监视、拷问行刑的组织,成立于 1925 年。

② SA,又称冲锋队,成立于 1921 年 8 月 3 日德国纳粹党的武装组织,队员穿褐色制服,佩戴"卐"字袖标。

③ 国防军空军(Luftwaffe),又译为纳粹德国空军。

在规划建设中。这项任命也为桑格在特劳恩（Trauen）附近建立一个独立的火箭研究机构提供了一笔资金，这个研究机构使用了一个掩饰性的名称——飞机试验中心，以避开军队和公众的耳目。位于特劳恩的实验室也对佩内明德的新基地产生了影响，因为军方之前承诺会给冯·布劳恩大幅增加试验场所和资源以使他的大型 A 系列火箭研制成功。作为航空部长和空军司令的赫尔曼·戈林不想被贝克尔、多恩贝格尔以及陆军的研究团队超越，他为桑格的翼型轰炸机项目投入了 800 万马克的巨资。

　　库默斯多夫西部试验基地的多恩贝格尔研发团队多年来一直领先于桑格的研发，陆军的 A-3 火箭比亚轨道轰炸机的所有方面都更接近于适于飞行的状态。A-3 火箭比它的先驱们有了很多重大的进步，尤其是增加了一个灵敏的三轴陀螺仪组件，而早期是用单个陀螺仪控制的。新系统意味着火箭可以在没有支撑结构或导轨的情况下发射，这使它成为首个不需要根据支撑物的位置就可以启动飞行的火箭。A-3 火箭的一个特色是，其液氧箱中内置了一套液氮增压系统，当液氮被加热时就会汽化，就会将推进剂压进燃烧室，使燃烧更为有效和有力。A-3 火箭也是第一个在设计上达到超音速的火箭，在动力推进上升的过程中，它的飞行速度比声音的速度还要快，同时还可以携带较重的载荷达到目标。这些变化使 A-3 火箭成为研发团队所研制的最大火箭，这枚新的火箭只能通过铁路才能运达发射平台，用汽车运送火箭的日子一去不复返了。

　　1937 年春天，简单且功能齐全的居住区在佩内明德基地的南部建成，第一批员工陆续迁居岛上的基地。与此同时，在邻近波罗的海的小岛北部的边缘地区，工作站和试验平台正在紧锣密鼓地施工。多恩贝格尔和冯·布劳恩也属于第一批到达这里的人员，这些人逐渐适应了新的住处，令他们感到高兴的是，施工人员并没有按照原先的规划设计施工，而是保留了大部分当地植被的原貌。这些树木反而为原料、建筑和铁路线提供了天然的伪装，火箭不久就会通过这些轨道被运送到发射平台。新的设施也给火箭研发团队带来了发展的空间。刚刚升任研发团队技术总监的冯·布劳恩此时来到了佩内明德，他的一些朋友和前太空旅行协会的同事也与之同来，包括沃尔特·里德尔、亚瑟·鲁道夫和克劳斯·里德尔等人。这些人的到来充实壮大了研发团队。

虽然冯·布劳恩的职务提升赋予了他对火箭计划的更大责任，但有一点也必须明确：他加入了纳粹党。[11]从最初与太空旅行协会一起到库默斯多夫的西部基地为军方工作开始，他的身份始终是平民。而现在，如果他想继续保持德国火箭技术领导者的地位，就不得不宣誓效忠帝国。冯·布劳恩的确可以选择不加入纳粹党而放弃他投入了五年之久所研发的 A 系列火箭，显而易见，这个选择对他而言肯定没有吸引力。1937 年 5 月 1 日，他加入了德国纳粹党。

与佩内明德的基建设施同步而行，在库默斯多夫西部试验基地，A-3 火箭的研发工作也在继续着。模型已经变成了一个庞然怪物，竖立起来有 21.3 英尺高，最宽的地方大约有 2.3 英尺，火箭的箭体呈锥形，逐渐变细，到头部缩为一个点，而底座是非常有特色的起稳定作用的小小尾翼。装满燃料准备发射时，A-3 火箭重达 1 650 磅，这一点令之前发射的那些火箭相形见绌。由于火箭太大，不能在人口稠密的地区发射，库默斯多夫团队在满是泥沙的格赖夫斯瓦尔德岛（Greifswalder Oie）上建了一个临时的火箭试验场，这个岛刚好位于佩内明德的北端。他们在此地浇灌混凝土、疏浚港口、铺设了用来运输火箭的铁轨。到 12 月初，他们已经准备好发射最新的产品了。

　　在波罗的海的一个可以远眺的浮动地点,一船的显要人物翘首以待。第一个 A-3 火箭出师不利,发射一开始就出现了问题。火箭的表面涂了水溶性绿色染料,当它着陆时,这个颜色可以作为一个记号。但是冰冷液态氧的冷凝物在箭体上集聚起来,而此时罐子已满,油漆顺着火箭表面往下流,弄湿了底座上连接的电线,凝结的水珠和油漆的混合物导致电线短路,于是发射不得不推迟。最终,电路问题得以解决,火箭起飞冲向波罗的海上空。多恩贝格尔目不转睛地盯着火箭,他吃惊地看到 A-3 火箭飞行路径出错,开始绕着从头部到发动机的纵向轴线旋转,并且直接逆风飞行。当发动机燃尽所有的燃料时,火箭开始翻滚,降落伞瞬间在风中撑开,而火箭滚烫的残余废气喷入降落伞中,致使它开始燃烧。没有了降落伞,火箭就没有了回收系统。多恩贝格尔眼睁睁看着火箭坠入波罗的海。格赖夫斯瓦尔德岛上浓烟翻滚,接下来的发射也只能暂缓进行,这也给了多恩贝格尔的研发团队时间来查找究竟出现了什么问题。

　　几天后,冯·布劳恩和多恩贝格尔发现造成翻滚的最直接的原因是降落伞。[11]这是最容易解决的问题——可以轻易地去掉降落伞,让火箭坠入波罗的海。当烟雾终于从格赖夫斯瓦尔德岛上消散殆尽,他们准备好了发射另一枚 A-3 火箭,这次仍然是把火箭运送到格赖夫斯瓦尔德岛上发射。这次发射的情况是:火箭从发射平台上腾空而起,完成得很漂亮,但之后又出现了翻滚,紧接着坠入波罗的海。在这之后的一次发射也显示了火箭的飞行过程反复出现同样的问题。冯·布劳恩和多恩贝格尔不得不承认 A-3 火箭虽然不乏先进性和尖端性,但它还只是一张空头支票。他们认为问题的根源在于制导系统,这值得他们再去研制另一系列的试验火箭。由于 A-4 火箭已被指定为陆军生产的第一批火箭产品,他们就直接跳至 A-5 系列,以此作为下一个概念性试验火箭。要想使 A-4 火箭每次都可以击中目标，他们必须解决制导问题。

　　冯·布劳恩和他的研发团队着手解决 A-3 火箭的制导系统问题，而多恩贝格尔不得不应付一个更棘手的官僚体制问题。研究所需的难以预见的巨额资金已经将国防军空军从佩内明德逼走了，基地只留下了陆军的设施，但陆军是无法独自承担所有费用的。不仅仅是火箭，多恩贝格尔现在需要做的是为研发团队的后续工作找到足够富有和强有力的赞助。但是在全国范围内出现了一些更大的问题，转移了人们对秘密火箭研发团队所面临的困境的注意力。希特勒的纳粹党已经开始展露实力，整个欧洲对它的实际威力已有所察觉。1938 年 3 月，独立的奥地利政府垮台了，德国军队迅速进入并取而代之。11 月 7 日的晚上，一个 17 岁的犹太少年杀害了一名德国驻巴黎大使馆的参赞。这个事件成为一个借口，两天后，就掀起了一场有组织的针对德国国内以及德占区犹太人的大屠杀浪潮。一群纳粹暴徒打碎了犹太人商店的橱窗，水晶之夜①在第二天早上就结束了，结果是有三万犹太人遭到逮捕并被送进了第一集中营。

　　在这种日益恶化的政治形势下，多恩贝格尔找到了解决赞助问题的办法，冯·布劳恩也收到了一份特殊的 27 岁生日礼物。1939 年 3 月 23 日，阿道夫·希特勒来到库默斯多夫西部试验基地，这位元首作为德国的领导人已经有六年了，而多恩贝格尔负责德国的火箭计划也已有九年之久，两人终于会面并讨论了火箭在德国未来的作用。多恩贝格尔和冯·布劳恩一起陪同希特勒一行参观了库默斯多夫西部试验基地，向他们展示了试验平台以及一些硬件设施。

---

①　因被砸碎的玻璃随处都是，在火光的照耀下闪闪发亮，故得名"水晶之夜"（Kristallnacht）。

他们用 A-3 火箭的剖面模型向希特勒展示他们所研发的这种精密仪器,同时为了展现其内部运作,他们用一枚拆除下来的火箭说明目前正在研制的 A-5 火箭的运行情况。为了演示火箭运行过程中的动力,他们还进行了发动机的静态点火试验。然而,元首整整一天却是非同寻常地沉默。希特勒对武器装备特别着迷,急不可待地询问了一些有关特定技术的尖锐问题,不过,看起来他对于展示的火箭却兴味索然。多恩贝格尔感到,他的眼神似乎有些游离不定[13],心思好像并不在这里。即使是轰鸣的火箭发动机试验也未能激起元首的任何反应。视察结束后,直到所有人都坐下来吃午饭时,希特勒才问了一些问题。吃了一些素食之后,元首询问了一些诸如 A-4 火箭要多久才可以发射,可以飞多远等问题。

看起来,这一切并没有给希特勒留下什么深刻印象。希特勒离开库默斯多夫西部试验基地之后,冯·布劳恩和多恩贝格尔备感失望。没有追加的经费,他们的火箭构想将不会变为现实,既然元首不感兴趣,他们无法指望增加任何资金了。两人不禁想到,如果他们演示一场小型的火箭发射,那么今天的结局是否会有所不同呢?如果希特勒亲眼看到一次发射,是否能够说服他相信火箭是值得投资的?对于一位于第一次世界大战期间在战壕里熟练使用武器的人来说,只是用剖面图和静态试验来演示军用火箭究竟能够达到何种威力,或许不是一种合适的演示方式。火箭的潜力仍然未被开发出来,但在一个似乎正濒临另一场战争的国家中,这个计划并没有被置于优先发展的位置。

战争的威胁终于变成了现实。1939 年 9 月 1 日,德国向波兰宣战。表面上,这次进攻是因为波兰的一次恶意袭击,实际上是纳粹政府捏造的借口。一个月以后,国家进入了战争状态,多恩贝格尔和冯·布劳恩命令 A-5 火箭进入发射准备状态。和 A-3 火箭一样,

A-5火箭竖立起来有21.3英尺高,其最宽处直径达2.6英尺,火箭的头部逐渐变尖,厚厚的基座里面安装了一个拥有3 300磅推力的发动机。总体算来,这枚火箭比前面的产品要稍重一些,达2 000磅,但是它解决了一直困扰A-3火箭的问题。在第一次发射中,A-5火箭从发射平台腾空而起,沿着一条笔直的轨迹飞行,之后消失在云端。当携带的燃料耗尽时,冯·布劳恩通过无线电指令释放了降落伞。多恩贝格尔陪伴在他的旁边,他们注视着,当火箭再次从云层里出现时,已经按计划完好地悬挂在降落伞上。它轻轻地落入了波罗的海,平稳地在水中浮动。它处于一种完好的状态,如果没有完全被水浸泡,或许还可以重新发射。

尽管A-5火箭获得了成功,但希特勒仍然不为所动。这些导弹仍处于研发的早期阶段,而元首只想要立刻就可以派上用场的武器,他对那些几个月或几年之后才可以使用的武器不感兴趣。1940年2月,希特勒下令,将所有不能立即投入战斗的武器研发计划都从优先发展的名单上除去,这意味着佩内明德的火箭研发项目只能用微薄的资金继续缓慢进行。

希特勒本可以继续置之不理,但在纳粹政权中有其他一些势力对佩内明德的火箭的兴趣异常强烈。这就是纳粹的党卫军,即SS,他们在纳粹政权中的作用就是发挥那些对纳粹党忠心耿耿的志愿者的力量。多恩贝格尔知道纳粹党卫军在某种程度上想在火箭研发团队的工作中占有一席之地,这意味着他们很想招募冯·布劳恩加入。1940年5月1日,纳粹党卫军的上校穆勒(Colonel Müller)来到冯·布劳恩的办公室,他是代表海因里希·希姆莱①来的,后者是严厉刻板的党卫军头目,以嗜好酷刑惩罚闻名。穆勒告知冯·

---

① 海因里希·希姆莱(Heinrich Himmler,1900—1945),历任纳粹党卫军头目。

布劳恩,他是来传达命令的——让这位工程师加入党卫军。冯·布劳恩回绝了这一要求,他解释说,目前正忙于火箭的研发工作。面对这个牵强而又含蓄的拒绝,穆勒向冯·布劳恩保证,要求他对党卫军所做的任何承诺将是最低的限度,如果他加入党卫军,马上就会成为党卫军少尉(Untersturmführer),这是一个相当于陆军中尉的头衔。之后冯·布劳恩再次和穆勒在海湾见面,这次,穆勒请求冯·布劳恩用几天时间考虑一下这个邀请,这个请求是党卫军代表给予他的尊重。

　　冯·布劳恩完全意识到,如果他成为党卫军的成员,将会带来一系列潜在的政治意蕴,于是立即将此事告知了多恩贝格尔,此时,多恩贝格尔仍然是冯·布劳恩的军事上的上级。多恩贝格尔的意见也证实了冯·布劳恩的感觉,多恩贝格尔告诉他的年轻同事,加入党卫军是他可以继续与军方合作进行 A-4 火箭研发计划的唯一途径。然而,如果他同意加入,党卫军尤其是希姆莱,就可以直接插手觊觎已久的佩内明德项目。而另一个选择则意味着他将被迫放弃他的工作,而且很可能会被送往劳改营直到死去。继续从事火箭研究的欲望又一次占据了上风,于是,冯·布劳恩写信给穆勒,告知了他的决定。不到两周,他收到了答复,告知他加入党卫队的申请已获得希姆莱的批准。

　　新的隶属关系并没有对冯·布劳恩或他在佩内明德的工作产生立竿见影的影响,他还是要继续寻求资金支持,研发工作一如既往地进行着。冯·布劳恩拜访了桑格位于特劳恩的实验室,作为回报,他邀请了这位奥地利工程师参观波罗的海的基地。1940 年 10月,在佩内明德的特超声学(hypersonics)会议上,两位火箭科学家再次碰面并分享了彼此的研究成果,之后就是继续各自的研究项目。对于冯·布劳恩来说,他的一生都在致力于让 A-4 火箭顺利起飞,尽管愈演愈烈的战争阴云笼罩着他。

1940 年,纳粹德国征服波兰之后,又相继攻占了比利时、荷兰、丹麦以及法国的大部分领土。赫尔曼·戈林下令空军轰炸英国,如果希特勒想要控制整个欧洲,他就必须攻克英国这个国家。1941 年夏天,希特勒把德国战线推进到俄罗斯境内大约 500 万平方英里的地域,看起来战争蔓延到美国只是一个时间问题了。

对于欧洲上空聚集的战争乌云,美国陆军参谋长乔治·马歇尔①将军一直在密切关注着,他忧心忡忡,担心美国被迫卷入战争。[14]而此时美国军队还没有做好准备,现役人员不到 19 万名,其中一部分还驻扎在海外,军队在美国几乎只是一个象征性的存在,第一次世界大战以后没有进行过任何形式的实地演习。马歇尔担心美国的整体准备不足,他力劝罗斯福总统启动防备性动员计划——当时这只是一个草案,在希特勒进攻波兰一周之后才开始生效。应征入伍的新人经过了小型的训练,美国军队不断壮大,到 1941 年 6 月,已经超过 140 万人了。但马歇尔的忧虑仍未消除,士兵们需要一场大型的训练演习为战争做准备,而且他们的指挥官也需要同样的训练来学习如何在实战情形下指挥军队。野外演习曾长期是部队训练的主要内容,而在正式参战前,欧洲战局的发展为马歇尔提供了进行大规模野外演习训练的难得机会。这种训练方式允许他们在国内犯错,但在生死攸关的海外就不会犯错了。

1941 年 9 月 15 日清晨,在路易斯安那州,经过雨水浸泡的道路变得泥泞不堪,近 50 万名士兵为了争夺对密西西比河的控制开始

---

① 乔治·马歇尔(George C. Marshall,1880—1959),1939 年至 1945 年担任美国陆军参谋长,1947 年至 1949 年担任国务卿,制定了著名的"马歇尔计划"。

了激烈的战斗。红色军队一方代表着"Kotmk"这个假想的国家,是由堪萨斯州、俄克拉荷马州、得克萨斯州、密苏里州和肯塔基州组成的,由本·李尔①中将指挥。战斗中的另一方,蓝色的军队代表着同样虚构的一个国家"Almat",由阿肯色州、路易斯安那州、密西西比州、阿拉巴马州和田纳西州组成,这一方由沃尔特·克鲁格②中将指挥。为了赢得这场战争演习的胜利,克鲁格召集了一批他认为才华横溢但又鲜为人知的人物做他的参谋,其中就有陆军中校德怀特·艾森豪威尔(Dwight Eisenhower),他担任参谋长。

　　艾森豪威尔以前的军事经验主要是在战略上。在第一次世界大战中,他没有参加过战争,曾一再要求去海外服役,但都被拒绝了,这使他懊恼不已。战争期间,他把时间都花在了指挥一支训练坦克兵的部队上,尽管他的部队从来没有亲历过战争,但他的确获得了敏锐的军事战略意识和组织意识。战后,他花了大量的时间阅读资料以便精准地了解美国军队如何穿越法国进行军事行动,在路易斯安那州演习期间,他能够重新集中精力进行战术研究。他熟练地指挥人员以谋略战胜敌方,三周之后演习结束,蓝军取得了胜利。这一策略让艾森豪威尔在马歇尔的黑色笔记本上赢得了一席之地,马歇尔在这本黑色笔记本上列出了一个他认为能够在欧洲战场上领导美国军队的军官的名单。艾森豪威尔给前来采访演习的记者们也留下了同样深刻的印象,当演习结束后,这位聪明、英俊的年轻军官登上了许多报纸的头版。

　　两个月后,艾森豪威尔晋升准将。12月7日上午他一直在处理

① 本·李尔(Ben Lear,1879—1966),美国陆军中将,参加过美国与西班牙的战争、第一次世界大战和第二次世界大战,在二战期间以军纪严明而出名。
② 沃尔特·克鲁格(Walter Krueger,1881—1967),生于普鲁士,后加入美国国籍,第二次世界大战期间指挥了西南太平洋地区的美国第六军。

文件。这个周日午后,他和妻子玛米(Mamie)一道吃过午餐,准备小憩一会。正在昏昏欲睡之时,电话铃响了,电话那头是"特克斯"欧内斯特·李(Ernest R. "Tex" Lee),他是艾森豪威尔在路易斯安那州演习期间的助手。李告诉他,日本人偷袭了珍珠港,美国的太平洋舰队被摧毁了。在几个小时的时间里,命令开始从美国陆军部大量涌入艾森豪威尔的第三军,第三军曾充当路易斯安那州演习的蓝军。四天后,德国和意大利向美国宣战,艾森豪威尔办公桌上的电话又响了起来。这一次是沃尔特·比德尔·史密斯①将军打来的,他在电话中传达了马歇尔将军的命令,要求艾森豪威尔立即乘飞机前往华盛顿,他被调入陆军参谋部的战争计划处。美国已经参战,在马歇尔将军的指挥下美国军队已经进入战争状态。艾森豪威尔被任命为欧洲战区的作战指挥官,这一角色要求他对在路易斯安那州演习中所模拟的大规模战争做出更加深刻的理解。

随着最新的参战者抵达欧洲,这场战争获得了动力,而德国仍然没有准备好战场使用的导弹。不过,佩内明德团队的研发工作越来越接近这个目标。1942 年 6 月 13 日清晨,正午之前,高 47 英尺、直径 5.5 英尺的火箭从发射平台上升空,起初有些不稳定,当它攀升到高空时开始逐渐稳定。冯·布劳恩看到耗时十年之久的心血终于首次起飞,他喜不自禁。当火箭消失在佩内明德上空的云层中时,曾经是希特勒的首席建筑师、后来担任军备和战时生产部长的阿尔贝特·施佩尔②感到万分惊讶。火箭升空后,其他在场的技术

---

① 沃尔特·比德尔·史密斯(Walter Bedell Smith, 1895—1961),生于印第安纳州。1942 年任欧洲战场美国陆军参谋长,参加北非战役,并任北非盟军参谋长。1946 年任驻苏联大使,1949 年任第一集团军司令,1950 年任美国中央情报局长。

② 阿尔贝特·施佩尔(Albert Speer, 1905—1981),德国建筑师,二战期间担任纳粹德国的军备和战时生产部长。

人员和前来观看的军事人员也是欢呼一片,尽管他们只能隐隐约约地听到如同雷声轰鸣的发动机的声音。A-4 火箭能够飞行了,这是一种动力强大的火箭。当聚集的人群开始庆祝,远处火箭的声音开始发生变化,随着火箭偏离轨道,声音愈来愈大。火箭着陆时发生了爆炸,爆炸发生的地方距离来访的要员们站立观看的地方很近,这着实令他们惊出一身冷汗。8 月 16 日又一枚 A-4 火箭发射了,它猛然从发射台上一冲而起,然而再一次失败了。爆炸前它在天空划出了一条锯齿状的超音速轨迹,这是制导系统的缺陷造成的。但是冯・布劳恩从不畏惧失败,每一次失败的发射都会使新的问题暴露出来,可识别的问题总比那些不可识别的更容易解决。

接下来的试验是在 10 月 3 日。多恩贝格尔手拿望远镜站在佩内明德测量室平坦的屋顶上。此时,万里晴空一直延向德国北部。电视屏幕上是一枚黑白的火箭照片,它在正午的阳光下闪闪发光。这里只留下火箭,区域内已清空了服务平台和人员。还有一分钟就要发射火箭,多恩贝格尔能感觉到空气中的紧张气氛在增加。[15]透过望远镜,他看到云状的烟雾从火箭底部冒出,紧接着是一团火花,旋即被火焰所取代。当绳索从火箭上分离,火箭开始升空,几块木片和青草飞向空中。它向北冲出森林,进入晴朗的天空,多恩贝格尔目不转睛地盯着,雷鸣般的轰鸣声足足响了五秒钟。之后,他看到导弹开始按照预定的方向转向,几乎在不知不觉中转向了东方,行驶速度越来越快直到达到音速。一条细细的白色痕迹从火箭后面冒出,这让观看的人陷入一片恐慌。有人大喊道:"导弹已经爆炸了!"而其他人知道这个痕迹只是排出的液态氧。火箭继续飞行,在发射后将近五分钟的时候,它落在波罗的海上,此时,多恩贝格尔喜极而泣,他终于可以理直气壮地宣布试验成功了。这是十年辛苦努力的结晶,多恩贝格尔也清楚,发射的成功已经宣告了宇宙飞船的诞生。[16]

就在 1942 年底,冷酷无情的党卫军首脑、盖世太保首领以及后来臭名昭著的集中营始作俑者海因里希·希姆莱,突然来到佩内明德。多恩贝格尔带领希姆莱参观了研发基地,他们更多的是在军官餐厅中谈话而不是演示实验,那天没有发射计划。实际情况是,元首显然对火箭不感兴趣,尽管如此,在希特勒的内部圈子里有一些人对此却抱有极大的兴趣,希姆莱来此就是想尽可能多地了解这种武器[17],想利用职务之便帮助多恩贝格尔的团队获得资金以及他们所需要的支持。更为重要的是,希姆莱继续说道:现在,不仅仅只有军方关心火箭研发,它已经成为德国民众高度关注的事情,就此而论,也必须加以保护。希姆莱想在基地建立自己的队伍。多恩贝格尔为他对项目的兴趣而感到高兴,但是拒绝了希姆莱接管基地的提议,他建议让党卫军负责佩内明德周围城镇的安全。希姆莱表示同意,离开火箭基地的时候,他承诺说还会再来。

希姆莱确实在 1943 年 6 月 28 日重返火箭基地。这次访问从军官餐厅里一顿简单的晚餐开始,一同就餐的还有多恩贝格尔、冯·布劳恩和一些当地政要和同事。晚餐之后,一行人来到壁炉房休息[18],这个温暖的房间是用木板墙和黄铜饰品装修而成的,主要用来会客。谈话内容最终转到了火箭上,话题是冯·布劳恩引入的,这是他乐意谈论的。他向希姆莱讲述了他的个人经历,从库默斯多夫西部试验基地和佩内明德的工作,到他用火箭探索太空的梦想。然而对于党卫军的首脑来说,火箭就是一种从很远的距离向目标发射炸弹的工具,它们离开地球就没用了。但是,当晚在壁炉房中火箭研发的成员没有一人特别地注意到对他们产品的不同观点。

第二天,火箭发射再次成为关注的焦点。早上 9 点 15 分,一枚 A-4 火箭从发射台上发射升空,但随即发生了爆炸。那天下午第二枚火箭的发射情况要好得多,它径直飞向空中直到消失在云层中。尽管在视野中消失了,但发动机雷鸣般的轰响声持续不断,这表示它仍在飞向目标。这次演示让希姆莱感受到了火箭人痴迷于火箭的原因了,研发小组给他留下了深刻的印象,对之有利的意见很快传到了希特勒那里。不到两个星期,希特勒就邀请多恩贝格尔和冯·布劳恩到东普鲁士的陆军招待所为自己的核心圈子介绍他们的研究项目。

当冯·布劳恩和多恩贝格尔到达与希特勒会面的地方,他们被领进了一个限制区等待,这是一个有投影仪的房间。他们在那里一直等待着,直到被告知希特勒在下午 5 点的时候到达,他们立马开始准备他们的介绍。但 5 点已过,他们却还在等待。时间似乎没完没了地拖延着。随着房间的门砰的一声打开,希特勒进来了,冯·布劳恩和多恩贝格尔慌忙起身敬礼。所有人就座后,冯·布劳恩开始全面详细地介绍佩内明德的移动发射系统,然后播放 10 月 3 日火箭飞行的影片。紧接着,多恩贝格尔又介绍了 A-4 火箭所面临的现实困难、研发的过程以及相关的技术细节,他用图片展示了试验成功后火箭所产生的影响和前景。多恩贝格尔完成陈述后,希特勒立即起身,和两人紧紧握手。

这次介绍给希特勒留下了深刻的印象,远比他在 1939 年参观库默斯多夫西部试验基地时所形成的印象要强烈。[19]这次他直截了当地提出了一些问题,他想知道 A-4 火箭的有效载荷能力能否提高到 10 吨,以及佩内明德基地每个月能够生产多少火箭。很显然,希特勒已经看到火箭的强大动力,他终于对这一计划产生了信任,赋予研发火箭以优先的地位,这是多恩贝格尔长久以来梦寐以求的。但是,希特勒要求每个月生产 2 000 枚 A-4 火箭,这个产量远远超出了佩内明德的能力。元首说为了弥补其缺陷,将会建造一座新的工

厂并为火箭项目提供新的劳力。希特勒从 A-4 火箭中窥见了毁灭
一座大型城市的方式,这可以迫使他的敌人投降。火箭可以成为他
赢得战争所需要的秘密武器,现在他所希望的只是这个秘密能够保
持足够长的时间,这样它才能充分地实施。

第 **3** 章

战争的转折

1943 年 8 月 17 日的午夜,英国皇家空军的 8 架蚊型轰炸机(Mosquito bombers)缓缓进入柏林上空。作为银鱼行动(Operation Whitebait)的一部分,每架飞机投下了 3 个 500 磅的炸弹和一些无用的雷达反射金属箔片,这些金属箔片用来掩盖它们的真实位置,从而避开地面敌人的雷达跟踪。德国人明白这个小机群只是为一场即将到来的猛烈空袭所派的先遣队,于是立刻做出相应反应:拉响空袭警报,紧急疏散平民躲避,探照灯扫过天空,这些昭示着一场战斗即将来临。蚊型轰炸机离开了该地区后,纳粹空军部署了 150 架战斗机,德国人破天荒地准备好飞机,以待盟军轰炸机群的到来。

在 100 英里开外的佩内明德,空袭的警报声惊醒了沃纳·冯·布劳恩。这个声音并不陌生,正如以往头顶上空的飞机声音一样,[1] 飞往柏林的飞机经常从火箭发射场上空飞过。从无线电广播中他们知道了德国首都上空正在发生的一切。他想,此地离柏林有一段距离,还是比较安全的。但幻想随之就破灭了,在佩内明德上空出现了一个红色标记,紧接着又出现 16 个甚至更多,就像白色的灯一样点缀着天空,冯·布劳恩看见它们漂浮在月夜中,就像悬挂在圣诞树上一样。午夜 12 点 15 分左右,一拨轰炸机群出现在火箭基地的上空,在一个居住区上空投下了炸弹。冯·布劳恩听到轰炸机的轰鸣声,接着,德国高射炮的砰砰声相继传来,他立即跑到一个混凝土碉堡内躲避。

枪炮声也惊醒了沃尔特·多恩贝格尔,他慌忙穿上衣服,此时他想起白天让人把皮靴送去擦拭,于是只好穿着拖鞋向防空洞跑去。[2] 炸弹不断地从天空落下,探照灯从地面照亮了这一切,德国缺乏空中掩护的状况暴露得一览无余。德国空军在柏林已陷入圈套,这使火箭发射基地失去了保护。

为了不使他的工作在空袭中毁于一旦,冯·布劳恩不顾一切地冲出避难所,冲进位于正在熊熊燃烧的大楼里的办公室,他的秘书和其他一些人紧跟着他。由于周围的建筑都倒塌了,他们沿墙摸索着前行,终于进入冯·布劳恩的办公室。他的秘书从燃烧着的大楼中搬出一沓文件,他把更多的材料从窗户扔出去,以免这些文件毁于大火之中。与此同时,多恩贝格尔冲进测量室抢救研发团队用于制导、控制和遥感勘测的仪器设备。自始至终,轰炸机一直都在头顶盘旋,炮弹划过天空。最后,德国空军终于赶来,但这些飞机的加入也只是让空战陷于更大的混乱之中。

英国皇家空军(RAF)的飞机是第一批抵达佩内明德的,这个飞行队列不到40架飞机,一小时后,他们投下最后一拨炸弹后返回了英国。佩内明德遭受了重创,损失本来可能远远不止这些。那天晚上,波罗的海的上空乌云密布,而安装在领头飞机上的雷达没有发挥作用,对于他们标记的首要目标,投弹手们试图计算正确的投弹点,但是失误了。一些炸弹投向了被误认为是标记的水面上的发光点,而另外一些则投向了距离他们计划目标两英里以南的地方。这些闪光点标记的是位于佩内明德的特拉森海德(Trassenheide)劳改营而不是指挥官们的宿舍楼,后者才是盟军一直要消灭的主要目标。英国皇家空军最终纠正了错误,他们发现了火箭发射设施的主要建筑物,但最初的误判所导致的轻微延迟给了火箭专家们躲避的时间。总之,作为九头蛇行动(Operation Hydra)的一部分,1800 吨的盟军炸弹倾倒在佩内明德,180 名德国人和大约 600 名在劳改营的外国人被炸死,因为那里没有混凝土掩体。虽然设施遭到了严重破坏,但空袭却没有伤及它的主要目标。这次空袭行动并没有消灭支撑 A-4 火箭项目的领头精英们,冯·布劳恩、多恩贝格尔以及其他核心成员都安然无恙,对于火箭项目的实施,这些才华出众的头脑才是至关重要的。两天后,他们埋葬了死去的同事。

对佩内明德的空袭已经酝酿了几个月之久。盟军最早得到的信息来自一些匿名信,这些匿名信是一位当时在奥斯陆的英国专员收到的,信中透露,德国人正在开发一种远程轰炸武器。在这份所谓的奥斯陆报告中提到,波罗的海上有一个名为佩内明德的基地,在那里正在进行远程武器试验。最初盟军没有渠道证实这些信件中的信息是否属实,不久证据就出现了,有丹麦渔民报告说他们看到了一些物体穿过天空并留下了燃烧的痕迹。一些属于地下组织的波兰人也证实说,乌瑟多姆岛上被强制劳动的劳工们在一个棚式建筑物中看到了类似导弹的物体。德国战俘也将他们所见的正在研发的大型火箭的情况告知了盟军。英国皇家空军使用航空摄影技术侦察,由此获得了足够的证据。6 月,盟军看到了带鳍的鱼雷状物体,毫无疑问这就是远程导弹。空袭目的正是要消除这种威胁。

实际上九头蛇行动起到了相反的效果,轰炸机不仅没有炸死那些核心的德国科学家,这次空袭反而促使希特勒下令对佩内明德的研究团队和他们极具价值的工作增加了保护措施。为了不让刚被赋予优先发展地位的火箭项目遭遇下一次攻击,元首下令将所有的 A-4 火箭生产转移到地下。为了确保建造火箭的人不将秘密泄露出去,他下令 A-4 项目使用集中营里的劳工。8 月 20 日,希特勒任命希姆莱为他的新内政部长,让他负责筹划 A-4 项目的新地下工厂。希姆莱又带来了一位高级军官,汉斯·卡姆勒①。党卫军逐步夺取了火箭项目的控制权,这正是多年来多恩贝格尔和冯·布劳恩一直担忧的事情。

　　A-4 项目开始准备从沿海基地搬迁到德国的中部,这是柏林西南部的一个地方,坐落在易北河和威悉河之间。火箭基地的新家是一个废弃的硫酸钠矿井,以前是发动机燃料存储仓库,比哈尔茨山区中所开凿的一个较大的山洞大不了多少。一个平凡不起眼的名称掩饰了未来火箭工厂的存在: 中心工程公司(Central Works Limited),或称米特尔维克工厂(Mittelwerk)。8 月 23 日,第一批来自布痕瓦尔德集中营②的犯人乘火车到达这里。他们就像奴隶一般,做着十二个小时的轮班劳动,他们拓宽隧道并将其延伸到两英里以外的山的另一边。越来越多的因犯乘火车到达这里,加入这一轮班工作的行列。他们的床就铺设在通风不良且没有卫生系统的山洞里,被迫饮用只能在地面上找到的积水。疾病在这个地下的人间地狱中肆虐,后来这个地方被命名为朵拉(Dora),这令人联想起弗里兹·朗的电影《大都会》(Metropolis)中的场景。当朵拉拥挤到不堪负载时,又建了一个名为诺德豪森(Nordhausen)的集中营,也是为火箭工厂提供劳力。渐渐地,工人们知道了他们正在往米特尔维克工厂搬运的这些设备来自一个叫佩内明德的地方,目标是在卡

①　汉斯·卡姆勒(Hans Kammler, 1901—?),1931 年加入了纳粹党,1933 年作为纳粹德国航空部的建筑系主任,同年加入党卫军。第二次世界大战接近尾声时期负责 V-2 导弹和喷气式飞机的计划。

②　布痕瓦尔德(Buchenwald)集中营是纳粹在德国图林根州魏玛附近所建立的集中营,也是德国最大的劳动集中营,建立于 1937 年 7 月。

姆勒的指挥下为党卫军建造一种秘密武器。

工厂建立并正式开始运行了,至 1943 年底,在米特尔维克工厂已建造了 4 枚 A-4 火箭,但这些火箭远不如在佩内明德生产的火箭。这些被强制的劳工并非专业工人,他们所生产的产品都有缺陷,1944 年初所有的产品都被送回来返修和调整。不过,希特勒仍然坚持使用囚犯来生产他的神奇武器,为了表扬卡姆勒在快速跟进生产方面所做的努力,希特勒将他提升为党卫军地区总队长,这是一个中将军衔。

随着越来越多的 A-4 火箭在米特尔维克出厂,质量控制成为一个特别严峻的问题。[3] 佩内明德火箭生产的惊人成就并没有在米特尔维克再现,这个地下工厂所生产的火箭只有不到 20% 能成功发射并命中目标。依然处于起步阶段的火箭技术仍存在着许多尚未解决的问题,仓促的大批量生产计划则加剧了这种状况,劳工们的蓄意破坏更是雪上加霜。劳工们已经猜测出他们正在生产的东西为何物,他们尽量使某些零件不能操作,使连接点松动,甚至在电子元件上撒尿。在技术上 A-4 火箭是最精密的武器,却是在如此肮脏的条件下,由那些在火箭成功中得不到任何好处的人来生产,他们以多种方式在火箭上实施报复,冯·布劳恩和多恩贝格尔对此一点也不感到惊讶。对于工程师们来说,卡姆勒冒进的 A-4 火箭计划反而可能会毁了它。

尽管困难重重,希特勒对 A-4 火箭的兴趣却日渐浓厚,后来几乎变得狂热,希姆莱也急切地想要从多恩贝格尔手中夺取项目的控制权。2 月底,他把冯·布劳恩叫到办公室,但并没有邀请多恩贝格尔,此时,多恩贝格尔仍是冯·布劳恩的军事上级。希姆莱说,A-4 火箭不再是一个玩具,而是一种武器,所有德国人都对之翘首以盼。难道冯·布劳恩不想从烦琐的军队规章和官僚习气的束缚中挣脱出来，自由研发他的火箭吗？希姆莱再次给了冯·布劳恩加入他的团队的机会，并承诺把他与上级之间的行政管理简单化并提供军衔地位，冯·布劳恩在党卫军中的头衔每年都会得到提升，如果加入，他马上就是党卫军少校①，这是党卫军中的一个重要头衔。然而，冯·布劳恩已经对希姆莱的干预厌恶至极，出于对多恩贝格尔以及参与其中十多年的项目的忠诚，这位工程师拒绝了希姆莱的提议。

　　一个月后，冯·布劳恩32岁生日的前一天。清晨，离出差返回时间还有几个小时，他回到佩内明德附近的因塞尔霍夫旅馆休息，躺下不久就被一阵持续不断的敲门声惊醒，⁴这让他颇为恼火。他极不情愿地起身开门，看到盖世太保军官站在门口，疲惫和烦恼顿时变为震惊，震惊旋即变为愤怒，这些人应该知道合适的做法是什么，他们不应该在这样一个时刻吵醒德国科学界的精英！其中一名军官开始宣读官方的命令，要求他同他们一起到斯德丁（Stettin）②附近的警察总部，冯·布劳恩沉默怒对。其中一位军官向冯·布劳恩保证，这不是逮捕他，只是对他进行保护性监护。冯·布劳恩同意和军官们一起离开，一起离开的还有前来拜访他的三位同事：他的哥哥马格纳斯（Magnus）、克劳斯·里德尔和赫尔穆特·格罗特罗普③。一到斯德丁，四个人立即被安排在顶层的单人牢房中，没有人对他们遭到监禁做任何解释。次日，看守允许大家一同分享冯·布劳恩的司机带来的一包监狱提供的食物以庆祝他的生日，不

---

① 党卫军少校（Sturmbannführer），党卫军二级突击队大队长兼武装党卫军少校。

② 第二次世界大战以后，该市划归波兰，也叫什切青，现为波兰西波美拉尼亚省的首府，是波兰第七大城市和波兰在波罗的海的最大海港。

③ 赫尔穆特·格罗特罗普（Helmut Gröttrup, 1916—1981），德国工程师和火箭科学家，曾参与冯·布劳恩的火箭研发项目。

久,这些火箭专家们又回到了各自的牢房。

两个礼拜过去了,这些人才知道他们被羁押的原因是被指控为帝国的反对者,这种罪通常会被判死刑。冯·布劳恩热爱航天事业但又嗜好喝酒聚会,这给他带来了麻烦。一周前,在一次聚会上,他在聊天中漫不经心地说自己预见战争的结局对德国是不利的,他还说过这样的话:现在想做的就是用他的火箭把他们都发射到其他星球上去。一年前他在佩内明德也跟希姆莱说过这种放肆的话,冯·布劳恩的亲朋或密友马格纳斯、里德尔和格罗特罗普也被指控发表过类似的言论。

无论是顶级军事科学家还是党卫军成员的身份,现在都救不了冯·布劳恩,但是多恩贝格尔可以。党卫军找不到任何证据表明军方火箭计划的领导者知晓下属的叛离倾向或参与了叛离活动,自然而然地,多恩贝格尔可以无所顾忌地保护冯·布劳恩和他的同事们。多恩贝格尔知道这四人都是实现 A-4 目标不可或缺的人物,[5]他怀疑对他们的监禁更可能是党卫军的另一种企图:避开他和军方,用强制手段控制火箭研发项目,并督促科学家们让他们的火箭早日成功地发射升空。

4 月伊始,冯·布劳恩心里明白,盖世太保对他的指控审讯可能会持续几天或者几周,而多恩贝格尔还没有联系上合适的权威人士来解救他。通过第三帝国的更多高级官员的帮助,多恩贝格尔最终成功找到了时任第三帝国的军备和战时生产部长的阿尔贝特·施佩尔。在对冯·布劳恩审讯的第二天,多恩贝格尔拿着一份带有附加条件的释放命令,昂首挺胸地来到斯德丁。冯·布劳恩被释放了!离开监狱后,他们打开一大瓶白兰地庆祝获释,几天后其他三位同事也被释放。

在冯·布劳恩被正式逮捕之前,对他的监禁就结束了,尽管如此,这使他认识到了一个残酷的事实——他所热爱的国家和已经资助其研究超过十年的军方,随时会把他一脚踢开,从仁慈的庇护者变为致命的终结者。如果他想在战争中生存下去,就必须将他对火箭的情感和目标与职业目标毅然决然地分离开来。这次被监禁并没有改变他的判断,那就是战争已经发生了转向,德国不可能成为胜利者,现在,他不得不开始思考自己的未来。

从此,冯·布劳恩开始过着双面人的生活。在公开场合他是祖国的一名尽职尽责的军人,穿着党卫军的制服视察作战前线;私下里,他留心寻找机会。他不仅想要找到一个方法活着逃出德国,还想着一起带走他的火箭、设计图以及这个绝佳的工程师团队。冯·布劳恩想把每一样东西都搬到美国去。他的哥哥西格斯蒙德(Sigismund)曾在美国留学一年,学习法律,其间开着一辆福特 A 型车旅行,从此之后,他就迷恋上了美国。在冯·布劳恩看来,美国似乎是一个建造火箭的理想之地,这个美国梦逐渐超越了他对祖国的忠诚感。他意识到,随着德国在第二次大战中的失败,当另一场更大的国际冲突爆发时,移民美国很可能会使他站在胜利者的一方。

两年之后,冯·布劳恩对于战争结局的预测开始变为现实,战争将以德国的战败而告终。1942 年,艾森豪威尔以美国欧洲战区总司令的身份抵达伦敦,他拥有战区的绝对指挥权。他精心策划了火炬行动(Operation Torch),成功地占领了北非,保证了地中海在盟军的控制之下。1943 年秋天,他促成了与意大利的停火协议。艾森豪威尔将军接下来的重大行动就是攻占被纳粹占领的法国,此次行动代号为霸王行动(Operation Overlord),计划是盟军从西部解放法国。与此同时,苏联从东部发动大规模攻势以收复其在东欧失去的领土,这将是攻占柏林的决定性一步。在由谁来指挥霸王行动这个问题上,美国总统罗斯福提议由美国人来指挥,英国首相温斯顿·丘吉尔和苏联主席约瑟夫·斯大林对此都没有异议。人们大都认为罗斯福会选择陆军参谋长马歇尔将军,他是一位合乎逻辑的人选,但罗斯福却另有想法。艾森豪威尔将军负责欧洲战区的行动,马歇尔在华盛顿为总统和最高指挥部服务,现有的这种指挥架构非常合理,如果马歇尔指挥霸王行动,艾森豪威尔就要替代他在美国的位置。罗斯福认为,艾森豪威尔的价值在于他对两栖作战和欧洲的实际情况均有亲身的体验和了解,而马歇尔则缺乏这些。在人格方面,罗斯福总统也欣赏艾森豪威尔没有高级军官中司空见惯的那种装腔作势的架子。

1943 年 11 月 28 日,斯大林、丘吉尔和罗斯福齐聚伊朗德黑兰的苏联大使馆,在这次首脑会议上,由谁来指挥霸王行动的问题再次摆到了桌面上。罗斯福在持续了整整五天的会议中一直犹豫不定,[6] 他知道马歇尔是当之无愧的指挥官,但他最终还是相信了艾森豪威尔的能力。虽然这位将军还未亲身参加过战斗,但罗斯福认为,多年的研究使得他对大规模军事行动有深刻的理解,这是无与伦比的。总统在突尼斯会见了艾森豪威尔,并让他动身履职,以霸王行动的盟军最高指挥官身份回到伦敦。得知这一任命后,艾森豪威尔将军兴奋异常,展露出小学生般的灿烂笑容。

艾森豪威尔花了 6 个月的时间与军界和政界方面的领导人会晤,以使霸王行动计划更加充实稳固。参与进攻的军队不断增加,包括美国、英国、加拿大的伞兵部队,以及将要横渡英吉利海峡在法国诺曼底登陆的军队。他们先要保证在法国有立足之地,解放和重新武装这个国家,然后再向德国挺进。空中轰炸行动将帮助地面攻击部队摧毁道路和铁路线,阻止德国军队向盟军的进攻。对飞机制造厂、燃料储存库以及机场进行精确轰炸将进一步削弱德国的防守力量。进攻的理想日期定于 6 月 7 日或 9 日,对于这次进攻来说,这两个日期都汇集了潮汐、月光、昼长以及有利天气等因素。对于所有的陆军和空军部队安全到达他们的目的地,天气必须正好合适。如果错过这个机会,进攻的时间至少要推到 6 月 19 日,艾森豪威尔当然不想错过第一次进攻的机会。这是一场东征,必须获得全面结束欧洲战争的彻底胜利,除此之外,别无他求。

霸王行动的时间日益临近,天气却拒绝配合。云层很低,能见度差,强风也使复杂万变的伞兵着陆受到威胁,滔天的波浪给海军调整炮火以及登陆艇的安全导航带来了极大的困难。6 月 4 日晚上 10 点,艾森豪威尔被迫将进攻时间推迟,6 个小时后,他顶着狂风去会见他的指挥官们。但是气象学家发现了一线希望,导致之前进攻延迟的天气很快要结束了,6 月 6 日凌晨将会出现一段平静期。艾森豪威尔发出命令,霸王行动继续进行。在计划进攻的前一天晚上,他视察了驻扎在英国纽伯里(Newbury)和威尔特郡(Wiltshire)附近的 101 空降师,他们将是第一批在法国登陆的人。

6 月 6 日凌晨,当地时间 1 点之后,第一批伞兵开始在诺曼底海滩附近着陆,占领了公路和桥梁。半个小时后,警报拉响,德国的将领们才知道他们正在目睹一场攻击的开始,却想当然地认为这只是一次佯攻;[7] 他们预测盟军的主要进攻地点是在加莱[①]而不是诺曼底。4 点钟的时候,空中轰炸开始了,黎明时分,第一批部队开始攻占三个滩头阵地。

当德国人意识到在诺曼底登陆的军队是进攻主力的时候,为时已晚,而希特勒对此仍然不相信。盟军此时在法国已经推进了将近 6 英里,希特勒命令他的将领们,在能够看清发展的态势之前与进

---

① 加莱,法国北部港市。

攻部队保持一定的距离,之后他就上床休息了。当天下午 3 点钟希特勒醒来时,他才意识到局势的严重性,立即下令德国军队投入战斗,命令他们当天必须重新夺回滩头阵地,而这是一个根本不可能实现的命令。太阳落山的时候,盟军已经在欧洲大陆获取了牢固的立足点。随着 10 万盟军士兵开始徐徐地踏上前往柏林的漫长征途,希特勒对于功能强大的神奇武器 A-4 火箭的需求日渐紧迫,对他而言,采取更加严厉的措施已刻不容缓。

　　在诺曼底登陆(D-Day①)之后不到两个月,希特勒提拔希姆莱为国内驻军(Home Army)司令。以前多恩贝格尔的研发小组向国内驻军汇报工作,现在多恩贝格尔向希姆莱汇报,也就是说,希姆莱实际上已经获得了对 A-4 项目的控制权。8 月 8 日,希姆莱任命卡姆勒为 A-4 项目的特派专员,他有权把 A-4 火箭作为战斗的导弹来部署。多恩贝格尔从来没有这种权力,他对此的感觉就好像是他倾其一生制作了一把小提琴,结果只能眼睁睁地看着一个乐盲蛮汉毫不爱惜地用一根木棒刮擦它的琴弦却无能为力。他和冯·布劳恩所建立的项目现在落到了希特勒的一个尽人皆知、恐怖至极的手下——希姆莱的手中。

　　为了满足新指挥官的要求,多恩贝格尔全力以赴地投入到火箭的完善工作中,但由于党卫军的涉足,该项目研发变得愈加糟糕。卡姆勒不是火箭专家,他的更改命令对 A-4 来说更是一种障碍,对技术一窍不通的他只是为了显示对项目的控制力而提出了一些肤浅改动。他的介入最终没给项目带来好处,米特尔维克工厂和附近朵拉营地的糟糕状况也没有得到任何改善。那些试图破坏火箭的

─────────────

① 　D-Day,军事术语,表示一次作战或行动发起的那天。迄今为止,最著名的 D-Day 是 1944 年 6 月 6 日——诺曼底战役打响之日。

囚犯被抓住后会被当众绞死，尸体通常被悬挂至少半天，这已成为一种常态。这种方式一方面可以惩罚捣乱者，另一方面也可以对其他效仿者起到威慑作用。到 1944 年秋天，陆军的 A-4 项目已经牢牢掌控在纳粹和党卫军的手中，也就是说，冯·布劳恩和多恩贝格尔已经成为党卫军奴役劳工制造远程导弹计划的组成部分，而且还要为火箭发射造成双方的死亡负责。

1944 年 8 月底，盟军已经收复了法国北部相当大的一部分领土并向德国边境逼近。作为反攻的一部分，希特勒下令尽快开始用火箭轰炸，执行该命令的任务落到卡姆勒身上，他部署了两个发射团队。北部团队向西北开拔，从克利夫斯①移师到比利时的海牙这个更适合向伦敦发射的地方，与此同时，为了打击巴黎，南部团队向北开拔，从鲍姆霍尔德②移师至科布伦茨③。在 9 月 6 日，南部团队在移动式发射平台上安装了一枚 A-4 火箭，上午 10：30，发动机开始喷射出火花。火花变成了火焰，然后又化为一团烟雾，火箭开始变得活跃起来，缓缓从发射平台升起。但随后火箭发出爆裂声，"砰"的一声掉了下来，幸好垂直落在了发射平台上。大约一个多小时后他们又发射了第二枚 A-4 火箭，同样以失败告终。燃料供应的过早中断让两枚火箭的发射都失败了。

导弹团队移至比利时的乌法利兹④，两天后，另一枚 A-4 火箭已在发射台上蓄势待发。早上 8：34，第一枚远程攻击导弹成功地发射升空，它飞行了 180 英里，对法国的意大利广场门（Porte d'Italie）附近造成了中等程度的毁坏。当天晚上 6：48，在海牙北部

① 克利夫斯（Cleves），位于德国西北部，莱茵河的下游。
② 鲍姆霍尔德（Baumholder），德国西南部城市。
③ 科布伦茨（Koblenz），德国西部城市。
④ 乌法利兹（Houffalize），比利时南部城市。

的北方军团发射基地,第二枚携带了小型弹头的 A-4 火箭发射了,它穿越 200 英里到达伦敦,而盟军的雷达没有办法跟踪飞来的超音速导弹。伦敦郊区奇西克①的居民们,幸运地只是听到了爆炸声。

在佩内明德的研发团队从报纸头条获悉 A-4 攻击火箭取得了成功,纳粹宣传部长戈培尔②将“对伦敦采取行动的复仇武器 2 号(Vergeltungswaffe-2 Gegen London im Einsatz)”的这种火箭命名为V-2 火箭,他耀武扬威地说,这种武器将为德国赢得战争。

与 V-2 火箭新获得的名气形成鲜明对比的,是桑格的亚轨道轰炸机日渐增加的不确定性。特劳恩的研发工作从来没有赶上佩内明德的研发步伐。1942 年夏天,以员工冲突和燃料短缺为借口,桑格的研发工厂被关闭了。大约在同一时间,戈林也撤回了空军对火箭计划的支持。桑格的团队一直在研发一百吨推力的火箭发动机,随着实验室的关闭,他们暂停了前沿技术的研发工作,也搁置了防护罩内安装风扇的脉冲喷射发动机以及使用硝酸和柴油的火箭的研发工作。但是,桑格从来没有放弃亚轨道轰炸机的研究,1944年,他和他的搭档数学家艾琳·布瑞特③共同撰写了一份名为“利用火箭驱动远程轰炸机”的完整计划,这份计划开始悄悄地在一些科研圈里流传,多恩贝格尔奔波于这些圈子中,以期找到一位资助人。

佩内明德火箭成功的消息也传到了美国,这不是一个值得庆祝

---

① 奇西克(Chiswick),伦敦西部的一个区。
② 戈培尔(Joseph Goebbels,1897—1945),德国政治家、演说家,担任纳粹德国时期的国民教育与宣传部长,擅长讲演,被称为“宣传的天才”“纳粹喉舌”,1945 年自杀身亡。
③ 艾琳·布瑞特(Irene Bredt,1911—1983),桑格的夫人,德国工程师、数学家和物理学家。

的消息。即使 V-2 火箭在战争后期才问世,但它显然表明了美国的技术进步和制空权受到了挑战。V-2 火箭并没有达到从欧洲至美国的射程范围,但是为了避免在未来的一些战争中成为火箭的打击目标,美国首先要做的就是必须掌握德国在这场战争中取得的主要技术进步。陆军航空队①的队长哈里·阿诺德②知道,这意味着要直接从设计和建造 V-2 火箭的德国科学家那里获悉这些先进的武器。在 11 月,阿诺德给西奥多·冯·卡门(Theodore von Kármán)发了一份备忘录,卡门是一个来自布达佩斯的政治避难者,美国顶尖的空气动力学家和推进力专家,他在加州理工学院从事教学工作并负责喷气推进实验室(Jet Propulsion Laboratory)。阿诺德在给冯·卡门的信中写道,美国的长治久安在某种程度上依赖于国家教育和从事专业研究的科学家们的推动。接着他着重强调了强有力的武器在战争中的重要性,因为任何一场战争的目标旨在摧毁敌人的抵抗意志。然后,阿诺德请求冯·卡门领导新成立的陆军航空队科学顾问小组(SAG),其目标是研究科学战争和研发火箭和制导导弹的重要性。最后,关于这些技术如何有益于未来的美国陆军航空队,阿诺德请求他给出专业的看法和见解。[8]

12 月,陆军航空队科学顾问小组配备了从飞机设计和空气动

①　美国陆军航空队是美国陆军的一个分支,1926 年 7 月 2 日从美国陆军航空勤务队改组而来,于 1941 年起编为美国空军的前身——美国陆军航空军(USAAF)。美国陆军航空队自 1942 年起就不再作为军事管理组织使用,但航空队本身却仍然以陆军旗下的一个作战分支单位继续存在,直到 1947 年 9 月 18 日才正式撤销。

②　哈里·阿诺德(Henry H. "Hap" Arnold, 1886—1950),美国十大五星上将之一,绰号"快乐的阿诺德"。第二次世界大战时期历任美国陆军航空兵司令、主管航空兵事务的陆军副参谋长、陆军航空队司令等职,空军五星上将,被称为"美国现代空军之父"。

力学到燃料和动力等各个领域的专家。冯·卡门选择了他的朋友
兼同事休·德莱顿（Hugh Dryden）担任他的副手，后者是来自国家
标准局（National Bureau of Standards）的空气动力学家。在 12 岁，
德莱顿第一次看到 50 马力的安托瓦内特号飞机（Antoinette）以每
小时 40 英里的最高时速飞行，但这件事并未给他留下深刻印象。
这个孩子在几天后的英语作文中写道，飞船在客运和货运上的有效
载荷超过了专为商业、探险和娱乐而设计的有翼飞机。这一敏锐的
洞察力让他得到一个不及格的分数，但这似乎蕴含了他未来将要从
事的职业。这位出色学者的人生履历如下：14 岁进入约翰·霍普
金斯大学就读，三年后以优异的成绩毕业，20 岁获得了硕士学位。
20 世纪 20 年代，他在国家标准局从事超音速飞机的设计，在这个
过程中他特别关注空气可压缩性问题，这是一种在快速飞行中的飞
机前所形成的空气现象。

　　他发现了飞机的飞行速度根本无法达到声速的一半，因此研究
工作就结束了，德莱顿于 1931 年被调往国家航空咨询委员会
（NACA）。NACA 是领导航空研究的国家机构，这个机构的建立作
为附加条款添加到 1915 年的海军拨款法案中，旨在助推美国在第
一次世界大战期间及战后获得空中优势，它在第二次世界大战中也
继续发挥作用。欧洲战争开始后不久，德莱顿被任命为 NACA 科学
研究与发展办公室下辖的导弹部门负责人，这个部门是刚刚成立
的。在这个职位上，他带领团队为美国海军研制了蝙蝠制导导弹，
这种导弹是将现有的机身与这个国家最先进的千磅级炸弹结合起
来，采用陀螺稳定自动驾驶系统，尾部由小型风力发电机驱动的升
降机控制方向。蝙蝠制导导弹是美国第一个可靠的精确制导炸弹，
它成功地击沉过一些敌方潜艇，德莱顿也因此获得总统奖。

　　冯·卡门亲自给德莱顿打电话邀请他加入科学顾问小组。这

位匈牙利裔物理学家在电话中告诉德莱顿,为了阿诺德将军的项目,他已经同意前往欧洲评估战争期间敌人在飞行领域所取得的重大突破,去考察德国的实验室,与德国的科学家会晤。冯·卡门也想带德莱顿一起去欧洲亲身感受一下导弹。德莱顿接受了这项任务,在12月开始了解他能得到的所有有关V-2的资料。此外,他在海外还肩负着一项任务,就是与火箭的创始人——沃纳·冯·布劳恩会晤。

召集科学家组成科学顾问小组是一回事,而组建团队到欧洲进行研究和会面是另一回事。战争仍在肆虐,他们尚不清楚科学家们将如何安排他们的任务,进入欧洲战区还需要来自艾森豪威尔将军的允许。此时,将军正在集中精力策划对德国的最后攻势,他不希望平民出现在该地区,也不希望一群没有受过军事训练的美国科学家出入这个国家让他分心。但出于同样的原因,科学家们需要尽快找到他们的德国同行,否则就来不及了。这些德国同行或被盟军轰炸,或被苏联的士兵俘虏,甚至被他们自己国家的军队杀害的概率与日俱增。

1945年初,恐慌开始在德国蔓延。在东普鲁士攻势中,苏联军队已经将战线推进到距离德国边境只有50英里的地方,苏军攻入德国只是一个时间的问题。在西部,盟军部队已解放了法国,他们正向柏林推进。感觉到德国的溃败近在眼前,这激发了国家的领导者破釜沉舟的决心,他们力图抓住最后的稻草来扭转战局。

在佩内明德,冯·布劳恩的团队继续进行着A-4火箭的改进工作,其中一个型号为A-4b,这是A-4替代品(A-4 bastard)的简称,是一个扩大版。冯·布劳恩团队经常看到德国空军的梅塞施米特Me163B彗星火箭动力截击机穿越天空,受此启发,在箭体中部焊接了两个长达 18.5 英尺的尖锐后掠翼。工程师们认为,如果他们能够研制出一种带有驾驶室的翼型 A-4 火箭,有可能很快就能研发出火箭飞机。把这个设想版本指定为 A-4b 系列只是快速跟进优先项目的一种手段,因为在 A-4 火箭项目被赋予高度优先地位的旗号下,该版本可迅速实施研发。1 月 24 日,这种外貌奇特的导弹在佩内明德发射,在储存的燃料被耗尽之前,它垂直上升了大约 50 英里,然后依靠空气动力的辅助,火箭沿着弧形开始滑翔下降,它的翅膀就是专门为此设计的。这是一次成功的飞行,直到有一个翅膀折断后才摔落到地上。对于一个新颖的设计,这次飞行可以说是成功的,但它不是火箭研发团队预先设想的。他们面临的问题更为艰巨而紧迫。

冯·布劳恩研发团队的每一个人心中都很明白,如果制造了第一枚向平民发射的功能性导弹,一旦战争结束,他们是不会受到欢迎的。在那时,他们每个人都想做的事是:逃走求生,未来继续从事火箭工作。自从在斯德丁被释放出来,冯·布劳恩随时准备着逃离佩内明德——他把重要的文件装入一个箱子,也让工作人员随时保持着警惕。

临近 1 月底,火箭研发团队在佩内明德附近钦诺维茨(Zinnowitz)的因塞尔霍夫旅馆的客厅聚会,寻求他们领导的授意和指示。[9] 会议一开始,冯·布劳恩就提醒大家,要保持对火箭和航天事业的信念和热情,然后他说,即使德国战败他们也有优势,因为敌对国也需要他们的知识,这给予了科学家们自由,去选择他们想去的地方,并对选择做出权衡。此时距 V-2 导弹轰炸伦敦已过去了几个月,英国是一个不太可能愿意继续支持火箭研究的国家。苏联也不是一个可选项,他们对斯大林所知甚少。没有一个人关注法国,那时法国已处于纳粹的占领之下。剩下的只有美国了,这个国家还没有直接受到 A-4 火箭的影响,而且它可能有兴趣把火箭技术纳入自己的军事计划之中。他们一致认为:向美国人投降是他们活下去和拥有一个未来的最大希望。他们必须在发生任何不测之前找到美国人。

德国火箭团队未曾想到的是,为了与他们见面,美国人已经上路了。火箭研究团队在因塞尔霍夫旅馆开会几周后,美国陆军航空队最终从艾森豪威尔那里获得了许可,科学顾问小组得以进入欧洲,接洽德国科学家,并视察实验室。在欧洲所获得的知识将被用于陆军的赫耳墨斯计划(Project Hermes)中,这是一个军事计划,首先解密 V-2 火箭技术,然后建造美国版的火箭,以满足未来陆军野战部队的需要。

然而,要在战区实现德国火箭研发团队与美国科学家的会面绝非易事,而雅尔塔会议达成的协定又使此事更加复杂化。1945 年 2 月 4 日至 11 日之间,美国总统罗斯福、英国首相丘吉尔和苏联最高领导人斯大林在苏联的克里米亚半岛雅尔塔进行磋商,讨论德国未来的命运。盟军的目的是消灭德国的军国主义、纳粹主义,并向被解放的人民提供帮助。最后,他们决定战后将德国分为四个占领区,分别置于英国、美国、苏联和法国的控制之下。尽管每个国家在战争结束后都有自己要重新启用的某些人或地方,作为人才赔偿的一种形式,V-2 导弹的科学家和基地在每个国家的名单上都位居引人注目的位置[10],而占领一旦付诸实施,任何一个国家都不能再启用其他占领区的任何东西或任何人。

1945 年 1 月 12 日,苏联红军在波兰发动对德国前线部队的进攻,此时德莱顿仍在美国研究德国的火箭。苏联红军突破纳粹的防守开始向柏林进军,进军柏林的途中曾非常接近佩内明德,火箭研发团队甚至都能听到炮火声。[11]冯·布劳恩明白，一旦柏林陷落，战争就结束了，如此近距离地亲临战争意味着他在佩内明德的时间快接近尾声。但就目前情况来说，冯·布劳恩和他的员工仍然处于上级的控制之下，他们随时会下达命令，并检查执行情况。德国陷入混乱也为火箭研发团队提供了一线逃生的希望，冯·布劳恩知道迟早会有人出差错，诸如发布一个相互矛盾的命令或一个表意含糊的命令，这就可以给他和其团队逃脱纳粹统治制造一个机会。他必须做好一切准备。

糟糕的是，冯·布劳恩不得不继续与卡姆勒斗智斗勇，后者是A-4项目的特派专员，近期刚晋升为中将，负责监督 V-2 导弹军火库以及生产导弹的科学家。当德国胜利的希望逐渐破灭时，卡姆勒对帝国的忠诚转化为一个狂热分子的绝望，从他给冯·布劳恩的命令中就可以看得出来。卡姆勒首先命令火箭研发团队撤离佩内明德，然后隐藏到柏林西南部的一个小镇——巴特萨克萨（Bad Sachsa）。工作人员在基地已经住了十多年，早把这里当成了自己的家，就在他们准备离开时，卡姆勒又命令冯·布劳恩去米特尔维克的 A-4 工厂见他。那里笼罩着死亡集中营的阴影，致命的导弹还在继续生产，卡姆勒命令冯·布劳恩将所有的秘密武器项目，包括A-4项目在内都集中到巴特萨克萨附近的哈尔茨山区中。该地区是一个完美的隐藏点，有着天然的防护屏障，但是这样一个地方也会将火箭研发团队牢牢地置于党卫军的魔掌之下。

冯·布劳恩的桌子上不仅仅只有卡姆勒的命令，其他一些命令要求他和他的下属待在原地，与任何侵入的士兵血战到底，不惜一切代价保护佩内明德，保护材料、文件和火箭。这是一个非常可怕的景象，冯·布劳恩的下属都是科学家，并非受过实战训练的士兵，留下来战斗和保卫佩内明德简直就是一项死刑判决。不过，这也给予了冯·布劳恩一个期待已久的机会。相互矛盾的命令为他提供了选择的自由[12]，他可以选择自己愿意遵从的命令，如果幸运的话，来自党卫军的那些命令可以让他的团队在途中发现美国人。违反卡姆勒的命令，则极有可能被行刑队杀死。向德国中部撤离可能是佩内明德团队的最好机会，这或许也是冯·布劳恩唯一的一次机会。机不可失，他要行动了。

第 **4** 章

逃跑与投降

　　盟军的轰炸机在德国上空咆哮,日夜不停地对城市、工厂或通信中心轮番轰炸,将德国化为片片废墟,德国投降只是一个时间问题。混乱不堪中,佩内明德也不能置身其外。远处传来苏联的隆隆炮火声,一些疲惫不堪的难民路过火箭基地附近的乌瑟多姆岛,他们随身带的物品很少,看起来经历了复仇心切的苏联军队的残酷对待。为了保护基地,佩内明德的工作人员做了最后的努力,他们武装起来,民工们也在地方军的帮助下接受了训练,期待在战争中可以保护火箭研究中心。

　　不过这种混乱状态为冯·布劳恩火箭研发团队的逃跑提供了一个掩护,这由一个印刷错误做到了。1943 年,盟军突袭佩内明德几个月后,沃尔特·多恩贝格尔被从陆军军械部调离并晋升为执行特殊任务的军队专员,德语的简称为 BzbV Heer。这次晋升让多恩贝格尔在军队有了更多权力,但在阻止海因里希·希姆莱试图控制 A-4 项目这件事情上并没有多少帮助。在发给多恩贝格尔的一封信笺的抬头上,BzbV Heer 被错误地印成 VzbV。冯·布劳恩的交通协调人是埃里希·尼姆韦根(Erich Nimwegen),此人以合规合法地游走于一些边缘地带而著称,他利用这个排印错误,把它变为党卫军内一个虚构的绝密项目"Vorhaben zur Besondern Verwendung"的名称缩写,大意是"特殊配置项目"。由于到处都是全副武装、高度警觉的党卫军士兵,冯·布劳恩知道,团队一旦搬动文件和设备就会引起他们的注意,但是,没有人认识 VzbV 这个缩写词,这可以作为一个挡箭牌,因为一般的卫兵对这个特别项目不清楚,也知道不能向团队进行询问。为了安全起见,尼姆韦根也以错误的形式填写了运输命令,冯·布劳恩以党卫军少校的名义签署了命令。他使用这个头衔的次数屈指可数,这是其中之一,如果不是唯一一次的话。[1]

随着研究小组准备离开佩内明德,"VzbV"开始大量出现在装有文件和材料的箱子上。在装载材料和工作人员的轿车、卡车和火车车厢的两侧同样印上了几英尺高的缩写字母。2 月 17 日,第一列载着 525 名火箭研发团队成员和家人以及文件材料的货运火车,在"VzbV"标志的保护下离开了。不久,他们在一个路障前被叫停,党卫军的警卫正在搜寻那些逃避拯救祖国责任的逃兵或平民,尼姆韦根立马出示了党卫军少校冯·布劳恩签署的运输命令,并指向车上印着的"VzbV"字样。疑惑不解的警卫不想冒险阻止党卫军特别小组通过,他们退到一边,为火箭研发团队放行。

撤离开始的两天后,最后一枚火箭从佩内明德发射升空。冯·布劳恩用一个月的时间走遍全国为火箭研发团队寻找新的基地。一个多月后,即 2 月 27 日,他最后一次踏入这个岛屿中心。他告诉留在佩内明德的几个人,他在中部的一个研发地点找到了一个场所,他们甚至会拥有 A-4 项目的试验站,这一惊人支持在战争中姗姗来迟。

冯·布劳恩非常明白,这一切都是徒劳的,他也知道盖世太保正在监视他的一举一动。由于在表面上要维持他仍在为德国最终战胜联盟国而致力于 A-4 火箭的研发,他只能留下后勤保障部门以保证其他人员撤离。他仍然热情满怀地在哈尔茨山区寻找可以用作临时 A-4 基地的矿区、学校和工厂。他向卡姆勒提交了新试验设施和发射基地的计划。但冯·布劳恩知道,没有一个新的基地能够继续支撑像佩内明德那样的项目,更不用说研发工作在中断后继续进行了,这简直是不可能的。此时,整个研发团队正跟随一个车队缓慢地穿行在乡间僻野。对于冯·布劳恩来说,继续制造永远不会升空的火箭项目,这一切都是在演戏。而卡姆勒却对德国将赢得战争坚信不疑,他同意了冯·布劳恩的这个计划。

冬去春来,冯·布劳恩继续打着 A-4 项目的名义在全国各地奔走。由于盟军的雷霆战斗机(Thunderbolt fighter planes)和野马战斗机(Mustang fighter planes)几乎不间断地在头顶盘旋,为了避开侦查,他越来越多地安排晚上出行,他喜欢这种相对安静的方式。3 月 12 日凌晨,在从图林根到柏林的高速公路上,汽车以每小时六十英里的速度行驶,轮胎有节奏的砰砰敲击声使疲惫不堪的冯·布劳恩在座位上昏昏入睡,这种声音对司机也产生了同样的催眠作用。在魏森费尔斯①小镇附近,在 40 英尺高的路堤旁,汽车发生了侧翻。汽车腾空而起,轮胎轧在路面上的砰砰声的突然消失使冯·布劳恩猛然惊醒,他本能地将左胳膊抬到头顶上,在即将发生撞击的一瞬间保护了自己。[2] 这辆车从公路坠落到距离道路 130 英尺远的地方,冯·布劳恩的手臂和肩膀受了伤,他和司机都失去了意识。在他们后面,另一辆从佩内明德驶来的满载乘客的汽车发现了路旁残损不堪的汽车。冯·布劳恩醒来时,已经躺在布莱谢罗德②附近一家医院的专属病房中,手臂上打着厚厚的石膏。他被迫卧床养

---

① 魏森费尔斯(Weissenfels),位于德国萨克森-安哈尔特的布尔根兰县境内。
② 布莱谢罗德(Bleicherode),位于图林根州诺的豪森县境内。

伤,忙碌的行程被络绎不绝的探视取代了。

住院期间,冯·布劳恩对战争早日结束的渴望与日俱增,在他33岁生日那天,他得知盟军已经越过了莱茵河。美国、加拿大和英国的军队已经从法国马赛穿过荷兰向前推进,这个过程如此迅速,使德国的防御部队猝不及防。在德国防御部队炸毁鲁登道夫大桥①之前,参与进攻的一个盟军装甲师成功地夺取了这座大桥并置于其保护之下,为进攻柏林保留了一条关键的通路。

当这个消息传到美国陆军中将奥马尔·布拉德利②那里,他立即打电话给艾森豪威尔,此时将军正在兰斯③与陆军航空兵的指挥官们一起吃晚餐。当布拉德利告诉他盟军已经占领了莱茵河上的一座坚固的大桥时,他简直不敢相信,犹如做梦一般。艾森豪威尔告诉布拉德利往那座桥上派遣尽可能多的军队,布拉德利表示同意,他告诉将军这也正是他所想的,但他认为最好先跟欧洲战区的指挥官核实一下。此时是艾森豪威尔在战争中最兴奋的时刻之一。[3] 攻击推进顺利,盟军已攻入德国。3月底,德国在莱茵河的抵抗已经崩溃。战争的结束只是时间的问题了,而对于盟军来说,接下来的行动就是占领柏林,然后根据雅尔塔会议的安排对战败的德国进行划分。

对陆军航空兵的科学顾问小组来说,政治上对德国的瓜分使问

---

① 鲁登道夫大桥(Ludendorff Bridge)建于1916—1919年,目的是连接莱茵河东岸和西岸的铁路。1945年3月它成为这个地区唯一完整的大桥。

② 奥马尔·布拉德利(Omar Bradley,1893—1981),美国著名军事家、统帅,陆军五星上将(1950)。第二次世界大战期间美军在北非战场和欧洲战场的主要指挥官。

③ 法国东北部城市。

题变复杂了。在西奥多·冯·卡门的带领下，他们正计划前往德国与研制 A-4 火箭和其他先进武器的科学家们会面，并为美国带回一些硬件设备。这是赫耳墨斯计划的一部分，即美国版的 V-2 项目，旨在开发一种新型的导弹。根据对德国政治边界的新划分，佩内明德即将落入苏联的控制之下。美国人必须在战后占领协议生效之前到达火箭基地，这样做才不会激怒当时的苏联盟友。

此时此刻，冯·布劳恩还不知道他的国家正被画出一条假想的分界线，而这条分界线很可能会阻止他的团队到达美军那里。希特勒的焦土政策使两方的情况更加复杂化。3 月 19 日，元首命令正在撤退中的地方军摧毁所有的军事、工业、交通以及通讯设施。从文件、设施装备到人员，不让任何东西落到盟军的手中，他宁愿让盟军接手一个完全毁灭的国家，也不让他们知晓帝国的技术机密。

盟军部队正在逼近柏林的消息吓坏了卡姆勒，他取消了 4 月 1日 V-2 火箭所有的现场作业，命令火箭研发团队从米特尔维克工厂附近的巴特萨克萨和布莱谢罗德（Bleicherode）临时驻地向奥伯阿梅尔高（Oberammergau）①转移，这是一个风景如画的村庄，靠近奥地利边境，位于巴伐利亚阿尔卑斯山区。冯·布劳恩此时仍然卧床不起，但他已经开始怀疑他和他的人员是否已经成为卡姆勒阴谋中的棋子，卡姆勒是否打算利用他们作为讨价还价的筹码，然后将火箭研发团队交给盟军以换取自己的性命。这是一个可怕的想法，但也不是没有可能。团队中的大多数人都乘火车向南部转移，由于冯·布劳恩还带着笨重的医疗器具，这让他在空袭发生时无法跳火车躲避，于是，冯·布劳恩和多恩贝格尔一同乘汽车前行。

团队中的另外两人也自行前往阿尔卑斯山区，一位是迪特·胡

---

① 位于德国巴伐利亚州帕滕基兴境内。

策尔（Dieter Huzel），电气工程师，也是冯·布劳恩在佩内明德的特别助理。他驾驶着一辆卡车，坐在他旁边的是伯恩哈德·特斯曼（Bernhard Tessmann），一位试验装置设计师。他们在日落之后开了几个小时后，将卡车停在哈尔茨山区中丹顿（Doernten）村附近的一个废弃的矿井旁。在卡车的后面还坐着一群人，这些人在后来的审讯中如实供述他们当时也不知道身处何处，和他们挤在一起的还有14 吨重的文件。胡策尔让这些人下车，把那些装文件的箱子搬到停在短轨道上的平板货车上，而轨道通向矿区。当搬完卡车上的文件，胡策尔把车开走，第二辆装材料的汽车又开过来，直到那辆车又被搬空，他又把第三辆卡车开到矿区。

直到第二天上午 11 点，三辆卡车上所有的东西才被完全搬到一扇沉重铁门后的山洞里，这个山洞有 25 英尺宽、25 英尺深和 12 英尺高。次日，胡策尔和特斯曼独自返回查看，矿井的看守炸毁了隧道入口，一堆石头和碎片堵住了通往仓库的路。看守第二次引爆了炸药，之后，这几位前佩内明德的员工在确认万无一失后也离开了。在这个世界上只有他们三个人知道埋在废弃矿井深处的一切。

冯·布劳恩和多恩贝格尔到达了奥伯阿梅尔高，他们发现火箭研发人员的生活状况令人震惊，这是一个临时搭建的营房，四周环绕着高墙和铁丝网，有党卫军把守。就在同一天，美国陆军第三步兵部队占领了德国中部的诺德豪森（Nordhausen）。一周后，苏联人开始对柏林发起进攻。德国的崩溃近在眼前，而火箭研发团队悠然地坐在奥伯阿梅尔高，实际上他们成了囚犯。4 月 11 日，神志已经失常的卡姆勒来到这里，他庄重严肃地向冯·布劳恩宣称，他准备凭一己之力为德国赢得这场战争。他顺手便将指挥火箭工程师的权力交给了他的一个手下——库默尔少校（Major Kummer），然后就挥舞着手枪离开了，这是所有人包括冯·布劳恩最后一次见到他生前的样子。

卡姆勒最后不经意地将控制权移交给库默尔少校，这竟然为冯·布劳恩提供了将恐惧转化为其团队人员获得自由的机会。他和厄恩斯特·斯坦霍夫（Ernst Steinhoff）开始接近新监管人，后者是佩内明德的制导与控制实验室的前负责人。两人向库默尔少校解释了目前形势的严峻性——盟军的空军一直在德国上空飞行，正在摧毁德国的军工生产能力及战斗意志，佩内明德所有的研发成员、文件以及材料都集中在一个地方，只需一次精准的打击就可以把A-4项目完全地从地球上抹去。冯·布劳恩告诉库默尔少校，如果他想活下去，就必须责无旁贷地承担起责任，不能损失掉德国最伟大的技术和科学精英。

科学家们停顿了一会儿，看了看这位军人的脸色，他正在想象着这幅情景[4]，然后他们向他提出了另一个选择方案。冯·布劳恩建议这位少校可以将火箭人员分流，将他们分送到奥伯阿梅尔高附近的不同村庄，这样盟军就不能一次攻击就将他们全部消灭了。冯·布劳恩又停下来让库默尔思考，头顶上盟军飞机的呼啸声在空中回荡，这一偶然的时机让库默尔作出了决定。他同意将工程师们分流，前提是每个小组的行动和生活都必须在党卫军警卫的监视下。这不是理想的结果，但这种安排在一定程度上也满足了冯·布劳恩的要求。他的团队被分散，静待着美军的到来。

冯·布劳恩的哥哥马格纳斯跟随其中的一组从佩内明德到达魏尔海姆（Weilheim），这是一个靠近慕尼黑的小镇，而冯·布劳恩本人则被转移到30英里以外松特霍芬（Sonthofen）一个专门从事运动医学的私人医院进一步治疗受伤的胳膊。在一次颠簸的、匆忙离开巴特萨克萨前往奥伯阿梅尔高的途中，他的胳膊从石膏中脱出，妨碍了骨头的愈合。松特霍芬的外科医生为冯·布劳恩受伤的手

臂和肩膀做了复位并重新打了石膏,还开了大剂量的吗啡减轻
疼痛。

冯·布劳恩躺在床上,麻醉剂的致幻作用使他恍惚不定,经常
从不安的睡眠中醒来,产生这样的幻觉:党卫军的军官冲进他的房
间,并开枪射杀他。远处连续不断的爆炸和战斗声并没有使他混乱
的神经得以缓和。在服用吗啡引起不安的第三天,他真的被一位全
副武装、穿着制服的人摇醒了。当他认出穿着邮递员服装的人之
后,最初的恐慌一扫而光:原来是多恩贝格尔派来的好友,他就住在
附近的酒店! 此人告诉他,法国军队离这里只有几个小时的路程,
佩内明德的研发团队就要离开了。冯·布劳恩的外科医生只好为
他打上坚硬的石膏,这样可以让他的手臂保持弯曲的同时也能够抬
到肩膀的高度,接合处就能保持在一条直线上了。这样的处理虽然
笨重,但可以让工程师自由旅行了。在夜幕降临的时候,冯·布劳
恩已到达了豪斯英格堡旅馆。

在战争最后的疯狂阶段,豪斯英格堡就像一块静谧的绿洲,它
位于德国与奥地利两国之间的古老边境上,这个滑雪胜地高高地位
于村庄之上的山区之中。火箭团队无所事事,他们就座在阳台上俯
瞰阿尔卑斯山,在春天碧蓝天空的衬托下,覆盖着皑皑白雪的山峰
分外美丽,而酒店的工作人员也尽力满足他们每个人的口味,他们
享受着酒店大厨精心准备的美食和酒窖中储存的佳酿。他们通过
收音机知晓了战争的结局,了解到法国军队正在西面,美国军队在
南面,全国范围内粮食的供应正在紧缩,获得自由的集中营囚犯与
那些被送上死亡之旅的人一样正在大批大批地死去,一些人死于纳
粹手中,另一些死于饥饿。

在这些火箭专家驻地的周边地区,最后的战斗正在进行。由于
躲藏在与世隔绝的山里,他们仍处于被保护的状态之中。这里很安

全,但死气沉沉的氛围却让冯·布劳恩感到窒息,他在与 A-4 研发相伴随的爆炸中生存下来,经历了盖世太保的逮捕与监禁,在佩内明德的突袭中得以幸存,在狂热的卡姆勒手下活了下来,一场几乎致命的车祸也只是让他折断了一只胳膊。而现在,极度的封闭却有可能将他击垮。进入德国的所有入口都被盟军士兵封锁了,美国和苏联的军队在柏林以南 75 英里的托尔高(Torgaun)附近的易北河畔会师,一旦先头部队到达柏林,战争就结束了。这时美国军队的注意力都集中在德国首都,不太可能会在一个隐蔽的山区度假胜地发现他的藏身之地。如果美国士兵不来找他,冯·布劳恩就不得不去寻找美国士兵。

4 月 28 日,就在陆军航空兵的科学小组抵达欧洲的时候,火箭团队还在山区的豪斯英格堡悠然闲坐。以 LUSTY(空军秘密技术)行动计划的名义,七位科学家身着军装搭乘 C-54 运输机来到伦敦。军装对于科学家来说不只是服装,而更多的是掩饰,可以让他们更快进入欧洲。冯·卡门穿着将军制服,德莱顿和其他成员则穿着上校军衔的制服。由于战争仍在欧洲战场肆虐,美军为这些美国科学家们设计了一个停留方案:他们前往巴黎后,在那里等待这场战争的结局,然后才能开始德国行程。

他们不需要等待太长的时间。1945 年 4 月 30 日,希特勒在柏林的地下室结束了自己的生命。佩内明德团队不知道希特勒死亡的消息,直到 5 月 1 日的宣传广播报道,元首在同苏联军队的战斗中英勇牺牲。希特勒的死使德国士兵从他的掌控中挣脱出来,尽管这对于很多人来说并不一定是好势头。例如多恩贝格尔这类人,对德国的效忠使他们不得不效忠于希特勒,现在可以自由地为自己的生命而战了。他们不会被贴上帝国叛徒的标签,但却很可能会被贴上战争罪犯的标签,因为他们的工作曾经是希特勒的战争机器中的一部分。

在得知希特勒死亡消息的那一天,冯·布劳恩找到多恩贝格尔,提出他们派人出去寻找美国士兵。他知道他们现在所藏身的地方处于一个很快将被法国军队占领的地区,他并不想让法军发现他们,多恩贝格尔同意了。住在山区度假胜地的所有火箭人在早餐后聚集在一起筹划,他们选举马格纳斯·冯·布劳恩作为他们的信使,因为他是这个群体中最年轻的,英语说得最好,也是一个最不显眼的人物。[5] 次日早晨,即 5 月 2 日,第二次世界大战在欧洲宣告结束,与此同时,马格纳斯骑上一辆自行车离开了豪斯英格堡。他沿着白雪覆盖的山路向奥地利驶去,因为有消息说最近有人在那里看见过美国军队。他走了不到 2 英里就发现了美军第 44 步兵师的一个反坦克排。美国人没有理由射杀这位年轻的德国科学家,他当时穿着平民的衣服。马格纳斯花了半个多小时的时间用德语和蹩脚的英语向美国人解释他不是疯子,他不会为了钱而出卖自己的兄弟,真的有 120 名 V-2 火箭科学家驻扎在附近的一个度假胜地。他要求士兵去找情报人员核实情况,他们肯定听说了科学团队行踪的传闻。

从那一刻开始,一切都改变了,美国人考虑到将要到手的丰厚回报,对马格纳斯非常友好[6],将他护送到罗伊特(Reutte)①以西 16 英里处第 44 步兵师的一个指挥所。马格纳斯向情报部门的中尉查尔斯·斯图尔特(Charles Stewart)再次讲述了他知道的情况,他说,在心辣手狠的党卫军处置火箭团队之前,他们想马上投降并为美国研制火箭。听了马格纳斯的讲述,斯图尔特与士兵们和情报官员商

---

① 奥地利西部的一个小镇。

议后,发给他几张通行证,让他安全穿过美国的占领区回到豪斯英格堡,命令他带着沃纳·冯·布劳恩和其他一部分科学家再回到这里。

豪斯英格堡一整天都弥漫着令人焦虑的不安气氛,直到下午2点,马格纳斯的平安回归才打破了这种氛围。他气喘吁吁地讲述了他的经历,之后大家开始讨论让他们当中的哪些人去和美国人会晤。马格纳斯是一定要去的,紧随其后的是在德国最受追捧的两位科学家冯·布劳恩和多恩贝格尔,还应有多恩贝格尔的参谋长赫伯特·阿克斯特(Hebert Axster)和A-4发动机生产项目的专家汉斯·林登堡(Hans Lindenberg)。还有两人,他们分别是冯·布劳恩的特别助理迪特尔·胡策尔和试验设备主任伯恩哈德·特斯曼,就是他们两位把从佩内明德运来的文件掩埋在了哈尔茨山中。这是从火箭成员中选出的最强阵容,因为要向美国人证明他们的确如声称的那样是名副其实的著名科学家,还要经过一个漫长的过程。这七个人带着行李上了三辆汽车,当天下午大约4点的时候开始下山。此时天已经变得昏暗阴沉,还飘起了雪花,他们不希望这是一个坏兆头。美国人已相当友好地接待了马格纳斯,但是没有人能够确定他们将会怎样对待这七位科学家。

天黑时,火箭科学家们的车队抵达罗伊特,美国的警卫向他们敬礼,检查了马格纳斯的通行证之后对他们放行。科学家们被护送到了斯图尔特中尉那里,他们受到了热情接待,美军为他们准备了鸡蛋、白面包、黄油,还有现磨的咖啡——几个月来他们第一次喝到真正的咖啡。尽管在滑雪胜地有专门的厨师,但是佩内明德人几个星期来喝的都是一种咖啡的替代品。这些德国人在美军驻地住了一晚,第二天早上又享用了一顿鸡蛋和现磨咖啡。

对于美国人的友好接待,冯·布劳恩非常高兴但也不感到意外。他知道,在战争后期,他的研发团队和 A-4 技术是美国人梦寐以求的战利品,现在他更加确信美国人的确想得到这种技术。接下来,为了他们的最大利益,就要让这些德国人保持健康和快乐。冯·布劳恩知道活下去与合作远比监禁或死亡更有价值。在美国人看来,他们几乎感觉不出这些德国人中明显的等级差别。多恩贝格尔是这一行人中年纪最大、级别最高的军官,他非常冷淡,几乎一直保持着缄默。身为败军之将的他曾经袭击过美国士兵,在两次世界大战中他为之作战的一方都是战败方,可以预期的前景是他很有可能因战争罪而在监狱中度过余生。不过,冯·布劳恩,多恩贝格尔的 33 岁的下属,似乎是这个团体的领导者。丰盛的食物,再加上由于手臂受伤而必须保持安静,两个原因结合起来使他显得活泼而又稳重,只是看起来他不太像是他自己声称的那样,是 V-2 项目的出色领导者。他们不能肯定冯·布劳恩是帝国的顶级科学家还是最老奸巨猾的骗子,他很外向、很活跃,渴望与盟军分享火箭知识,并且乐于摆出姿势拍照。从表面上看,冯·布劳恩就像一位著名的人物,[7] 他的言行举止展现出一种天生的推销员般的气质。其外表的热情奔放掩盖了内心的焦虑,他或许会被当作一位战犯和武器建造者,不过他在设计上所表现的自豪感以及用它来探索太空的期望给美国人留下了深刻的印象。

次日,德莱顿和冯·卡门进入了德国,他们的第一站是位于不伦瑞克附近的实验室。这个综合体包括被伪装成农舍样子的 56 栋建筑物,周边有森林的遮蔽,其大部分已经被美国军队摧毁了,但是剩余的部分仍然令科学家们感到震撼。很明显,这个曾经迅速发展的实验室已经在弹道学、空气动力学和喷气推进等方面取得了巨大的进展。德莱顿拿出他能够找到的所有文件并与一些还留在此地的科学家们谈论了他们的工作。特别引起他注意的,是德国关于后掠翼空气动力学和高速飞行下人体生理学的技术数据,这显然是高空载人飞行研究的第一阶段。不过,这并不是美国人致力以求的 V-2 项目和相关的科学家,也不是佩内明德最具价值的成果。尽管如此,在 5 月 5 日基地被苏军占领时,苏联人发现这个实验室已被清理一空。

　　位于加尔米施-帕滕基兴(Garmisch-Partenkirchen)的巴伐利亚滑雪胜地距离罗伊特不到一个小时的车程,1936 年的奥运会就在加尔米施-帕滕基兴举行。美国军队把这个地方变成了一个临时的行政楼和住所,二百多位佩内明德人住在这里,他们都是从附近的藏身之地被搜捕来的。冯·布劳恩与来自罗伊特的一行人于 5 月 7 日也来到这里和他们住在一起,在审讯之前有一个等待过程,这是不可避免的。一向平静安详的加尔米施-帕滕基兴变得热闹非凡,这里聚集了各种情报人员,他们都希望为各自的组织探得 V-2 导弹的秘密。那里有来自欧洲的海军技术代表团(Naval Technical Mission)的代表、美国空军的 LUSTY 行动人员以及英美联合情报调查小组,他们的任务都是对纳粹德国的技术进行评估。

　　每个人都想与冯·布劳恩谈话,因为他可以接近多恩贝格尔。他们俩是完美互补的一对搭档,把他们的知识组合在一起就足以保障大家的安全。冯·布劳恩承担所有的谈话工作,而多恩贝格尔在背后给予指点,这种残留的等级差异反映出他们曾一起为德国军队工作过。这两人的精力全集中于吸引美国人的兴趣。在面谈时,冯·布劳恩经常提到美国和苏联之间即将发生一场战争,为了对付共同的敌人德国,两国才暂时将对立的意识形态搁置起来。冯·布劳恩说,对美国最有利的事情就是用他的火箭来武装自己。

　　直到英美联合情报调查小组讯问冯·布劳恩,他才向盟军说明他的火箭的真实用途。在一份备忘录中,冯·布劳恩为英国调查人员写了一份名为《德国液体火箭的发展概况及其未来前景》的报告，详细描绘了一个极其美妙的未来。那时，乘火箭旅行将成为一种常态。他构想在导弹顶部发射有翼滑翔机，在短短几个小时内，就可以将平民和军人之类的乘客带到世界各地，这完全类似于飞机着陆使用的传统起落装置。这种前景并不局限于滑翔机在地球上的着陆，他的火箭有足够的动力将人类送到月球上。

　　尽管英国也拥有自己的火箭和太空爱好者，但总体而言，这个国家对航天飞行的前景并没有浓厚的兴趣，他们的关注焦点仍是 V-2 火箭的技术细节。然而，冯·布劳恩对未来的幻想却激起了美国审讯人员的共鸣，他们对航天飞行本身并不感兴趣，却对火箭可以将人类送入太空感到兴致勃勃。美国军事领导人对于未来的战争取决于先进的技术这一点也有清醒的认识，他们意识到引进冯·布劳恩以及他对远程火箭的设想对于一个军事目标的价值。

　　在 5 月之前启动运送德国的火箭团队到美国的行动根本不可能实现。美国军方至少要将一百枚完整的 V-2 火箭、制造更多火箭的零件与曾设计导弹的科学家一起引入美国，这些是赫尔墨斯计划的一部分。美国陆军军械部（U.S. Army Ordnance）对 V-2 火箭的要求传到了霍格尔·托福迪（Holger Tofty）上校那里，他是美国驻欧洲军械技术情报组的负责人。托福迪接着分派给威廉·布罗姆利（William Bromley）和詹姆斯·哈米尔（James Hamill）少校一项任务：尽快获取尽可能多的 V-2 项目的相关资料并运出德国。时间不等人，战后占领德国的协议即将在 6 月 1 日生效，而诺德豪森和米特尔维克的 V-2 火箭生产基地都位于苏联占领区，布罗姆利和哈米尔只有几天的时间去寻找这些基地并搜寻任何有价值的东西。两个人匆匆忙忙地穿越过设想的分界线前往废弃的火箭基地。他们努力寻找尽可能多的材料,然后收集起来,零散的装备碎片和松散的文件将废弃的火车车厢装得满满的。地上再也没有完整的V-2火箭碎片和可见的零件,他们收集了与火箭相关的一切东西,这可以为他们的奖励加码。

5月22日,装满回收材料的第一趟列车离开了诺德豪森,前往东面大约300英里的安特卫普。在接下来的九天里,每天都有一列满载四十辆卡车的火车从基地开出,最后一列在5月31日晚上9:30离开,此时距苏联人按照预定计划开进该地区仅仅几个小时。正当布罗姆利和哈米尔在诺德豪森忙碌时,另一个令人鼓舞的好消息传到了美国军方,军械部官员罗伯特·斯塔佛(Robert Staver)少校已得知了珍贵的V-2火箭文件隐藏在哈尔茨山区的矿井中。斯塔佛下令将这些材料寻回,他自己也加入了托福迪的团队,开始彻底搜寻该地区,最终发现了被炸毁的矿井入口。至5月底,已经成功地挖掘出并收回满满的14吨文件。他们把最后的文件从藏匿之地搬走几天之后,英国人就开始在该地区设置路障,此时这里已成为英国占领区。

时间从5月转入6月,冯·布劳恩再次陷入等待状态。美国军队正在忙于搜寻挖掘来自V-2项目的文件和材料,还没有顾得上处理这些科学家的事情。他被告知他们近期还不能动身前往美国,而他们的A-4项目的残留部件已经在运往海外的路上了。

6月17日是礼拜天,冯·布劳恩突然被告知赶紧收拾行李,要他离开加尔米施–帕滕基兴前往诺德豪森。一到那里,他和他的警卫就加入了由通用电气公司和赫尔墨斯工程组成的团队。为了召集到V-2项目的工程师,他们在该地区展开了大规模的彻底搜索。在短短的四天里,他们就聚集了满满一列车的火箭工程师并把他们运往西部的维岑豪森(Witzenhausen)和埃施韦格(Eschwege)①村庄附近,那里刚好就在美国的占领区内。离开苏联占领区的科学家们安全了,但将他们送到美国的正式命令仍然杳无音信,这个命令必须来自华盛顿。

当他们在美国占领区安全等待的时候,冯·布劳恩已开始有所准备了。虽然还没有来自美国政府的正式协议,但是他仍然坚信,美国将是他自由地研究火箭之地,这种火箭主要用于航天飞行。他不能确定的是他的员工都有这样的想法。他想带上至少520名具有不同领域专业知识的佩内明德人员跟随他一同去美国,结果证明这是一个不切实际的数字,他被告知可以带过去的人数不能超过350名。在起草初步的名单时,冯·布劳恩意识到团队中的每一个成员和他们的家属都有一个令人棘手的德国身份。他们大多是正式的纳粹党卫军成员,尽管很多人是由于各种各样的原因才加入的,比如他自己。此时盟军并没有将火箭工作者和那些建造V-2火箭的劳工联系在一起,他们把集中营看作是党卫军的产物,而科学家是国家雇佣来的技术专家。但是,在德国停留的时间越长,美国人就越有可能把冯·布劳恩和他的同事们看作是犯下反人类罪行的作恶者。对于他来说,越早出国越好,但等待似乎在延长。

苏联人也在寻求佩内明德的研发团队。他们知道这些德国人正处于冗长乏味的等待中,于是他们趁虚而入,用广播甚至高音喇叭向他们喊话,拉拢这些科学家到苏联去,并承诺可以让他们尽快投入到火箭研发工作中,并为他们的家人提供住房。这些口头许诺在一定程度上奏效了,一些德国人选择去了东方,他们希望留在一个至少离他们的家乡近一些的地方。苏联人也在劝诱尤金·桑格

---

① 位于德国黑塞州的卡塞尔地区。

和艾琳·布瑞特去东方,不要去西方。这两个人都不在冯·布劳恩较早起草的那个带到美国去的工程师名单中,他们也不是美国人迫切想要的科学家。然而,斯大林有一个挥之不去的想法,就是利用精确轰炸系统,通过一个小时左右的发射就能够摧毁一座美国城市。他读过他们在 1944 年写的亚轨道轰炸机报告,所以千方百计地想要这对夫妇为他工作,为此还努力策划了一次对这两人的绑架。但是这种企图是徒劳的,欧洲的战争一结束,桑格和布瑞特很快就逃到了法国。

7 月底,华盛顿的参谋长联席会议终于同意将 350 名德国科学家以"阴天行动"(Operation Overcast)的名义带到美国。起初,可转移的人数之多令冯·布劳恩喜出望外,但是当他意识到这个数字包括美国军队的所有分支,而不仅仅是美国陆军的时候,他又感到大失所望。最终,人数只被限制在一百人之内,其中包括冯·布劳恩和托福迪。冯·布劳恩提出了抗议,最后的一份名单显示,124 个人被接受,值得注意的是这个名单上并没有多恩贝格尔。

9 月 12 日,沃纳·冯·布劳恩钻进一辆吉普车里,与他一同出发的还有其他六位火箭人员、军方的护卫以及通用电气的人员。他们驱车从维岑豪森赶往法兰克福进行医学检查,之后前往巴黎,早上 5 点抵达凡尔赛后,冯·布劳恩的行动才进入正式的程序,他与美国作战部签署了他的第一份合同。这是一份为期 6 个月的合同,之后可以选择续签下一个同时长的合同,他们每年为他的德国账户支付 31 200 马克。从表面上看,"阴天行动"只是让德国人暂时留居在美国,但冯·布劳恩已下定决心要使这次移居长久化。

迟至 9 月 18 日下午,冯·布劳恩等 17 个德国人才登上了 C-54 运输机。晚上 9 点左右,他们从巴黎起飞,中途在亚述尔群岛加油,9 月 20 日凌晨 2 点,在特拉华州的纽卡斯尔降落。然后,冯·布劳恩又乘坐 C-47 飞抵波士顿,最后乘轮渡到史特朗堡(Fort Strong),这是位于波士顿港的一个修筑了防御工事的岛屿,"阴天行动"在那里有一个办理点。当他交上一堆填写的文件后,就算正式进入美国了。

第 **5** 章

在新墨西哥州的纳粹火箭

　　美国西南部新墨西哥州的图拉罗萨（Tularosa）盆地曾经是狩猎者们的家园,这里遍布着村落[1],而到 14 世纪中叶,这片人类已居住了一万多年之久的地方几乎被遗弃了。在以后的几百年里,这个地区的气候变得越来越干旱,盐湖渐渐变成了盐滩,土地荒芜。19 世纪中期一些定居者又陆续回到此地,开垦了小型农场,一些小的牧场也建立起来。20 世纪 40 年代,新通过的公共土地私有制法律和另一场干旱让拓疆时代走到了尽头。1942 年,英国军队入驻,因为新墨西哥的天空辽阔,他们把该地区作为训练海外飞行员的理想之地。到 1941 年底,英国人放弃了这一地区,将土地开发让给了美国军队。

　　1942 年 2 月 6 日,阿拉莫戈多军事机场在阿拉莫戈多镇（Alamogordo）以西 6 英里开工建设,两个月后第一批军队来到这里。在整个第二次世界大战期间,二十多个不同的空军支队把阿拉莫戈多军事机场作为训练场地,在投入战斗之前,他们要用 6 个月的时间在这里学习飞行和练习操作 B-17、B-24 和 B-29 轰炸机。

　　阿拉莫戈多机场在战后究竟有何用途? 关于这个问题的讨论直到 1945 年另一军事先遣部队抵达图拉罗萨盆地才停止。由军事人员、来自陆军工兵部队的人员以及民用领域的科学家们组成的委员会，调查了美国大陆的地形和人口地图，发现这一片毗邻"白沙国家纪念碑"（White Sands National Monument）的偏远地区是建立导弹靶场基地的理想地点。6 月 25 日，基地开始动工建造，建造的设施包括最小的生活区、行政楼、用于维护和内务管理的房子以及一栋存放该项目所有技术的建筑。为了使该基地真正可以居住，他们钻出了六口井，为那些在这里生活和工作的人员提供淡水。白沙试验场于 7 月 9 日正式建成，第一批部队在一个多月后抵达。白沙试验场的建成对于附近的阿拉莫戈多军用机场来说也是一个福音，实验场将对白沙导弹靶场、美国新的 V-2 项目基地以及赫尔墨斯工程提供支持。这个沙漠发射场的运行即将开始。

第一批寻回的 V-2 火箭残片于 1945 年 8 月运抵新墨西哥州。三百节火车车厢里装载着数吨材料，这些车厢排成了几英里的长龙。工作人员花了 20 天时间卸货，这些货物后来被证明是鱼龙混杂的大杂烩，里面有机械器材、火箭的部件、仪器、文件和弹头等。有些是完好无损的，尤其是火箭中央部分的壳只需要对破损的金属进行轻微的维修，然而其他的或是报废的，或是损伤的，或是被蓄意破坏的，要不然就是不能使用的。原来藏匿在哈尔茨山区的控制仓和火箭鳍的原件已被重新修复，但必须更换几乎所有的用来存放它们的木制箱。这也表明了在米特尔维克工厂生产的部件质量很低劣，并遭到了蓄意破坏。运抵的火箭没有一枚是直接装配好且适于发射的。德国人已有经验，装配好的 V-2 火箭在仓库中存放得越久，出现的问题就会越多。对美国的项目来说，这并不是一个问题，即使运抵的火箭是组装好的，为了保证安全和质量，也要进行拆卸检查。结果是从整整三百节车厢的材料中，只造出了两枚完整的 V-2 火箭。如果想要成功地制造出一个美国的衍生品，在任何一次发射之前,美国军方和通用电气的工作人员都必须学习组装 V-2 火箭,在此过程中熟悉火箭的部件和系统。

《星光灿烂的旗帜》(*The Star-Spangled Banne*)于 1931 年被定为美国国歌。以后,火箭在美国广为人知,然而它却没有受到过美国军方的青睐。1781 年,英国在约克镇战役的失败标志着美国革命的结束和美国作为一个独立国家的开始。但是,英国仍然继续对这个年轻国家的国际贸易横加干涉,由此引发了美国在 1812 年向大英帝国宣战。两年之后,英国军队侵入这个曾经的殖民地,放火焚烧了国会大厦和白宫,然后挥师进攻战略要地巴尔的摩港口。固守港口的麦克亨利要塞(Fort McHenry)①成为英国军舰的攻击目标,英军连续不断地向它发射炮弹以及装着燃烧弹、榴霰弹或爆炸性弹头的火箭,这些火箭所用的黑火药是用铁管装的。然而,麦克亨利要塞却顽强屹立,未曾倒塌,在通宵进攻的那个夜晚,火箭的红色眩光照亮了美国国旗(正如歌词中所描述的那样):"火箭的红光闪烁,空中的炮声隆隆,穿过黑夜,我们看到要塞上那面英勇的旗帜依然耸立!"

英国军队所用的那些火箭在 19 世纪中期也被美国军方使用过。这种火箭非常笨重,操作起来相当麻烦,需要多人装填黑火药,所有发射火箭的人只能依靠简单的导杆来发射它。随着更加优良的枪支和流线型子弹的出现,以及对士兵、机械与战术方法之间更加强大的整合,最终,这种作为武器的短程火箭被淘汰了。但是,在目睹了第二次世界大战期间德国所开发的火箭之后,美国军队改变了对这一技术的看法。这些新型的火箭只需要最小的人力发射,并且可以控制飞行的方向,它们明显可以比炮弹飞行更长的距离,这

---

①　美国马里兰州巴尔的摩港入口处一个要塞,1814 年英国人在此被击退。

些特点促使军械部在 1943 年创建了自己的火箭部门,由此也激发了赫尔墨斯计划的诞生。

寻找回来的 V-2 火箭部件正在运往白沙试验场的,这是军方火箭计划的一部分。与此同时,军事航空科学顾问小组正在努力为航空队的负责人阿诺德将军准备一份全面的报告,这份报告综合了七位成员在德国获知的一切。每个成员都涉及一种特定的技术,而科学顾问小组的负责人西奥多·冯·卡门要准备一份整体的报告,阐述这些技术的进步对于未来战争所有可能的影响。

这个小组认识到,第二次世界大战起始,交战双方都具有装备精良的常规武器,[2] 但随着战争的发展,双方(的武器研制)也都取得了重大的进展。V-2 导弹就是一项杰出的技术成就,即使它造价非常昂贵,花费了很多人力和时间来建造,而且携带的有效爆炸载荷只相当于其自重的很小一部分,它也仍然是一项令人叹为观止的技术。这种导弹综合了前沿的空气动力学、结构元件、电子组件、伺服系统、控制单元和推进元件。当时,没有任何办法对付 V-2 导弹的攻击,一旦被发射,它就是不可抵挡的,其飞行畅行无阻,直达目标。由于它以超音速飞行,无声无息,根本无法追踪,这些特点使它成为了一种极具威慑力的武器,而人们对于一个毫无先兆、从天而至的炸弹的恐惧是持续的。将 V-2 导弹变为现实的佩内明德研发团队,冯·卡门同样认为他们是全德国实力最强的导弹研究团队。[3] 事实证明,用于军事行动的火箭远远不止这一个德国产品,尽管 V-2 导弹本来可以成为战争中使用的最先进武器,但它显示出来的也只是冰山一角。科学顾问小组发现了更难以揣测的远程集成火箭的证据,值得庆幸的是在战争期间这种火箭尚未被建造出来。

从库默斯多夫西部试验基地研发的第一批概念火箭 A-1 火箭

问世,到后来的用于军事行动的 A-4 火箭(现已改名为 V-2 火箭),德国的所有集成火箭都是外部光滑的,带有内置导航系统和用于飞行稳定的尾鳍。但后续的火箭系列,从 A-6 火箭开始就有了变化的迹象。科学顾问小组发现了他们的风洞模型和一些可以超音速飞行的先进的翼型集成火箭的设计图案,直到此时,这个设计目标还在困扰着盟军的空气动力学专家们。A-6 和 A-8 火箭被用于测试不同的推进剂和更长的机身。A-7 火箭看上去类似于 A-5 火箭,A-5 火箭的前身是 A-4 火箭,A-7 火箭有几个机翼,这是为了在高弧度的轨道上从飞机上发射,同时也可以收集到超音速飞行的科学数据。A-9 和 A-10 火箭是两个远程轰炸机系统,是被设计为打到美国的洲际弹道导弹的早期原型。

A-9 火箭是 V-2 火箭的有翼版。从火箭头部一直伸到中部的宽阔后掠机翼把简单的火箭变成了一架滑翔机,这样做的目的是让它在大气层中飞行而不是在大气层之外飞行。它仍然像 V-2 火箭一样在弹道飞行轨道上发射,但是因为带有机翼,它不会沿着同样的轨道返回到地球。机翼提供的空气动力的稳定性会使它转化成一架滑翔机,可以达到更远距离的目标。A-9 火箭的变化还体现在为飞行员设置了增压座舱,这就有效地把滑翔机变成了由人操纵的精确轰炸系统,它类似于尤金·桑格所构想但从没有建成的轰炸系统。A-10 火箭是一个多级武器系统,它在 A-9 火箭的尾部安装了一个助推器,这个助推器重达 85 吨,可以产生 200 吨的推力。在火箭自己的发动机开始点火之前,助推器就将 A-9 火箭加速到 3 600 英尺/秒,这样就将有效载荷的速度增加到 8 600 英尺/秒。一旦它的燃料耗尽,有翼的导弹就会滑翔通过上层大气到达 3 000 英里以外的目标,德国军队已经注意到,这段距离大约是西欧发射基地到美国东海岸的一座大型城市之间的距离。

科学顾问小组发现了 A-10 火箭的一些图纸和计算，以及表明一些试验性的 A-9 火箭已被建造的证据。他们没有发现 A-9 火箭的雏形已被发射的证据。1945 年 1 月，冯·布劳恩和多恩贝格尔在佩内明德就发射了 A-4b 火箭并取得了一定程度的成功。

科学顾问小组很清楚，如果在战争早期希特勒就给予佩内明德研发团队优先发展地位和更多的支持，事情就会变得完全不同了。[4]而结果是希特勒对于这些尖端武器的短视阻碍了这些德国人，这种状况当然大大有利于盟国。现在，随着 V-2 火箭和科学家们到达美国，陆军航空队可以充分研发这项技术的攻击潜力了。冯·卡门建议陆军航空队使用德国人先进的 V-2 火箭衍生品——翼型结构和多级系统，并以此作为自己的远程导弹系统的起点。

但是，不只是火箭及其强大的发动机值得纳入美国军队的宝库之中。休·德莱顿印象最为深刻的是德国人的系统，包括引导 V-2 火箭飞向目标的自动驾驶仪，这比联合研究实验室所拥有的任何东西都要先进。对于陆军航空队来说，这是有益的，把这种先进的自动驾驶仪引入到其防御性防空武器中，与将它应用于攻击性导弹同样意义重大，都将加强美国的整体军事地位。但最为重要的是，科学顾问小组的报告强调了投入资源研发远程导弹的重要性。基于在第二次世界大战中取得的巨大技术进步这样的背景，德莱顿提出了他的想法，他认为，导弹攻击很可能会激发下一次大的冲突。[5]

1945 年 12 月 15 日，冯·卡门将科学顾问小组完成的报告交给阿诺德将军，报告共计 33 卷。他们的研究结论和建议涉及整个陆军航空兵，但冯·卡门不想让小组的工作只局限于这个范围。冯·卡门说，很显然，如果这一技术趋势继续发展下去，在下一次大规模的战争中[6]，将会出现超音速飞机和能够摧毁几千千米之外目标的远程无人机轰炸系统。这样，在战壕里作战的士兵将被取而代之。

未来战争中的一些出乎美国人意料的先进技术是难以被接受的。

　　科学顾问小组在和平时期的模式是由一些非军事专家组成的团体，他们向陆军航空队提出建议，以确保美国的科研和工业都能够维持在世界技术前沿的地位。阿诺德将军临近退休，他将这个决定留给了继任者卡尔·A.斯帕茨（Carl A. Spaatz）将军，后者同意了冯·卡门的提议。一周之后，也就是 1946 年 2 月 6 日，科学顾问小组召开了最后一次会议，这次会议为和平时期的美国空军的科学咨询委员会（SAB）奠定了基础。30 人的委员会于 6 月 17 日在冯·卡门的主持下举行了第一次会议。和以前的科学顾问小组一样，该委员会分为 5 个小组，休·德莱顿再次负责制导导弹和无人驾驶飞机小组。冯·卡门的设想是，在科学咨询委员会这个机构中，非军事专家们可以毫无阻碍地交流思想和为美国陆军航空队作指导，最终借助技术发展防止未来战争的爆发，而不在于赢得战争。

　　当陆军航空队的科学顾问小组正在忙着完成阿诺德将军的任务时，军方在新墨西哥沙漠中也启动了复活 V-2 火箭的活动。因为受到政府资助的人来自以前的敌对国，他们不能单独行动，所以，冯·布劳恩在吉姆·哈密尔（Jim Hamill）的陪同下乘坐火车穿过乡村。吉姆·哈密尔是曾经协助霍尔格·托福迪上校在哈尔茨山区的矿井中寻找火箭文件的主要人员之一。10 月 8 日，冯·布劳恩到达布利斯堡（Fort Bliss），这里是距离白沙试验场最近的军事基地。这位工程师发现这里与他梦寐以求的美国相距甚远，炎热的德克萨斯沙漠让已经习惯了佩内明德生活环境的他很不适应，而且对他的接待也远没有想象中的热情。[7] 基地的指挥官将军是一位老兵，曾在两次世界大战中负伤，款待一位德国科学家让他感到很不高兴，更不用说很快就要到来的几十位德国人了。虽然冯·布劳恩可以在基地内自由活动，但他被禁止离开这个地区，而且出于安全考虑，不得不和负责人同住一个房间。更糟糕的是,在逃亡期间,他在一个地方感染了肝炎,被迫和美国士兵们一起在医院里住了 8 周。两个月后,也就是 12 月 8 日,冯·布劳恩的情况有所好转时,第一列载着他在佩内明德的工程师同事的列车也到达了白沙试验场。1946年 1 月 15 日,另一批人员到达这片沙漠,最后一批在 2 月 20 日到达。这些德国人一安顿下来就被分配到各种与火箭有关的项目中去,只有 39 人被分到赫尔墨斯项目中,承担发射 V-2 火箭的任务。

形成鲜明对比的是,在陆军航空队的火箭项目中没有德国人。10 月底,空军技术服务司令部(Air Technical Service Command)开始为射程达 5 000 英里的地对地导弹的概念研究和初步设计寻求行业的建议,与 V-2 火箭 200 英里的射程相比,这个进步的意义巨大。一家名叫康维尔(Convair)的公司向陆军航空队提供了两种导弹方案——一种是亚音速翼型喷气动力导弹,另一种是超音速弹道火箭动力导弹。陆军航空队接受了康维尔公司的提案,悄悄地与该公司签定了一份合同,这标志着 MX-774 项目的开始,该项目是研制美国洲际弹道导弹的实验平台。尽管没有德国工作人员的参与,但是 MX-774 项目的确将 V-2 火箭作为研发的起点并作了一些显著的改动。康维尔导弹的机身明显不同,MX-774 并没有像 V-2 火箭那样支撑其厚重的机身结构,他们采用了激进的设计,用薄的机壳、轻质的燃料和氧化剂罐作为导弹的结构组件。为了防止导弹被自身的重量压塌,燃料箱结构用氮气进行了增压,使它像 V-2 火箭的厚机壳一样坚固。另一个大的区别是康维尔使用了可卸载的弹头。在火箭烧毁之后分离弹头意味着,在它接近目标的时候只有这个小的有效载荷去承受再次进入大气所产生的热量。MX-774 的引擎也比 V-2 火箭先进,它由一个伸进火箭喷气中的舵所控制,这种新型的引擎由瑞克申发动机公司(Reaction Motors Inc.)制造,它可以转动控制飞行中的火箭。这些变化再加上一个简单的陀螺自动驾驶系统，就算履行了供给陆军航空队一种更加智能化的导弹的承诺。

1946年1月，第一批V-2火箭在白沙试验场装配之前，陆军军械部召开了一次会议，除了了解火箭是如何运作的，还讨论了它的可能用途。V-2火箭原设计为飞向目标时只携带1吨重的弹头，而赫尔墨斯工程中的V-2火箭却没有配置这个负载，它需要在头部安装相同质量的东西作为稳定物，这样就可以用科学仪器来替代弹头，把V-2火箭变成研究高层大气的工具以及一个探索武器系统。这次会议的结果之一就是成立了V-2高层大气研究小组，它将使用德国的火箭来研究大气现象。直到此时，人们对于大气的结构、成分、温度和压力还不甚了解，对于在高海拔地区大气环境对宇宙射线和紫外线辐射吸收的影响以及对声音和冲击波行为的影响更是一无所知。V-2火箭将有助于给出这些问题的解答，但它必须首先离开地面。

3月3日，在德国团队的帮助下，第一个全部由德国制造的引擎成功地完成了静态点火试验。一个月后，第一枚V-2火箭才真正地在美国上空飞升，它干脆利落地从发射平台上升起，但之后发生了倾斜，飞行变得极不稳定，控制器对这种情况也无能为力，不能将它关闭。伸进火箭喷气中的控制舵的一个叶片在升空后就掉落了，这样就把转向的重任转移给了导弹的流线型的机翼，这个损失很难弥补。火箭机身在翻滚中裂开了，这架装满燃料的火箭斜着撞向地面，发生爆炸并化为一团火球，直到载有的燃料燃尽。两周后，第三枚V-2火箭的发射要成功得多，它飞行了31英里之后坠毁在沙漠中，砸出了一个巨大的坑。

随着更多的V-2火箭从白沙试验场发射，赫尔墨斯工程获得了强劲的发展势头。改进的程序和全系统测试为复杂的导弹系统增加了可靠性。工作人员在发射之前对单个的组件进行测试和校准,火箭装配完成之后又进行了整体测试,一切准备就绪,等待起飞。从这一刻起,任何东西都不能再移动或更换了。随着通用电气的工作人员对火箭越来越熟悉,他们把更多的精力放在校准组件上,以增加导弹的动力。项目的进行催生了一批其他类型的项目,赫尔墨斯 A1 项目的原初计划是研发防空导弹,A2 项目计划研发地对地导弹的模型,A3 项目计划设计一种战术导弹,这种导弹可以将 1 000 磅的弹头发射到 150 英里以外的地方,且误差不允许超过 200 英尺。但是这些想法一直处于规划阶段。赫尔墨斯 II 号项目是被设计来测试冲压式喷气发动的,它利用火箭的前行速度把空气"强制压入"燃烧室,省去了传统喷气发动机中所使用的复杂而昂贵的旋转压缩机和涡轮。美国 V-2 的另一个分支项目是赫尔墨斯 C1 项目,研发载有系列火箭的三级导弹,这些火箭是由固体燃料驱动的,这种导弹可以把更大的有效载荷发射至更远的目标。

1947 年 5 月 29 日,在新墨西哥沙漠工作的美国人亲眼见证了复原的德国火箭的动力。19:30 之前,太阳刚好落山,那是一个凉爽且有些干冷的周四傍晚,一枚赫尔墨斯 II 号火箭发射启动,它冲向黄昏的天空。这枚火箭本应该向北飞往无人的沙漠,但火箭上的制导陀螺仪失灵了,火箭转而向南飞行。靶场安全技术人员看到了它向南飞行,但没法关闭它的发动机。目击者看到火箭尾部喷出火焰和蒸气,轨迹弧线到达 40 英里的高度,飞到得克萨斯州的埃尔帕索(El Paso)①上空后穿过边境线。离开发射台后 5 分钟,火箭在距离墨西哥华雷斯(Juárez)市中心以南只有 3.5 英里的一个山丘上撞毁。火箭的撞击速度是每分钟 12 英里,剧烈撞击撼动了华雷斯和埃尔帕索附近的建筑物,冲击波造成窗户破碎,警长办公室的时钟停在了 7:32。火焰喷向空中,将山坡置于一片火海之中,浓烟滚滚。这两个城镇的居民惊慌失措,他们纷纷给当地报社打电话询问到底是什么打破了他们的宁静夜晚。恐慌导致华雷斯谣言四起,有人说是炼油厂爆炸,有人说是地下汽油储存场爆炸,还有人说是装满炸药的货车爆炸了。白沙试验场的工作人员在晚上 8 点左右到达坠落地点,他们发现改进后的 V-2 火箭在山坡上留下了一个 50 英尺径宽、24 英尺深的大坑。美国的工作人员检查现场时,墨西哥军人让民众和纪念品搜寻者待在海湾附近,他们发现,火箭差一点撞上墨西哥矿业公司储存炸药和爆炸物的仓库。这次试验差点就演变为一场结果更加严重的中型级别的灾难。

　　随着美国军方的各种导弹计划持续不断地向前推进,国家安全的变化也给政府机构服务部门带来了变化。根据 1947 年通过的国家安全法案设立了国家安全委员会,其成员包括总统、副总统、国务卿、国防部长以及其他人,他们齐聚白宫讨论制定国家安全的短期和长期目标。该法案设立了中央情报局,在和平时期这是一个以战略情报局为原型的文职机构。该法案还将美国陆军部和海军部合并为一个新机构——国防部(DOD)。新的国防部由国防部长领导,在他的领导下一个新的空军成立了。经过与美国陆军几十年的混统一体之后,空军终于成为独立的军事机构,它自身拥有遍布全

---

① 美国得克萨斯州最西端的边境城市,在格兰德河畔,隔河与墨西哥的华雷斯市相望,有铁桥相通。

国的驻地,并保留了科学咨询委员会。时至今日,该委员会的地位更加稳固。

就在空军成为一个独立军事分支的同一年,一个获得医学学位刚满一年的年轻医生戴维·西蒙斯(David Simons)加入了空军。他被分配到位于俄亥俄州的莱特-帕特森空军基地①的航空医学实验室。他了解到,他的大部分工作要在新墨西哥州完成,与一款名叫布洛瑟姆(Blossom)的 V-2 火箭的科学变体有关。布洛瑟姆比标准的 V-2 火箭长 65 英寸,这样设计的目的是有利于火箭在空中分离,使安装在火箭头部的小航天仓可以通过降落伞返回地球。空军的剑桥实验室位于汉斯康机场(Hanscom Field),这是第二次世界大战期间麻省理工学院的试验基地,剑桥实验室主动向航空医学实验室提供布洛瑟姆火箭头部的空间进行生物医学实验,航空医学实验室欣然接受了这个邀请。西蒙斯被任命为高空 V-2 飞行中的动物项目主任,与他紧密配合的是项目指导詹姆斯·亨利(James P. Henry),此人的研究领域是生物物理学中的加速单位(Acceleration Unit)。两人开始着手研究一个问题:如果一个人乘火箭被发射到高层大气中,他能否存活?

其中最早在亚轨道发射的 V-2 火箭上进行生物医学研究的有效载荷是玉米种子菌株,后来,这些种子菌株得以种植和培育,目的是找到宇宙辐射可能造成的遗传影响。但对于人类来说,种子只是一个低级的模拟物,西蒙斯真正想要发射的东西是一只猴子,这是他能够使用的非常接近人类基因的生物。他认为有了增压舱和基本的生命维持系统就可以将一只猕猴送入临近太空的环境中。这

① 美国空军装备司令部驻地,位于俄亥俄州西南端戴顿东北偏东 10 英里,成立于1992 年 6 月。

将是一次沿弹道轨迹的短时飞行,太空舱只在无生命的高空区域暴露几分钟,但会收集一些有用的数据。

1948 年 1 月 13 日,为了纪念制导导弹研究的先驱乔治·霍洛曼(George V. Holloman)上校,阿拉莫戈多陆军机场改名为霍洛曼空军基地。此时,新命名的空军基地开始为第一只猴子的飞行做精心的准备工作。乘客是一只名为艾伯特的 9 磅重的猕猴,西蒙斯将它从莱特机场带到霍洛曼空军基地。他们小心翼翼地将生物医学传感器安装在艾伯特身上,这样,技术人员就可以监测它的心脏和呼吸频率了,然后他们用皮带把艾伯特束缚住,把它安放在布洛瑟姆火箭顶部的仪器舱中。6 月 11 日,第一个灵长类动物乘火箭升空了,但飞行受到重重障碍的困扰。生物医学仪器在飞行中失灵,推进系统的损坏阻碍了火箭的上升,结果火箭只飞升到 39 英里的海拔高度,这个高度刚刚超越平流层。火箭没有爆炸,但降落伞坏了,载着艾伯特的航天舱在沙漠里撞毁,艾伯特在撞击到地面之前就已经死了。研究团队在火箭发射前收集到极少的生物医学数据,这些数据表明,艾伯特甚至在火箭离开地面之前就因为呼吸问题而死在狭窄的舱中。纵然如此,在为艾伯特的使命所做的准备中所获得的经验是无限宝贵的,这些经验直接应用在为艾伯特的继任者所做的准备工作中。顺理成章地,第二只猕猴被命名为艾伯特二号。

由于改进了仪器和降落伞系统,装载第二只灵长类动物的舱体空间稍微宽敞了一点,它位于布洛瑟姆火箭的顶部。人们对于艾伯特二号的成功发射寄予了厚望,这次发射的时间定于 1949 年 6 月 14 日。但事与愿违,降落伞系统再次损坏,这次发射以火箭降落坠毁为结局。不过,这次任务也不能说是完全失败的,艾伯特二号身体上的传感器收集到了足够多的数据。技术人员根据这些数据得知,在火箭发射的时刻,甚至在火箭上升到 83 英里的最高海拔高度时,这只猴子还活着,这证明在那时生命维持系统仍在工作。那一年,还有两只猕猴在布洛瑟姆火箭上死去。9 月 16 日,布洛瑟姆火箭在发射升空后不到 11 秒就发生了爆炸,艾伯特三号与火箭同归于尽了。12 月 8 日,艾伯特四号遭遇了艾伯特二号的类似命运,但它在火箭发射过程中一直活着,有一些珍贵的数据传了回来,最后,它同样因为降落伞未能打开而死去。

　　将生物负载送入太空的工程技术逐步提高,随之,人们对航天飞行对于有生命的乘客的影响也了解得越来越清晰,但是,想要乘客从太空中活着回来还有很长的一段路要走。西蒙斯对于布洛瑟姆火箭短暂的弹道飞行时间也感到非常失望,他需要更大的火箭来让有效载荷飞得更高,但这样的火箭还没有出现。空军更强大的康维尔式导弹不再是大气研究的一个候选者。在白沙的试验发射以各种各样的结果而告结束之后,MX-774 项目于 1949 年被取消,在美国火箭发展的初期阶段,这种情况屡见不鲜。取而代之的是开始研发美国海军的高空探测火箭——"海盗"(Viking),它类似于 V-2火箭,由马丁公司(Martin Company)承包建造。

　　这些新的火箭项目没有一个启用那些引进的德国人才。在赫尔墨斯工程的早期阶段,V-2 火箭的制造者们提供了必不可少的帮助。但到了 1947 年的春天他们已经完全被淘汰出该项工程,美国通用电气的工作人员取而代之。在某种程度上,这些研发工作很适合冯·布劳恩来做,他从来没有在美国把 V-2 火箭的研发一直做下去的想法,但他也不能继续进行他急切想做的建造更强大的火箭的工作。当美国人用一种越发过时的技术发射火箭的时候,他反而无所事事地待在家中。其实那个时候,他的长远设想仍然执着于让火箭脱离地球这个问题。冯·布劳恩在布利斯堡(Fort Bliss)很长一段时间无事可做,期间,他动笔写了一本技术大全,构想了一次前往火星的载人航行。他的设想是：对这颗行星的访问不能仅局限于做一次小规模的考察旅行，他在《火星计划》(*Das Marsprojekt*)中详细描述了由 70 人组成的使团，非常类似于 19 世纪与 20 世纪之交前往北极和南极的科学探险。①

　　美国火箭技术的缓慢发展不仅令 V-2 火箭的工程师们感到沮丧，现在已是陆军参谋长的艾森豪威尔将军也认为，刚刚起步的火箭计划没有得到亟需的鼎力支持和优先地位。在众议院军事拨款小组委员会的一次听证会上，他解释道，对于制导导弹领域以及所有相关的领域，如电子学、导弹制导和超音速飞机，人们仍然知之甚少，把研究精力集中到那些迫切需要关注的领域符合国家的最大利益。他认为，如果美国现在不投入巨大资源将导弹项目发展成为一项切实可行的技术，[8] 那么国家就会处于危险之中，或毁灭或败于正在研制这些技术的敌人之手，而潜在的敌手就是苏联。然而，在战后的环境之中，美国国会正着眼于减少军事力量和开支，而不是将更多的资金投入到任何一种新的军备中。艾森豪威尔拥有远见卓识，这正是希特勒所缺乏的，他认为把导弹作为武器来研发是一笔值得的投入，但他能做的也只是提高项目的优先地位。由于国家还没有面临直接的威胁，国会对该计划的支持是缺乏热情的，国家资源的当务之急是用来重建国家，而不是发展武器来应对一个只是理论上的未来威胁。

　　实际上，那些招募来的德国专家们都被闲置一旁了，这对军方

---

① 根据布劳恩的描述，"火星计划"是一场大规模行动，效仿 1946—1947 年间美军在南极进行探险、训练的"跳高行动"。对火星的远征预期在 1965 年实施，届时一支由 10 艘宇宙飞船——7 艘客运飞船(里面有直径 20 米的居住区域)和 3 艘无人驾驶的货运飞船(携带有登陆车、燃料储备以及补给物资)——组成的太空舰队前往火星，舰队总共有 70 名宇航员，计划在火星表面生活443 天。

的导弹计划没有任何好处。在 1946 年 12 月之前，美国战争部一直不承认他们正款待着一批前纳粹工程师，这主要是因为对于所有人来说，需要大半年的时间才能确保拿到军事合同。即使到了那时，他们的自由仍然受到严格的限制。他们以"阴天行动"和后来的"回形针行动"（Project Paperclip）的名义进入这个国家，可以在美国军方的庇护下工作，但真正成为这个国家的成员还没有得到政府的正式批准。对于每一位政府官员和工业领袖来说，有多少人想利用这个德国智库，也就有同样多的人拒绝与如此近的敌人一起合作。美国公众还不知道德国科学家正在这个国家生活和工作，被赫尔墨斯工程拒之门外只是增加了佩内明德研发团队的隔离感，华盛顿的命令一直就是只让他们对旧的 V-2 火箭进行修修补补并等待需要他们的时机。这种潜台词是他们可能不被需要，[9] 除非爆发一场新的战争，这种战争将需要与激发 V-2 火箭或美国曼哈顿计划同样快的研发速度。

在不久的将来发生战争并非耸人听闻。战后的和平摇摇欲坠，随时可能爆发新的冲突，这种冲突不是在盟国与旧的轴心国之间，而是在西方国家和围绕苏联的政治铁幕背后的势力之间。约瑟夫·斯大林已经同意和美国结盟对抗第二次世界大战中太平洋战场的日本军队，条件是在日本投降后，苏联在中国东北获得一块势力范围。战争结束四年后，北大西洋公约组织（NATO）成立，这是一个横跨大西洋的安全协议，它部分遏制着苏联向亚洲的侵略和扩张，同时也防止欧洲军国主义的复活。1949 年 4 月 4 日签署的条约明确规定，对于任何一个成员国的军事进攻都将被视为对他们所有国家的攻击，他们会在可接受的范围内采取报复行动。

不幸的是，在第二次世界大战结束后，在亚洲对苏联的遏制进展得并不顺利。日本于 1945 年 8 月 15 日向盟军投降后，苏联派军队进驻了原来由日本占领的朝鲜北部。当美国军队到达朝鲜的南部时,苏联开始在三八线切断道路和通信线路,两个独立的政府开始出现。北朝鲜得到了强大的来自苏联以及最终来自中国的援助,包括苏联对其士兵的军事训练和武器供应。北朝鲜拒绝接受联合国要求的选举并在金日成的统治下维持下去,南朝鲜选举了李承晚为总统。

随着一个新时代(20 世纪 50 年代)的临近,朝鲜内战的威胁可能需要美国的介入,这引发了美国军队对新武器的需求,于是冯·布劳恩被招来帮助他的新国家。陆军想要的是地对地导弹,其中一种导弹要达到 150 英里的射程,还有一种导弹的射程需要达到 500 英里。白沙试验场的场地太小,不能研发和试验这种导弹,为了建造这些火箭,这些德国人不得不搬迁到阿拉巴马州的亨茨维尔(Huntsville)。在第二次世界大战期间,陆军军械部和化学战研究中心(Chemical Warfare Service)在亨茨维尔附近设立了两个生产弹药的兵工厂,这为小镇带来一个短暂但获利颇丰的就业潮和发展期。红石兵工厂(Redstone Arsenal)在战争结束后停用,随后在 1948 年 12 月被重新启用,在来年的 2 月临时成立了陆军军械部火箭中心。之后,在 6 月正式开始运行。与此同时,刚刚闲置的亨茨维尔兵工厂,一个与红石兵工厂相邻的化学兵团设施,被拨给在布利斯堡的军械研究与发展部的火箭分局使用,这样,涌入亨茨维尔的工作人员就有了足够的工作空间。5 天后,军械部制导导弹中心在红石兵工厂成立。

就在这时,官方要求冯·布劳恩首先要正式地办理移民手续。通过"阴天行动"和"回形针行动"进入美国的佩内明德研发团队为这些德国的科学家赢得了军方的资助,但却没有让他们获得美国公民的身份。1949 年 11 月 2 日,冯·布劳恩和一位美国军官身着便服,乘坐有轨电车来到墨西哥的华雷斯。两年前,他的 V-2 导弹差一点炸毁这座城市。他去了一趟位于此地的美国领事馆[10],呈交上他的文件,按要求进行了胸部 X 光检查,支付了 18 美元的手续费,然后带着盖了章的护照返回边境,尽管墨西哥和美国的官员已预先安排好了所有这些程序,但履行法律上的形式也是必不可少的。至此,冯·布劳恩在美国已经生活了将近 5 年,但还需要再等 5 年,他才能正式申请成为一名美国人。对此他别无选择。

冯·布劳恩在 1950 年 4 月 10 日离开阿拉巴马州前往得克萨斯州,赴任新中心的负责人。在这里,他终于有机会开发一种新的火箭,这种新的火箭虽然以 V-2 火箭为基础,但将火箭的技术向前推进了。不过,他也接手了一些比较老的项目。军方正在进行的赫尔墨斯 C1 计划也被转移到新的制导导弹中心,这里不仅成为了 500 英里射程的导弹研究计划的探路者,也成为军方希望研发的较小的 150 英里射程导弹技术的完美试验场所。军方对快速研发导弹的赶工计划并不感兴趣,陆军参谋长觉得已经有足够的常规武器可用。因此,冯·布劳恩有充分的时间来评估他的新导弹系统,以确保通过升级和变型就可以让这种火箭在陆军的军械库中保存尽可能长的时间。为了实现这一长期目标,工业、科学和军火部门之间要联合一体,将全国范围内的一些最优秀的人才汇集在一起,而不必专门建立一个为之服务的庞大的科研人员理事会,因为这种机构的建立将会是一个漫长、官僚主义且开支巨大的过程。

随着德国的人才队伍离开白沙试验场,美国的 V-2 项目逐渐淡出,不到一年就被叫停了。总体上,在美国的本土已发射了 67 枚缴获的和翻新的 V-2 导弹。从第 27 枚导弹起始,转向装置、制导部件和电缆都是由美国制造的,这些都提高了发射成功的比例。赫尔墨斯工程的 32 次发射被认定是失败的,其根本原因几乎都不是孤立的,尽管如此,赫尔墨斯工程的 V-2 项目已经达到了其原本设定的目标。这个研究项目获得了丰富的导弹数据,而且为美国陆军的工作人员、科学家和工程师在操纵和处理大型火箭方面积攒了宝贵的经验。然而,作为一个研究项目,在赫尔墨斯计划的范围内,它还没有真正尝试去改变或改进德国的零部件,除了一些基本部件的改变,而这是为了让特定的火箭挣脱地面所必须做的。现在,悬而未决的朝鲜战争局势似乎得以缓和,这使得在白沙试验场的冯·布劳恩和他的同事们又闲了下来。而今在亨茨维尔,德国人正回归工作,但他们不是唯一的一群人。在空军的掌控下,火箭技术进入载人航天飞行的阶段。

第 **6** 章

火箭与飞机相遇

莫哈威沙漠（Mojave Desert）位于洛杉矶和圣贝纳迪诺山脉（San Bernardino Mountains）的北部，在这片干燥的荒凉之地，昼夜温差极大，白天炽热如火，夜晚寒冷刺骨，美丽壮观的日出和日落景象会毫无征兆地被席卷而至的猛烈沙尘暴所打破。几个世纪以来，在低矮的灌木丛和约书亚树①中生活的长耳大野兔和土狼是这里仅有的居民，偶尔还有零零散散的旅行者或者前往山区淘金的家庭穿越这片沙漠。后来，到了 1876 年，南太平洋铁路线才贯通该地区。1882 年，另一条铁路线圣菲铁路也经过这里，并建立了一个名为罗德（Rod）的加水站，它毗邻广袤的罗德里格斯干湖（Rodriguez② Dry Lake）。20 世纪初，科拉姆（Corum）家族来到这里，把这片沙漠作为定居的家园，从此，"罗德里格斯"这个名字被英语化，简称为罗杰斯干湖（Rogers Dry Lake）。他们建立了种植苜蓿和养殖火鸡的农场，随着更多定居者的到来，科拉姆家族将土地以每英亩一美元的价格租给那些定居下来的移民。不久之后，科拉姆家族在这里挖掘了一些水井，开了一个百货店，并建了一个邮局。

---

① 约书亚树（Jushua tree），百合科丝兰属单子叶植物，生活在北美西南部，大多生活在海拔 60 至 180 米的莫哈威沙漠中。编注。

② Rodriguez 是一个西班牙语的名称。

这个家族要求正式以"科拉姆"（Corum）为这个镇命名，但这个请求被美国邮政部否定了，因为这个名字与加利福尼亚现有的科勒姆（Coram）镇容易造成混淆，所以科拉姆（Corum）家族把他们姓氏的拼写顺序颠倒了一下，于是，加利福尼亚的穆罗克（Muroc）镇诞生了。

对于陆军航空队的空军中校亨利·阿诺德来说，被农庄点缀的这片响尾蛇遍布的广阔土地是一个完美的轰炸靶场。罗杰斯干湖的湖床是一个面积达 44 平方英里的洪积湖，焦干的黏土和淤泥表面每年都要周期性地被雨水和沙漠风冲刷更新，沙漠风使地面像玻璃一样光滑，也像玻璃一样坚硬。对阿诺德而言，湖床就是一个可以自我修复的跑道，这里的天空晴朗，安全又可靠，这些意味着这里拥有可靠而又良好的飞行条件，远离大城市又意味着可以避开那些窥视的眼睛。

1933 年一个夏末的早晨，阿诺德在两位南加利福尼亚汽车俱乐部的人员和两位身着便装的军人的陪同下，一大早就出发前往穆罗克参观。他们在 6 点到达，叫醒了镇上的一位经营杂货店和加油站的居民。参观者们假装成汽车俱乐部的成员，询问了该地区的旅行路线。这位本地人对汽车俱乐部的到达时间颇有抱怨[1]，但他还是回答了阿诺德关于沙漠环境和土地所有权的问题。参观的一行人返回洛杉矶东部的马琪机场（March Field）后，当天下午就开始找寻这片土地的地契，发现其中的大部分土地归美国政府拥有。9月，在几乎没有花费美国纳税人一分钱的情况下获得该土地的合法所有权之前，阿诺德就建起了穆罗克轰炸和射击靶场，作为陆军航空队的轰炸机和战斗机的训练场地。

第二次世界大战期间，穆罗克的飞行设施一直处于使用状态。至 1942 年 7 月，美军又建成了穆罗克空军基地（Muroc Air Force

Base)来接待战斗机飞行人员,不久 B-24 轰炸机和 P-38 驱逐机开始穿梭飞行于沙漠的上空,对沙漠上的目标进行实弹轰炸训练。不久以后,到达此地的飞机越来越多,因为在俄亥俄州莱特机场的陆军航空队的军事设施已不能满足快节奏战争迅速发展的需求,很多飞机只能转移到这片遥远的沙漠中来。这个场地通过了资格审查和安全测试,是进行绝密飞机试验的完美地方。不久,距离穆罗克 6 英里的第二个基地也建成了,这个基地也位于罗杰斯干湖上。木制的飞机库和基础设施最先建好,10 月 1 日,一架涡轮喷气式飞机贝尔 XP-59A"彗星"(Bell XP-59A Airacomet)从湖床起飞。当飞行员驾驶着美国第一架喷气式战斗机按照特定速度在沙漠上空飞行时,他们发现环绕穆罗克的辽阔而安全可靠的平坦湖床为处于危机之中的飞行员们提供了一个绝佳的安全港。如果他们不能驾驶飞机返回罗杰斯,周围一块较小的湖床就可以成为一个救命的选择。沙漠机场也是用来测试新的试验性飞机的完美地点。

在第二次世界大战接近尾声之时,航空业的发展已经到了与火箭技术的发展并驾齐驱的程度。在战场上,喷气式飞机逐渐取代了螺旋桨飞机,尽管这种飞机出现在战争后期。第一架是德国的梅塞施米特式战斗机 ME-262,它于 1942 年 7 月首次亮相。两年后,也就是 1944 年 1 月,美国制造的洛克希德 P-80A 流星战斗机问世。很明显,像火箭一样,这些新型的喷气式飞机代表着这一领域的最先进水平,它会在未来的战争中发挥至关重要的作用。与任何一项新技术别无二致,喷气式飞机也遇到许多最前沿的难题,尤其是在飞行速度接近音速时空气的可压缩性问题,这正是休·德莱顿在 20 世纪二三十年代与国家标准局一起,花费了其职业生涯的大部分时间进行研究的问题。

在可压缩性成为困扰航空飞行的问题之前,这种现象已为科学家们所知晓,这是一种与音速有着千丝万缕联系的现象。在 17 世纪,当进行火炮试验时,观测者站立的地方要距离大炮有一定的距离,目的是测量火光一闪和炮弹冲出活塞筒的声音之间的时间滞延。这些试验显示声音的速度以每秒约 1 140 英尺的速度传播。但这种测量方法是不准确的,对这个数值一直存在争议,直到 1943年,27 位美国空气动力学领域的带头人在首都华盛顿的 NACA 总部举行了一次会议。与会者有德莱顿、冯·卡门和来自 NACA 兰利纪念实验室的空气动力学家约翰·斯塔克(John Stack)。斯塔克在会上提出,音速问题很快就会成为飞机制造商们建造更快的交通工具的一大难题。斯塔克说,由于没有考虑到所有的可变因素,包括空气加热后的特性和不同海拔高度的空气密度,[2] 已经获取的数据还不够全面,所以还无法确定真实的音速。德莱顿提出了一个解决方案,他建议对于初始值,取数学上的平均测量值。全体委员最终同意了这一提议,并将每秒 1 117 英尺作为大气浓度最大的海平面上的音速。

无论海拔高度是多少,交通工具以音速或者接近音速的速度通过大气层时都会遇到冲击波,这是一个早于航空飞行的发现。19世纪的物理学家恩斯特·马赫①使用放射线透视照相技术研究了超音速的气流。他所拍摄的照片显示,子弹在以超音速运动时,在它的前面有一道清晰的冲击波,另一个冲击波紧随其后。这是第一个实际的证据,表明声音是一种使空气分子振动的机械波。声音通过这些振动的分子而传播,并压缩那些没有以足够快的速度避开的空气分子。由于马赫的研究,出现了一个以他的名字命名的单位——马赫数。马赫是指一个物体在气体中的运动速度与声音在

① 　恩斯特·马赫(Ernst Mach,1838—1916),奥地利物理学家、哲学家。

该气体中的运动速度之比。

马赫的照片显示,相同的冲击波会使飞机处于一个极其不均衡的环境中。飞机的某些部分以音速运行是可能的,而其他一些部分则不行。在飞行中,可压缩性的挑战首先在螺旋桨叶片尖上反映出来。尽管螺旋桨飞机在低于音速的情况下飞行非常得平稳,但螺旋桨的旋转与飞机在空中向前的运动之间的复合运动却使叶片尖的运动速度达到了超音速。叶片尖遇到冲击波的阻力使螺旋桨效率降低,这实际上也使飞机的速度降低了。早在 20 世纪 20 年代中期,这种趋势已非常明显,可压缩性的影响不久以后就变成了一个极其棘手的问题,显然飞机的整体性能将随之降低。

飞机的外形逐渐向流线型发展,其飞行的速度更快,螺旋桨发动机也被喷气发动机所取代,随着这些变化的出现,上述问题变得愈加复杂。当声波在飞机前面运行时,声波会聚集起来,而在机翼下方的空气流动的速度达到超音速之前,在机翼上方流动的空气已达到了超音速的速度。不均衡的冲击波连续猛烈撞击飞机,导致结构损坏,飞行失去控制,最后会使飞行员失去生命。由于对造成这种不稳定环境气流的物理特征毫无所知,如何解决这一问题着实难住了工程师们。最麻烦的是跨音速范围,这个速度范围处于稍高于音速和稍低于音速——0.8 马赫和 1.08 马赫——之间,在这个范围内不均匀气流的连续撞击影响是最明显的,对飞行员来说也最危险。

工程师们猜想,飞机一旦进入超音速飞行就会变得稳定起来,但是首先必须要达到超音速,在此过程中要突破压缩的冲击波,这就是所谓的音障(sound barrier,又称声障)。音障是空中实际存在的墙这一神秘说法源自 1935 年一个引起轰动效应的新闻标题。在一次关于高速飞行试验的采访中,英国空气动力学家 W. F.希尔顿

（W. F. Hilton）用一个图表展示了空气对于机翼的阻力和一个为产生升力而设计的气动物体，并向记者解释了跨音速飞行的挑战。希尔顿在图表上展示了机翼向上升起之前空气分子的密度是如何聚集堆砌起来而造成了像一堵墙的东西。第二天早上的头条新闻就创造了"音障"这个词，将实体屏障的这种思想输送到全世界人们的头脑中去。工程师们当然知道音墙只是一个工程问题，但它仍然是一种需要突破的屏障。

　　想要探索清楚如何进行超音速飞行，这项挑战由于风洞数据的不足而变得更加困难，因为当时的风洞不能复制跨音速的情况。空气分子集聚于风洞内部，其方式与空气分子在飞行中的飞机前面集聚是相同的，它们也会从封闭空间的墙上反弹回来，使气流扭曲。工程师收集到的数据没有多少用处，如果没有风洞的数据，设计师不可能知晓如何制造一架能够安全地以超音速飞行的飞机。火箭飞行的速度通常比声音快，但它们的轨道在本质上是对炮弹轨道的复制。在飞机突破音障之前，可操控的驾驶航行一直陷入僵局。

　　来自兰利实验室的空气动力学家斯塔克率先发起了一个计划——研发一架能够承受超音速飞行的可压缩性的研究机。1943年夏天，他和兰利实验室的小团队已经制定出超音速试验飞机的基本设计细节。斯塔克想要设计的是一架能够在自身动力下从跑道上起飞的小型涡轮喷气式飞机，然后达到马赫数为1的最高飞行速度，即声音的速度。更重要的是，这架超音速飞机在起飞和降落期间的飞行安全性和稳定性不能低于以亚音速飞行时的情况。为了收集必需的数据，飞机将携带大量的科学仪器，用于测量飞机在接近音速飞行时的空气动力和飞行动态特性。这并不意味着只是一次性的飞行探索，斯塔克的设想是让飞机首先探索跨音速可压缩性区域的下界，然后飞行的速度逐渐加快，最后尝试超音速飞行。对于斯塔克来说,这种分段化测试的方法是最好的。

虽然 NACA 具有研发马赫数为 1 的试验飞机的理论知识和方法,但是只有军方才有资金为这项研究买单。幸运的是,军方对研究超音速飞行也兴趣浓厚。可以想象超音速战斗机成为美国的一种空中武器所带来的好处,这也意味着要对飞行员进行超音速飞行训练。研究机在军事上的应用前景为一种兰利实验室文化提供了形成氛围,在这里,飞行员作为专门为这些研究项目试飞的工程师而接受训练。

1944 年 11 月的最后一天,鲍勃·伍兹(Bob Woods)登门拜访位于俄亥俄州莱特机场的以斯拉·考切尔(Ezra Kotcher)办公室。[3] 伍兹是一名航空工程师,他于 20 世纪 20 年代后期开始投身于 NACA 兰利纪念实验室的航空研究,1935 年又与劳伦斯·D.贝尔(Lawrence D. Bell)一起组建了贝尔飞机公司。那时,考切尔是陆军航空队空军装备司令部的一位资深航空工程师。在谈论业务之前,他们闲聊了一会,考切尔告诉伍兹,陆军航空队对于在 NACA 的帮助下建造一架专门的研究机非常感兴趣,这只是非军事化的试验,而不是进行大规模生产的东西。相反,它只是对三架飞机进行小范围的操作,这些专门设计的飞机飞行速度比音速快,可以在此过程中收集数据。毫无疑问,这种飞机预示着下一代的军用战斗机,但它自身只是一个纯粹的研究性工具。考切尔还告诉伍兹,如果贝尔公司对制造这种飞机感兴趣,这种研究机的合同就是他的,伍兹当机立断接受了这一挑战。

陆军航空队对这种高速试验飞机的想法与斯塔克最初的设想看起来有所不同。最显著的差异就是动力装置的设计。斯塔克想要的研究机是喷气发动机驱动的,而考切尔确信突破音障的唯一方式就是用火箭发动机替代喷气发动机。[4]1943 年他曾是诺斯洛普

XP-79火箭推进拦截机的项目负责人。在该项目的任期内,他已经得知美国陆军知道了德国空军也正在研制一种火箭推进拦截机——梅塞施米特式战斗机Me-163。当时的涡轮喷气发动机还不能驱动一架飞机达到比声音快的速度,像德国人那样使用火箭发动机是一个显而易见的解决方案。陆军航空队最终同意了考切尔的提议,与NACA最初的设计完全不同的军用规格的研究机很快就应运而生了。

陆军航空队设想从高空轰炸机下面发射火箭动力飞机,这样就可以暂时保存它携带的燃料,所以没有采用爆破性驱动发射。陆军航空队不想采取分步测试的方法(take a measured approach),他们意欲在试验项目的初期就对音障发起攻击。由于军方买单,即使一些人对有人驾驶研究机持反对意见,他们的意见也无足轻重了。用于试验的超音速飞机被命名为XS-1,最后简化为X-1,它的火箭发动机将由瑞克申发动机公司建造,陆军航空队的MX-774导弹项目的发动机也是由该公司生产的。

根据陆军航空队为X-1设置的这个基本构想,贝尔飞机公司开始了解飞机的特性。工程师们从一颗0.50口径的子弹寻找到灵感,他们知道,这种子弹以超音速飞离枪筒,会稳稳地飞向目标,如果水平飞行的子弹可以突破音障,那么子弹形状的飞机也能够突破音障。贝尔飞机公司的试验研究缺少风洞数据,NACA的介入有助于弥补这一缺陷。NACA的工程师进行了落体试验,在这个试验中,他们从一个3万英尺高的B-29轰炸机上释放出有翼的、类似轰炸机的导弹,这是简单模拟在空中发射X-1的情况。所得到的数据虽然有限,但从有助于超音速飞机的设计这方面来说也足够了。NACA带给X-1项目的另一个补缺方法是翼流法(wing-flow),这是由飞行研究组的负责人罗伯特·R.吉尔鲁思(Robert R. Gilruth)

开创的。他指出,把飞机模型垂直安装在 P-51D 机翼的正上方,在下降过程中,流过机翼上的气流就会达到超音速。这种方式虽然不如风洞精确,但仍然可以收集到高速气流的数据。NACA 也进行了运载火箭模型试验,在这个试验中,他们把模型安装在火箭上,然后在位于维吉尼亚海岸的瓦勒普斯岛(Wallops Island)上的发射装置上点火发射。从这些测试中得到的所有数据,连同 NACA 在过去二十年间已获得的可压缩性的核心数据,一起成为贝尔飞机公司用来设计 X-1 的科学与工程学的资料基础,使得新设计在一些重要的地方突破了陆军航空队的原有设计。

美国国家航空咨询委员会(NACA)因创造性地解决了空气动力学问题以及对飞行数据的监控而闻名于世。该机构的设置是为了提高美国的空中打击力量,它最初是由代表政府、军队和工业等方面的 12 名志愿者组成的委员会所主导的,这些人以顾问的身份直接向总统报告。NACA 最初只是负责协调现有的航空项目,随着它迅速地发展壮大,很快就需要建立自己的研究中心了。1917 年,第一个研究中心——兰利纪念航空实验室在维吉尼亚开建,3 年之后正式投入运作。当时举行了一场典礼,有一个 25 架飞机的编队参与了飞行表演。该中心很快为一些难以解决的航空问题找到切实可行的解决方案,不久就声名鹊起。管理部门从来都无需去招募这个领域中的最优秀人才,行业翘楚们都是自愿加入的,兰利实验室的员工队伍迅速扩大。

到 1925 年,兰利实验室已拥有了一百多名工作人员。这个地方之所以如此成功,部分是因为它的设施,其中包括世界上最好的风洞。不同于传统的开放式风洞,它有一个可增压或改变密度的隧道,这一封闭式隧道开创了使用压缩空气来模拟不同的大气环境的先例。与风洞早期的成功试验同步进行的是兰利实验室的全尺寸飞行试验计划。这些都有助于制定持久的指导准则,促使人们更加深刻地理解并掌握获取精确数据所需要的仪器,然后就能够找出这些数据与风洞数据的对应关系。

在1945年的最初几个月,在佛罗里达州奥兰多南部派恩堡(Pine Castle)的陆军航空机场,X-1进行了最早的10次无动力滑翔飞行。这些飞行的目的是测试飞机的适航性、操作性能和将要发射的过程,它们都是在没有启动火箭发动机的情况下进行的。贝尔飞机公司的飞行员乌拉穆斯(P. V. "Jack" Woolams)代表飞机制造商驾驶飞机,同时威廉姆斯(Walter C. Williams)带领着NACA的一个小组收集和分析飞行数据。这些测试逐渐完成了,1946年5月17日,在莱特机场的一场开放展示中,他们向公众揭开了这架飞机的神秘面纱。机身表面涂上了鲜艳无比的橙色,在天空中清晰可见,流线型机身会让人自然而然地联想到一颗子弹,所有这一切看起来都非常怪异,带有一些未来主义的风格——这种飞机能够突破音障。X-1只有31英尺长,一个小巧的驾驶舱位于靠近头部的位置,笔直短粗的机翼从机身两侧伸出来,机身上还有2个推进剂储存箱、12个氮气球、3个增压的调节器以及伸缩起落架。虽然要安装最先进的火箭发动机,但是X-1的复杂性被降低到最低限度,在制定好的飞行计划中,尽管设计要求很高,但尽可能多的变量被删去了。

1946年9月,第二架X-1首次安装了火箭引擎。就在这个时候,整个项目的运作系统转移到穆罗克,陆军航空队的工作人员和威廉姆斯领导的来自NACA的小组率先搬到沙漠基地,他们对首次火箭动力飞行充满了期待。

12月9日,23岁的试飞员"机灵鬼"查尔默斯·古德林(Chalmers "Slick" Goodlin)坐在火箭飞机的驾驶舱内,驾驶B-29

母机从罗杰斯干湖的湖床上起飞。古德林曾是加拿大皇家空军和美国海军的试飞员，1943 年 12 月退役后，作为一名民用研究机试飞员加入了贝尔飞机公司。传言他因为驾驶试验机而获得了一笔巨款，贝尔飞机公司也将他奉为英雄，认为他是突破音障的不二人选。古德林属于新一代的飞行员，这代飞行员是随着第二次世界大战中试验飞机的出现而崭露头角的。如果飞行员只能驾驶某种单一的新型飞机，那么他就无法胜任，当然，只是从每次飞行中获取数据的工程师们也无法完成任务。这些新飞机所需要的试飞员必须是这样的人：他能够集王牌飞行员的驾驶技术与大无畏的精神于一身，这样才能够飞越危险的未知环境，同时又不会失去这一飞行的工程学目标。

那是 12 月的一个早晨，在 2.7 万英尺的高空，橙色的飞机开始脱离母机下落，高度迅速下降，之后火箭引擎启动，火焰从它的尾部喷出，将飞机向前推动。当 B-29 在古德林的后面脱离时，他被推靠在后背座椅位上。尽管火箭发动机的声音轰鸣，但在驾驶舱内部却是令人难以置信的安静。他小心翼翼地操作着，同时密切地关注着X-1 如何被火箭动力所操控，当意识到身后巨大的发动机点火了，他以外科医生般的从容冷静[5]，灵活地控制着飞机，在燃料耗尽之前将飞机的最高速度推进到每小时 550 英里。失去动力之后，他娴熟地让 X-1 滑翔降落在穆罗克的湖床上。从飞机上下来时，他对这架飞机能够做到的一切了然于胸，确信 X-1 的飞行速度可以达到每小时 1 000 英里，更加坚信自己就是实现那次飞行的不二人选。

但是，贝尔飞机公司为古德林举行的公开庆祝为时太早了，这位飞行员开始对他的酬金提出异议。古德林和贝尔公司的最初合同约定，他使 X-1 达到 0.8 马赫作为项目的第一阶段，他完成了这一目标。但在第二阶段，古德林必须将 X-1 推进到 1 马赫之上，鉴于自己要承受的风险,他想要追加酬金。古德林提议重新商议合同,要求 15 万美元的报酬,分五年交付,而这是为了避免高额的税费。贝尔飞机公司的律师拒绝了古德林的这一提议,于是飞行员拒绝飞行,除非这个问题得到解决。

陆军航空队对古德林的合同僵局所造成的延误不胜其烦,他们决定接管 X-1 项目,这比预期的接管时间——1947 年 6 月要早。当月,古德林与贝尔飞机公司之间的合同被取消了。截至那时,这两架飞机一共进行了 23 次动力飞行和 14 次滑翔飞行,展示了其结构的完整性,其间最高速度达到 0.82 马赫。虽然火箭发动机的结构精细,非常烦琐,但试验证明,总体上它是安全可靠的。然而,尽管陆军航空队接管了 X-1 项目,但接踵而至的问题是飞机突然间没有了飞行员。

5 月的一天下午,在飞机转让最后敲定前,莱特机场的所有战斗机飞行员被召集到一起,询问他们中谁愿意试飞试验火箭飞机,其中大概有 8 位自愿者,查克·耶格尔(Chuck Yeager)上尉是其中之一。由于对超音速飞行一无所知,他从未听到过飞行测试工程师们称 X-1 是一个死亡陷阱的说法。[6] 几天后,艾伯特·博伊德(Albert Boyd)上校把耶格尔叫到办公室。博伊德是飞行试验部的负责人,他询问这位年轻的飞行员为什么自愿参加试验机飞行,耶格尔坦诚地回答说,这听起来是一个有趣的项目,所以参加试飞肯定也是一件有趣的事情。博伊德对他说,X-1 不仅仅是一架飞机,而且是一架将要改写航空历史的飞机,这句话给年轻的飞行员留下了深刻印象。绘图板上的飞机将要达到五倍的音速,这些飞机将载着飞行员进入太空,但它们都取决于 X-1 对音障的突破。

虽然耶格尔是莱特机场资历较浅的一位飞行员,但博伊德认为,耶格尔是他见过的最有天赋的飞行员,[7] 是一位在空中具有极高精确性又不失磐石般沉稳的飞行员。驾驶 X-1 进行超音速飞行需要这些特质，耶格尔不仅确切拥有所有这些特质，而且他还有一个特点：能够在面对危急情况时保持超越常人的冷静与专注。6 月，耶格尔来到贝尔飞机公司的基地亲身查验 X-1。他爬到驾驶舱里，按照要求启动火箭发动机，此时，飞机被安全地束缚在地面上。从飞机的尾部喷出的火焰足有 20 英尺长，火焰喷射的声音震耳欲聋，令人胆战心惊，耶格尔用双手捂住了耳朵，太不可思议了！耶格尔要驾驶这架火箭飞机，博伊德上校告诉他这架飞机正是为他准备的。[8]

在耶格尔被选为 X-1 新飞行员的消息公开之前，古德林不会进行 X-1 超音速试飞的消息传遍了航空界和学术界。斯格特·克罗斯菲尔德（Scott Crossfield）是一位年轻的飞行员，也是一名在华盛顿大学航空工程专业攻读学士学位的工程师。他给贝尔飞机公司写了一封信，表示他本人自愿驾驶研究机突破音障，其中他特别强调了相关的职业经历。他是一个有驾照的私人飞行员，从大学退学后进入一所民用航空学校，毕业后进入波音飞机公司工作，之后加入陆军航空队。他曾经回到波音公司，待了一段时间之后，作为飞行员加入了海军，经过了飞行训练，并作为一位战斗机和射击教官以及维修人员而服役。后来，第二次世界大战期间他在海外待了 6 个月，不过并未亲身参加战斗。从战场上归来后，根据军人安置法案①他又回到了大学，并加入了桑波恩（Sand Point）②海军航空站的海军航空预备役部队，为了保持娴熟的驾驶技巧，每个周末他都要进行战斗机飞行。虽然克罗斯菲尔德只有 26 岁，但是他的履历表

---

① 该法案最先于二战末期起草生效，给退伍美军军人提供免费的大学或者技校教育，以及一年的失业补助。
② 位于美国阿拉斯加半岛上。

明，他已经准备好接受诸如驾驶火箭动力飞机这种新的挑战了。

克罗斯菲尔德给贝尔飞机公司写了一封信，但未得到任何回音，或许这封信被直接被扔进废纸篓了。[9] 信寄出后不久，克罗斯菲尔德就从报纸上得知耶格尔将取代古德林，这意味着他没有机会驾驶 X-1 了。他没有因此灰心丧气、一蹶不振，相反，这更坚定了他的决心。他把精力投入到学习中，在完成学士学位后直接攻读硕士学位。自始至终，他对飞行的激情从未消减，坚信在航空领域，他的时代迟早会到来。

X-1 只是航空领域中的一次变革的开始，NACA 也在发生变化。9 月，当耶格尔准备攻克音障时，休·德莱顿从国家标准局辞职，就任 NACA 航空研究主任一职。休·德莱顿几乎将他的整个职业生涯都用于航空领域的前沿研究，在他的指导下，新的领导层必定也会做出改变。正是在那个月，空军成为一个独立的部门分支。

1947 年 10 月 14 日，星期二，在日出前的一个小时，穆罗克空军基地已陷于一片繁忙之中。技术人员正在忙着为 X-1 的动力飞行做准备，他们给橙色的飞机注入乙醇、水和液态氧的混合燃料，之后，小心谨慎地把它放置到一架 B-29 轰炸机的弹舱之中。太阳终于在 6：56 升起，此时的天空晴朗透明，只有零星的云朵飘过。经过几个小时的准备，轰炸机终于在 10 点起飞投入天空的怀抱。

那天早上，X-1 的一侧写有"迷人的葛兰妮"（Glamorous Glennis）字样，这是向耶格尔的妻子葛兰妮致敬，因为那天早晨她送丈夫到穆罗克时一直闷闷不乐。[10] 几天前，耶格尔从马上摔了下来，两根肋骨骨折，但他拒绝去看医生，他不想让任何事情阻碍他的 X-1 飞行。直到此时，他已经驾驶火箭飞机进行了八次动力飞行，对它的性能已了如指掌。而唯一能够证明它可以进行超音速飞行的方式就是让它做一次超音速飞行，这是为耶格尔能够承受的三倍压力而设计的。对于一步一步地趋近 1 马赫的飞行目标,耶格尔已经感到厌倦了,他私底下放言,如果那天早上的飞行顺利无阻,他肯定会在接下来的飞行中让飞机突破音障,[11]不管空军认为他是否已经做好了准备。

轰炸机进入空中之后,耶格尔小心翼翼地顺着梯子从母机上爬下来,坐到 X-1 的驾驶舱里,借助于杰克·瑞德里(Jack Ridley)上尉为他留下的一把锯短的扫帚柄,他关上了舱门。杰克·瑞德里是 B-29 的飞行员,只有他知道耶格尔的肋骨骨折了,他把扫帚柄留给耶格尔,以便让他有足够的力量关闭舱门而不会使他受伤的一侧感到痛苦。在 2 万英尺的高空中,X-1 从 B-29 上脱离,此时正值 10:30。下降到 500 英尺时,耶格尔使飞机进入向下俯冲的状态,随即他迅速地一一启动了四台火箭发动机。当飞机加速到 0.88 马赫开始爬升时,飞机后部排出的气体显示出了一个令人惊叹的钻石图形。此时,飞机正处于甚少为人所知的跨音速区域内,耶格尔关闭了其中的两台火箭发动机,以测试飞机的控制性能,现在马赫表显示 X-1 仍在加速,当飞机达到 4 万英尺时,无形的冲击波连续不断地冲击着机翼,耶格尔再次点燃了其中的一台火箭发动机。耶格尔仍然密切地注视着仪器,他惊异地看到马赫表的指针平稳地从 0.98 移到 1.02,之后又跳到 1.06。耶格尔正在进行超音速飞行!而他还没有意识到这一点,他呼叫 B-29 上的瑞德里,告诉他说,他的马赫表一定失常了,因为从表的盘面上看他已经突破了音障,而他的耳朵或别的部位却没有感觉到任何的异常。[12]

这正是工程师们所预测到的现象,音障不是要突破的一堵墙,它只是一个工程学上的挑战,专业设计的 X-1 在超过跨音速范围后非常稳定,不会出现严重问题。对于耶格尔来说,在所有的期待和担心之后,终于进入了超音速的状态,此时他略有一点失望之感。

但是,这一刻对于整个航空飞行却是意义非凡的。这次飞行标志着航空领域新阶段的开端,也标志着穆罗克基地的工作人员之间的分裂的开始。此前,新飞机的评估飞行一直在沙漠哨所进行,而现在,试验飞机正沿着它们的边缘飞行。

第 **7** 章

新的战争、新的导弹和新的领导者

1949 年 12 月,穆罗克空军基地被命名为爱德华兹空军基地,这是为了纪念格伦-爱德华兹(Glen Edwards)上尉,他在试飞一架诺斯洛普 YB-49"飞翼"飞机的样机时殉职。这个基地主要归空军拥有和运营,NACA 保留了一部分驻扎在这里。1949 年 11 月,NACA 在那里建立了一个基地,称为穆罗克飞行试验中心。近一百名员工隶属于试验站负责人沃尔特·威廉姆斯(Walt Williams)的领导。休·德莱顿也成为 NACA 的新领导人,他曾是该机构的第一任负责人。作为资深的专职官员,德莱顿管理兰利实验室华盛顿总部、刘易斯实验室、艾姆斯实验室以及新成立的穆罗克飞行试验中心等全部的研究工作,新的穆罗克飞行试验中心也是在兰利实验室的指导下运行的。和每一次在国家标准局被提拔后所做的一样,德莱顿会利用他的职务优势将 NACA 的研究方向转向他感兴趣的超音速和高超音速飞行。

正当 NACA 开始加快转向超音速飞行研究之时,斯格特·克罗斯菲尔德正在为完成硕士学位而努力,同时也在考虑各种职业道路。成为一个研究机试飞员是他梦寐以求的职业,而位于加利福尼亚的 NACA 艾姆斯实验室是他的理想工作单位。艾姆斯是 NACA 的第二个试验基地,该实验室建于 1939 年,以精密复杂的风洞、研究机和空气动力学理论的学术研究而闻名于世,那里的工程师和科学家也将这些成果应用于当时前沿的航空问题研究中。与任何其他的 NACA 基地相比,艾姆斯实验室更具有学术的氛围,克罗斯菲尔德在这里感到非常惬意,这里的活动也激发了他对该领域的学术兴趣。他提交了申请,但收到的回复却是一纸命令——让他到爱德华兹空军基地的高速飞行中心报到。克罗斯菲尔德感到大失所望[1],爱德华兹空军基地是 NACA 最小的一个基地,只有两个小型的研究机试飞员小组,每个小组有两到三个飞行员和寥寥可数的几个工程师,他知道这个中心主要是一个空军基地,而不是研究基地。

当克罗斯菲尔德到达加利福尼亚的 NACA 基地面试时,他最担心的状况还是出现了。这个高速飞行中心只有一个在跑道旁的沙地上建起的飞机库,而且几乎不能自食其力,从自来水到飞行员,它的一切都来自空军。但是,飞机库内的氛围与其寒酸的外表截然不同,工作在那里的这一小群人都具有开拓精神,[2] 他们似乎已准备好迎接新的挑战,将航空研究拓展到新的领域,并为这个过程建造所需要的工具。这种精神的树立在很大程度上归功于沃尔特·威廉姆斯,他以前是兰利实验室的工程师,跟随 X-1 项目来到爱德华兹空军基地,作为 NACA 的代表监督项目进行。

作为一位实干家,威廉姆斯迫不及待地向克罗斯菲尔德展示这个基地仍处于早期研发阶段的其他研究机。这里有 X-1,经过改进的 X-1 飞得更快,其目标是收集种类更加多样化的数据。对于下一代研究机,接下来要做的是着手准备处理一些悬而未决的空气动力学问题:从轰炸机下面发射火箭飞机,这与 X-1 一样,但火箭飞机更有特色,采用了许多新的设计元素,例如,更强大的发动机和更符合空气动力学的后掠翼。克罗斯菲尔德很快就明白了,爱德华兹空军基地的这个小小的飞机库将成为塑造未来航空模式的地方,现在,他迫不及待地要参与其中了。当威廉姆斯表示愿意为克罗斯菲尔德在高速飞行中心提供一个职位时,这位飞行员毫不迟疑地接受了。然后,他返回西雅图。他还有充足的时间去办理一些后续的事项:领取他的硕士文凭,从海军预备役部队辞职。最后,他在1950年6月踏上了驱车前往南方的漫长旅途。

三周之后,克罗斯菲尔德之前所在的海军预备役部队被部署到南朝鲜。6月25日,在苏联的支持下,北朝鲜人民军的7.5万名士兵在三八线上的多处战略要点协调配合,攻入南朝鲜,并向南朝鲜的首都首尔进发。苏联代表退出了联合国,缘由是六个月前联合国拒绝恢复中国在联合国安理会的席位,所以,对于联合国安理会来说,这次军事行动是一次国际危机的爆发。美国总统杜鲁门承诺,美国军队将会与联合国的军事力量一起支援南朝鲜,从技术层面来讲,这是一次合法的"警察行动",而不是一个战争宣言,但它仍然标志着美国对外政策的转折。为了援助欧洲和遏制苏联的扩张,总统提出了他的杜鲁门主义和马歇尔计划,同时指示国家安全委员会分析苏联和美国的军事实力。随后一份建议被送至总统的手中,其中呼吁增加军事开支以压制苏联,这份建议公开呼吁增加美国导弹研发项目的资金,此外还要在欧洲建立联合稳固的指挥机构。

欧洲方面,杜鲁门已要求陆军上将德怀特·D.艾森豪威尔来指挥[3] 隶属于北约的一支多国部队,保护欧洲国家不受入侵威胁。将军接受了这个任命,他坚信北约是美国对抗苏联的最好防御,在临近凡尔赛的巴黎郊区罗康库(Rocquencourt)的欧洲总部,他接受了盟军最高指挥官这一职位。

一年以后,战争爆发了,尽管杜鲁门做出了很大努力,但朝鲜战争丝毫没有结束的迹象。至1951年底,阵亡的美国士兵在大量增加,随着国内反战情绪的升温,杜鲁门的支持率也在下跌。总统的任期即将结束,而目前的环境使他没有可能继续寻求连任。[4] 展望未来,无论是共和党人还是民主党人,他们的共同目标都是治愈战争给这个国家带来的创伤,尽管他们都不知道如何在即将到来的大选中获胜。每一个党派所需要的候选人都必须恰如其分地结合对国际政治的理解与对普通选民的吸引力,两党都选择了艾森豪威尔作为他们的人选。艾森豪威尔是 1941 年路易斯安那演习的胜利者和指挥诺曼底成功登陆的著名将军,这次登陆促使了第二次世界大战在欧洲的结束。他也是一位自豪的民族主义者,胜利的自豪感常常溢于言表。他在欧洲任北约的最高指挥官快一年了,心里很清楚这个国家最大的核心利益是什么,对如何管理一个处于战争中的国家有着深刻的理解。剩下的唯一问题是,艾森豪威尔是否会公开宣布自己代表某一个政党而身体力行地参加竞选。

艾森豪威尔引用在职军官不得参加任何党派政治活动的军规,一直断然拒绝政治对他的召唤。作为一名现役军人,他不能表现出对某一个派别的重视超越另一个派别,也不会公开宣称效忠于某一个政党,因为这是违反规定的。但是在政治上而非军事上为国家服务的压力迅速成为他必须面对的事情。他了解到参议员罗伯特·A.塔夫脱(Robert A. Taft)是共和党提名的第一候选人,这位候选人不赞成他对北约的高度重视。艾森豪威尔本人是一个共和党人,尽管他仍不愿意公开宣称自己的这种身份,但却想和塔夫脱做个交易:他不会以共和党候选人的身份参加竞选,前提条件是塔夫脱支持欧洲的联合安全体系。但是塔夫脱拒绝了,这促使艾森豪威尔开始考虑,他为自己国家尽责的方式或许能在政治领域中发现契机。杜鲁门总统同样对塔夫脱竞选总统的前景感到不安,他也想寻求继续连任执政,谋求让对手共和党继续在野。

艾森豪威尔对参加竞选的反感情绪开始消退,并授权他的亲密朋友克里弗德·罗伯茨(Clifford Roberts)悄悄地把可信任的人组成一个顾问小组,让他了解政治形势的进展。但强迫自己公开宣布参加竞选也是令人不堪重负的,经过几个月的商讨之后,对于这个未经过他本人同意的竞选草案,艾森豪威尔做出了让步,他决定不主动寻求总统候选人提名,但会考虑公众对此事的看法。在1952年1月6日新罕布什尔州的初选中,一位来自马萨诸塞州的共和党参议员亨利·加博·洛吉(Henry Cabot Lodge),在艾森豪威尔毫不知情的情况下,将他登记为共和党候选人。对于新闻界的询问,将军总是含糊其辞,他表示,如果得到了共和党总统竞选的提名,[5]他会接受,但在私下里他仍然对是否参加竞选摇摆不定。艾森豪威尔坚守着不参与的态度,避免公开谈论国家事务,甚至在对他的候选资格的认知方面也保持克制。他的谦逊态度导致别人怀疑他是否真有兴趣参选总统。朋友们的坚定支持让他备感荣幸,但对最终能否得到公众支持,他缺乏信心。

当艾森豪威尔的支持者在美国采取行动以确保他的候选人资格时,他却携同妻子玛米回到法国去兑现对北约的承诺。2月11日,著名的女飞行员和商人杰奎琳·科克伦(Jacqueline Cochran)带着一部胶片盘来到艾森豪威尔在巴黎的寓所。影片《艾克之歌》(*Serenade to Ike*①)拍摄于三天前,那时,未经艾森豪威尔知情的竞选活动的组织者在麦迪逊广场花园举行了一个集会。原本只能容纳1.6万人的广场上挤满了2.5万余人,警察和消防官兵都劝不动任何一个人离开,整个人群都举着"我喜欢艾克"(I Like Ike)的牌子。看到这段影片的时候,艾森豪威尔感到多年来他从未有过的激

---

① 艾森豪威尔的小名叫"艾克"(Ike)。

动,⁶当科克伦举起酒杯向将军致敬,祝愿他成为未来的美国总统时,艾森豪威尔热泪盈眶,他明白了国家需要他。第二天,艾森豪威尔宣布参加竞选。一个月以后,他以50%的选票赢得了新罕布什尔州的初选,而塔夫脱只得到38.5%的选票。看来将军的出色履历对于民主党的支持者和共和党的支持者都具有极大的吸引力。6月2日,艾森豪威尔退役,结束了近40年的漫长军旅生涯。两天后,他全力投入到总统竞选之中。①

　　接下来的一个月,在芝加哥举行的共和党全国代表大会上,艾森豪威尔获得了共和党总统候选人的提名。他的民主党竞选对手是阿德莱·史蒂文森(Adlai Stevenson),之前是一名律师,曾担任过伊利诺伊州州长并参与创立了联合国,之后又担任过美国驻联合国首批代表团的顾问。为了使竞选更有把握,艾森豪威尔的团队选择了来自加利福尼亚的理查德·尼克松(Richard Nixon)参议员作为他的竞选搭档。年轻的尼克松正好与61岁的总统候选人形成互补,他也是一位响当当的人物,他的职业生涯虽然相对短暂,但却有许多非凡的经历。对于外国特工正试图渗透到美国政府的恐惧在全国范围内蔓延,而正在进行的朝鲜战争是压在选民心头的一块沉重的石头,他们把它作为苏联入侵美国的一个令人恐怖的潜在征兆。在那个时候,美国陆军借此大肆扩军,这将国家带入了战争的实际氛围中。总体而言,所有美国人都希望尽快解决朝鲜冲突,这也是艾森豪威尔最重要的承诺之一。他承诺将亲自前往朝鲜会见

①　这场竞选被称为艾森豪威尔竞选运动(The Draft Eisenhower movement),它是20世纪初美国一个基层政治运动,最终说服了德怀特·艾森豪威尔参加1952年总统候选人的竞选,艾森豪威尔最终赢得了共和党的提名,并一举击败民主党人阿德莱·史蒂文森,成为美国第34任总统。

领导人，尽快寻求解决方案。他说，服务于其国家的唯一方式是实现和平，并承诺使国家振奋起来。

1952 年 11 月 4 日，美国人开始投票。艾森豪威尔在纽约晨边路 60 号的住所画了一天画。选举日（Election Day）①开始的时候，舆论一致认为这次总统竞选将出现胶着状态，然而事实并非如此。艾森豪威尔获得了压倒性的胜利，赢得了 48 个州中 39 个州的支持，包括通常是民主党大本营的佛罗里达州、得克萨斯州和弗吉尼亚州。他获得了 442 张选举人票，而史蒂文森只获得 89 票。对艾森豪威尔来说，这既是一次个人的胜利，也是整个国家的众望所归。当他于 1953 年 1 月 20 日宣誓就任总统时，支持率已接近了 68%。

艾森豪威尔当选为总统的时候，导弹技术的发展正在大踏步地向前迈进，尽管自朝鲜战争爆发以来，其研发速度一度缓慢。沃纳·冯·布劳恩抵达亨茨维尔后，美国陆军对他委以重任——开发一种导弹，或者在 36 个月之内，至少研制出一种功能性的原型导弹。赫尔墨斯 C1 导弹与德国科学家一起转移到阿拉巴马州，这种导弹成为军方发展远程弹道导弹的基础。最初的设想是制造一种能够携带一千磅弹头飞抵目标的三级火箭，这种火箭完全用 12 枚可以进行测试的导弹在室内制造，直到 1953 年 5 月，最早的设想才在红石兵工厂慢慢地付诸实施。在冯·布劳恩的领导下，该项目有权使用全国最好的设施，包括政府用来进行空气动力研究的风洞和试验场设施，还有充足的资金支持和人员保证。技术研发是在 V-2 火箭的基础上进行的，这包括一个全新且具有更强动力的引擎，就像导弹本身一样。

然而，在红石兵工厂，这个项目的室内特色并没有持续下去。

---

① 美国的选举日定在 11 月第一个星期一后的星期二。

陆军军械部决定仍然将基地定位于研究和开发，而不是花费时间建造火箭。生产组件的工作可以外包给承包商和行业合作者，赫尔墨斯 C1 项目在 1952 年 4 月 8 日重新以兵工厂命名，而红石导弹的装配和试验也将在亨茨维尔进行。至于承包商这一方面，军方没有选择一直对空军项目情有独钟的飞机承包商，反而寄希望于汽车和机车产业的承包商。克莱斯勒汽车公司是其中的一个候选者，当它为美国海军研发喷气发动机的项目被取消时，这个公司出乎意料地拥有了一些空闲的工作人员和设施，这为红石兵工厂带来了活力。9 月 15 日，克莱斯勒汽车公司获得了新火箭的主要合同。北美航空公司属于分承包方，承包发动机的建造；福特仪器公司承包了导航系统的设计；雷诺兹金属公司（Reynolds Metals）承包了火箭机身的制造。先把火箭进行分拆，然后将业务外包，这种想法的出发点是让德国人能够在这里比在白沙试验场更好地发挥作用。不过，他们不仅限于组装和发射已有的火箭，也将研发新的系统。

　　武器研发与发射它们的导弹研发携同并进。1952 年 11 月 1 日，美国在太平洋埃内韦塔克环礁（Eniwetok Atoll）成功爆破了第一颗氢弹。但总体而言，这两项计划的进展都比较缓慢。1953 年初，艾森豪威尔入主白宫，新总统内阁向美国的导弹专家们征询意见，开始考虑如何建立一个快速高效的运作体系。氢弹的爆破成功只是让美国在与苏联的核军备竞赛中取得一个短暂的优势，1953 年 8 月 12 日，苏联的氢弹也试爆成功。虽然苏联的这枚氢弹比美国的小，重量更轻，但这意味着它更适合作为导弹携载的弹头发射。氢弹的出现把美国的导弹计划向前推动了，尽管这些武器发出的威胁还是未知的。由于苏联是一个秘而不宣的国家，人们对这个国家的导弹、军事能力或意图都知之甚少。由于不清楚苏联的攻击目标，美国的军事战略家们只能从理论上来进行规划，以避免国家遭受出其不意的袭击。在每个关节点上，任何失误都可能引发新的国际冲突。

美国并不缺乏可供选择的导弹。随着多个项目的同时运行，由麻省理工学院的校长詹姆斯·基利安(James Killian)领导的一个委员会对这些选择进行了评估与调查。陆军的红石导弹项目是其中的一个，尽管服务是其他人提供的。"朱庇特"(Jupiter)是红石兵工厂的一种远程导弹，在20世纪50年代早期，57枚红石导弹就被设计为试验性导弹，其中有7枚从来没有被发射。作为研究和开发项目的一部分，一共37枚导弹被发射，用来测试新的引擎、机身和制导系统等新研发的技术。这37枚导弹中只有12枚属于红石火箭的研发部分，其余的用来测试零件，这些组件最终会被安装在朱庇特导弹上。朱庇特A第一代导弹的设计是为了收集设计数据、测试制导系统，以及制定出其他技术目标中的多级导弹的逐级分离程序。3枚改进的红石火箭被命名为朱庇特C火箭，这是为组装再入飞行器而设计的，这个再入飞行器将沿着特定的轨迹来测试某个尺寸型号的朱庇特C火箭鼻锥体，这个特定轨迹复制了全尺寸模型要面临的再入条件。空军又面临着其他的一些选择，其中之一来自MX-774项目。1947年，由于削减军费开支，这项早期的导弹研究被取消了，但在1951年，远程导弹研究以MX-1593项目的形式重新启动，代号为"阿特拉斯计划"(Project Atlas)①。

基利安的委员会建议美国给予了空军的阿特拉斯计划和泰坦(Titan)导弹计划以最高的优先权利研发更多的火箭，此外还资助了两个相应的中程导弹项目——空军的雷神导弹和陆军的朱庇特导弹。

----

① 也称为"大力神计划"。

　　1954 年,一个新的小组加入了空军导弹的研发工作。西部发展分部在加利福尼亚的洛杉矶成立,任务是研发一种可以飞行5 000 英里的导弹,这大致相当于美国东海岸到苏联的距离。一些人认为,这种火箭可以作为一种空间发射工具进行二次应用,但这一应用前景被美国国防部长查尔斯·威尔逊(Charles Wilson)和他的秘书唐·夸尔斯(Don Quarles)否决了。监督这些军工项目进行的民众对这些高不可测的前景并不认同,他们同意拨款的资金太少,这使得项目在不久的将来能够完成的前景更加渺茫。

　　人们对卫星的兴趣一直紧随导弹之后,由于资金的涌入,对导弹的关注不可避免地被发展卫星的建议所取代。1953 年底,作为空军阿特拉斯导弹计划的补充,反馈计划(Project Feedback)出台了,目标是发射一颗小型的地球轨道侦察卫星,这颗卫星也可以兼作一个科学平台。一个长达 80 英尺、径长 9 英尺、重达 18 万磅的助推器可以将一个大约 30 英尺长、重达 4 500 磅的卫星送入轨道,这颗卫星可以每天绕地球 15 圈,扫描地球表面。紧接着,空军又提出了一个超越第一阶段的侦察卫星计划。1954 年 7 月,空军批准了项目 1115,这是一个先进的侦察系统,其关键目标是建造侦察卫星组件,以及将这项新技术整合到"导弹发射转化为运载器发射系统"(missile-turned-launch vehicle system)之中。

　　拟建的卫星系统使得一系列技术问题涌现出来。例如,原子能委员会(Atomic Energy Commission)非常希望解决的一个问题是,如果一颗卫星被送入绕地轨道,那么如何驱动它在轨道上的运行?如何在新的武器领域中为它开拓一席之地?另一个问题是,如何让卫星稳定地对地球进行扫描成像?一个完善而先进的信息处理系统同样重要,这个系统被用来支持对这些拟建卫星所收集的数据进行采集和分配,这种科技的状况显然能够支持这些新技术实现更高的目标。参与其中的还有一个悬而未决的问题,就是爱德华兹空军基地的火箭动力载人研究飞行。随着尖端精密技术的日渐发展,作为未来侦察或军事项目的一部分,在太空中给人留出一席之地似乎是可以想象的。这就引出了一个同样令人困扰的问题:如果一个人驾驶着一种新奇的飞行器在地球大气的安全层之外飞行,对他而言将会发生什么事情呢?

第**8**章

飞得更高、更快

　　1841 年,英国议会的一项法案将伦敦肯辛顿宫大约 28 英亩的土地划拨给林地和森林委员会(Commissioners of Woods and Forests)。这一法案的意图是先开发这块土地,然后租赁给高端客户,租赁收入将用于维护和改善其他的皇家园林。森林委员会计划在中心区域修建一条 70 英尺宽的主干道——后来称之为皇后大道,将肯辛顿大街和阿克斯布里奇路贯通。其余的土地将被分成 33 块,主要用于修建独栋住宅或半独立式住宅,每块地的租期是 99 年,从 1842 年的圣母节(3 月 25 日)开始,租给那些愿意开发价值 3 000 英镑以上的房产的人,以此吸引富人来此居住。这一法案所产生的税收收入是非常可观的,如果所有的 33 块地均以最低租金租出去,每一栋房产将会带来每年 2 300 英镑的收入。委员会要求那些急于进行土地开发的承租人首先提交建设计划,以确保满足某些规定的条件,其中包括在租赁生效后的两年内就可以入住,此外,每栋房产都要修建观赏花园和围墙以及能够让马车通过的铁门。

　　1842 年 1 月,英国财政部通过了委员会的方案之后,这块土地上原有的建筑物被夷为平地,皇后大道开始动工建设。7 月,塞缪尔·韦斯特·斯特里克兰德租下了第一块土地——沿阿克斯布里奇路相邻的 3 个地块。同年 9 月,约翰·马里奥特·布拉什菲尔德获得了 20 个地块的租赁权。几天后,他向委员会提交了第一座房屋——肯辛顿宫花园 8 号的规划书、立面图和具体的设计信息。建筑师欧文·琼斯把大量的内外装饰风格融入到肯辛顿宫花园的设计之中。1846 年,8 号花园建成,其摩尔式的艳丽装饰以及宽阔平坦的正面使得它颇具异国情调,更加吻合黑海度假胜地的风格,总体而言,它与逐渐成形的沿着皇后大道而建的维多利亚和爱德华式的建筑风格迥然不同。

建成后的 8 号花园一直处于空置状态,直到 1852 年 3 月,卡罗琳·默瑞夫人才以 6 300 英镑将其买下。她发现这座房屋非常大,于是在该房子的南面进行了扩建,并将它分为两个单元。1854 年,她将北边的一半租给了伦敦的一位大律师兼书记员罗素·格尼先生。默瑞夫人和格尼先生在此居住得非常惬意。到了 19 世纪末期,这一区域的环境吸引力已首屈一指,此时它已更名为肯辛顿宫花园,成为金融界银行家和业界巨头们的居住地。

1940 年 7 月,这里成为联合审讯中心(Combined Services Detailed Interrogation Center)伦敦办事处的总部,那时肯辛顿宫花园 8 号已处于年久失修的状态中。曾经富丽堂皇的豪宅成了前纳粹德国战俘的临时关押地,英国官员将对他们进行严厉审讯,这个地方以其俗称“伦敦监狱”著称。伦敦监狱的狱长是亚历山大·苏格兰德(Alexander Scotland),他是情报部战俘审讯处的负责人。就是在这里,多恩贝格尔像一只被送上祭坛的羔羊一样,被移交到苏格兰德的手中,而此时,还有几周的时间,沃纳·冯·布劳恩就要到达美国了。

冯·布劳恩和多恩贝格尔于 1945 年 5 月都到达位于加尔米施-帕滕基兴的巴伐利亚滑雪胜地接受同盟国的审讯。冯·布劳恩被美国人带走,让他根据相关的要求起草“阴天行动”和“回形针行动"中和他一起去美国的人员名单。与此同时，英国人抓获了多恩贝格尔等 85 名德国人。多恩贝格尔被要求参与英国对 V-2 火箭进行评估的一个项目——"逆火行动"（Operation Backfire），向北海海域发射修复的火箭，并帮助审讯相关的德国人员。当时，没有英国军官告诉这些德国人他们将要去哪儿和要做什么，在 6 辆军车的押送下，除了多恩贝格尔之外，其余的 84 个人惶恐不安地离开了加尔米施-帕滕基兴，这些德国人被分成两组，以便对另一方供词的真实性进行检验。把这个项目的前负责人单独分开是害怕他鼓动其他人不要为英国工作，并最终对他们的 V-2 项目采取破坏行动。

到了 8 月，英国人已准备好"逆火行动"所需要的一切设备器材，包括一整套近乎完整的 V-2 制造图纸。装配和校验阶段正在起步，人们期待着项目的发射阶段能够如期进行，这些火箭的发射目的是收集数据。但是多恩贝格尔并没有参与其中，因为他被送到了伦敦，表面上是为了进一步等候审问，实际上却被当成了战犯关押在德国高级军官战俘营里。多恩贝格尔穿上战俘营发放的浅褐色制服，这套服装除了上衣背面的白色字母"PW"之外，再没有其他的任何标志。他被送到了伦敦监狱，苏格兰德正在那里等着他。苏格兰德告诉他，由于没有抓获纳粹德国党卫军头目汉斯·卡姆勒，他将以向英国发射火箭的罪名受到审判。[1] 多恩贝格尔提出抗议，认为自己和德军发射 V-2 火箭的决定毫无关系，他只是一位科学家，并没有参与将 V-2 作为武器使用的决定。但苏格兰德对多恩贝格尔的辩词置之不理。这位科学家的命运将由英国内阁和首席检察官决定。审判一天天地逼近，而多恩贝格尔也被转移到南威尔士的布里真德（Bridgend）战俘营，他在那里待了两年，从思想深处反思自己对英国所犯下的罪行。

1947 年，多恩贝格尔获释并移居美国，为美国空军工作，担任导弹研发顾问，之后又转入工业界，1950 年在贝尔飞机公司工作。因为与一个和平时期的军队和兴趣远不在武器制造的承包商一起工作，多恩贝格尔对亚轨道轰炸机(antipodal bomber)的设想进行了改造。在对于这种轰炸机系统的研制上，尤金·桑格和艾琳·布里德特在战时和战后都未能取得成功。多恩贝格尔曾亲自对桑格夫妇的一份报告进行研究，报告是关于远程轰炸机的火箭驱动问题的。由此他提出了这样一种想法：在和平时期，这种概念飞机既可以作为一种尖端武器系统，也可以作为一种研究性飞机，这种飞机可以在 50 到 75 英里的高空中达到每秒 6 000 英尺的速度。再一次，他用亚轨道轰炸机转为太空飞船项目的前景去吸引沃纳·冯·布劳恩从美国军队离职，加入贝尔公司的团队。多恩贝格尔向他的这位前同事暗示，贝尔飞机公司可能会成为美国空军建造第一架航天飞机的公司。能够在美国迈向太空的最初几步的基础平台上工作颇具诱惑力，这令冯·布劳恩好几个晚上辗转不眠，[2] 他斟酌再三，决定还是留在军队中。他认为，他的团队和他们制造的红石火箭拥有相同的机会将卫星送入轨道，另外，他对红石兵工厂的团队负有强烈的责任感，对火箭和导弹研发的一贯追求是他工作的动力。

尽管没有说服冯·布劳恩，但多恩贝格尔找到了另一位志同道合的合作者——罗伯特·伍兹[3]，他是贝尔飞机公司的首席工程师。在一份提交给 NACA 的备忘录中，标注日期为 1952 年 1 月 8 日，伍兹通过对 5 马赫以上高超音速飞行这个未知挑战的深入探究，提出了一个能够实现 X-1 超音速成功飞行的方案。与这份备忘录在一起的还有一封来自多恩贝格尔的信，其中为伍兹的方案列出了详细的计划，伍兹提出的方案包括一项进入 370 英里高空电离层的试飞计划。这种研究性飞行器是一个液态燃料火箭飞机，深受桑格的亚轨道轰炸机的助推-滑翔(boost-glide)外形轮廓的启发。多恩贝格尔在这封信中写道,对于进行研发而言,现在是恰逢其时,航空工业开始研发一种能够载人进入大气的更高层甚至可能进入太空的运载工具的时机已经成熟了。这位德国工程师的视野最终投向了更遥远的未来,到那时,由火箭所驱动的滑翔机将使这个世界变得更小。

超级飞机(Ultra planes)是多恩贝格尔所设想的亚轨道轰炸机研发过程中必然出现的商用副产品,这是将制导导弹的基本原理应用到商用航空的一种方式。多恩贝格尔在有生之年已经看到,在比空气重的航空器诞生之前,最简单的木头加帆布飞机借助跳跃可以飞到距离地面仅几英尺的高度,取而代之的是外形圆滑的超音速战斗机和实验飞机,它们可以飞得比音速还快。就在同一时期,商业航空已经发展为一个切实可行的领域,乘客可以在奢华的座舱内欣赏奇妙无比的美景,惬意舒适地环游世界。多恩贝格尔推断,火箭推进器将遵循一条相似的途径,[4] 经过五十年的时间,就会发展成为一种行之有效的商用技术。对于在美国本土城市之间的短途飞行,螺旋桨飞机无可替代,但超级飞机使用火箭驱动飞行,这将大大地缩减像旧金山、伦敦、印度的加尔各答、澳大利亚的悉尼等国际大都市之间的旅行时间。

多恩贝格尔的超级飞机包括两个运载机:一个助推器以及安装在其机身上部的载客滑翔机,这两个运载机需要多名起动人员用其平坦的底面和巨大的三角翼去增加它们的滑行范围。在发射之前,滑翔机沿轨道滑行到助推器上面的某个地方,当两个运载机像传统飞机那样水平地就位,看上去就像是助推器背驮着滑翔机一样。一旦对接就位,助推器和滑翔机的接合体就会转动直立在其底端上,它的鼻形端头指向天空,一个令人震撼且雄伟壮观的黑色塔状的庞然大物耸立在地面上。垂直的运载工具被安装在轨道上的发射平台上。燃料加注一完成，竖立的超级飞机就沿着轨道行进，从机库穿过他称为峡谷的厚实混凝土通道，到达宽阔的圆形混凝土发射区。这让人想起多恩贝格尔在佩内明德最早建立的一个系统，在那里一些竖立的 V-2 火箭通过轨道被运送至发射平台上。

与此同时，超级飞机的乘客们到达机场，他们将像往常乘坐其他飞机一样，在指定的登机口前面检票。不过超级飞机的登机口并不像通常所见的那样，只有一个简单的楼梯供乘客登上飞机，乘客必须乘坐公交车沿着通向发射区的峡谷从机场站点到达下一个站点，在那里，他们将乘坐升降机下降 20 英尺进入发射坑，在那里有一个架台通道让乘客进入滑翔机的机舱。在其他层阶上，相似的架台可以让维修人员进入任何层阶进行飞行前的检查。

乘客们坐在位于已经被细分为更小单元的主客舱区的座位上，客舱中的这些座位已分配好了，它们不像传统飞机的座位那样是固定的，而是像摇椅一样可以自由旋转，目的是让乘客在飞行途中始终保持着近乎向上的姿势，将晕机和方向迷失感降到最低。但这只是就乘机的舒适感而言的，火箭动力飞机的燃料成本使飞机不可能搭载诸如飞机乘务员和航空食品等额外之物。另外，飞行是如此短暂，几乎没有悠然餐饮的时间。

但是沿途的风景将大大地弥补机上配置舒适度的不足。为了尽可能达到商用航空的标准，为使所有的旅客尽可能观赏到最壮观的景色，滑翔机的客舱使用特制的小型窗户，配置可以手动操作的滤光屏，用来保护乘客的眼睛，以免被稀薄的高层大气中未被过滤的太阳光线损伤。飞机上也没有鸡尾酒和白色的亚麻桌布，但乘客可以欣赏到太空令人敬畏的漆黑景象以及地球在他们下方延展开去的轮廓曲线。

两个运载机都加注了燃料,乘客登机,系好安全带,在滑翔机内就座,之后,超级飞机就结束了进入圆形混凝土发射井的轨道行程。一旦就位,滑翔机飞行员使这个运载机旋转起来,以便它的机翼应对所有迎面而来的风,这是在超级飞机向上攀升的第一阶段中减小超级旋流的一个简单策略。助推器的五个火箭引擎最先被点燃,产生 76 万磅的推力,尽管飞行器的机体和油箱吸收了一些声波,但乘客们仍然会听到一阵强大的轰鸣声。这也不是一次惬意的旅行,当超级飞机离开地面后,座位上的乘客会感到越来越重,在刚刚起飞时刻他们感觉到身体比平时要重四分之一,上升过程中重力会不断增加,直到感觉超出他们正常体重的 3 倍为止。

无论如何,超重令人感到极不舒服,但时间不会持续很久,发射后 2 分钟就进入下一阶段了。滑翔机的飞行员将激活释放装置,小的运载机从位于助推器上面的轨道上滑出,惯性使得滑翔机升得更高。助推器飞行员会操纵较大的运载机进入跑道降落在机场,之后被拖到机库,和一个新的滑翔机对接,准备下一次飞行。

同时,滑翔机将继续飞向它的目的地。一旦脱离助推器,飞行员将点燃滑翔机的三个火箭引擎进行 3 分钟的动力飞行,推动这个小的载客飞行器在离地球 14 万多英尺的高空以超过每小时 8 400 英里的速度飞行。然后发动机关闭,在客舱内,乘客们会感觉到,自己的体重仿佛从正常体重的 3 倍半变成只有正常体重的 3/4,同时在自己的座位上轻轻地浮动。从发射到滑翔机引擎关闭的整个阶段,动力飞行的全部时间仅仅持续四分半钟,余下的飞行是安静的无动力滑翔降落的过程。乘客们可以背靠座位放松,尽情享受轻松的片刻时光,体味着置身于漆黑太空中欣赏群星闪烁的感受,随之映入眼帘的是扑面而来的地球曲线。

乘客们欣赏美景的时间转瞬即逝,转眼就到了着陆的时间,这个阶段依旧是无动力的,滑翔机飞行员将载客机平稳地降落在目的地机场的跑道上。现在乘客们水平坐着,他们将使用一种司空见惯的滚动楼梯下飞机,这个楼梯正对机身,向下直达停机坪。穿梭的巴士会把他们送到机场的终点站,在那里他们可以转机或开始他们的假期。

在多恩贝格尔所构想的未来,风险的绝对成本决定了超级飞机的首次航行将留给富人和社会精英们,但乘火箭飞机最终将会成为洲际旅行的主要方式。对于那些渴望进行国际旅行的人来说,选择大城市的机场作超级飞机的枢纽,将有效地拉近世界的距离。而这一切仅仅是一个开始,多恩贝格尔希望这些商业化的亚轨道火箭飞行只是人类离开地球的第一步。通过这样一个更加易于接触的世界,他期望更多的人愿意将眼光投向地球以外而进入太空。[5]超级飞机的飞行对大型推进器的商业需求也会推动技术的开发,最终成功地衍生出一些新技术,比如能够向其他行星发射探测器的助推器技术。

尽管多恩贝格尔看到,火箭助推技术一旦普及开来,超级飞机对于航空业而言只是一个水到渠成的阶段,但他想象中的飞行却需要一个超越现有火箭动力技术的显著进步。在任何高超音速客机能够飞行之前,都必须先解决超音速飞行的问题,这些问题的重中之重是气动加热问题。当飞机从临近空间以高超音速滑翔穿进浓度渐增的大气时,这些超级飞机与大气产生摩擦,摩擦产生的热量会使机身的温度升高到危险的程度。在超级飞机飞行之前,必须研发一些新的冷却方法甚或某些新的材料,此外,人们对这种飞行器的结构还一无所知。滑翔机的飞行速度将达到20马赫,耶格尔打破1马赫的纪录还不到10年,没有人知道如何让飞机以20倍的音速稳定地飞行,也不知道如何设计一架这样的飞机。如果想要实现多恩贝格尔对未来的期许,工程师们必须首先探索高超音速飞行,这就意味着研发更多的研究机和更先进的航空技术。

到 1953 年底,在伍兹向 NACA 提出高超音速研究项目以及多恩贝格尔提出亚轨道轰炸机类型的飞行器思想将近两年之后,还没有飞行员尝试实现比 2 马赫更快的飞行。在这个速度节点上没有什么必须突破的音障,与 1 马赫的情形不同,以两倍音速飞行更像是一个心理目标而不是一个工程目标,虽然它仍然是一个工程学上的挑战。X-1 在爱德华兹空军基地仍然保持着飞得最快的纪录,耶格尔曾经驾驶它突破音障。但其技术老旧且状态每况愈下。不过,X-1 的变种,如 X-1A 型,使得该种机型仍保持着主角地位。这个版本比原初的 X-1 更长一些,它配置了具有更好视域的泡型舱罩、更大的油箱,以及可以让发动机全功率运转时间更长的涡轮驱动燃油泵。虽然已经知道当速度超过 1.8 马赫时,飞机就会变得不稳定,但耶格尔相信自己能够将速度提升到 2 马赫以上,他下定决心去实现这一纪录。他并不是唯一有这种想法的人,此时,在爱德华兹空军基地有一位拥有多次火箭动力飞行驾驶经验的老手,斯格特·克罗斯菲尔德,也确信自己能够驾驶道格拉斯 D-558-Ⅱ 型火箭飞机达到 2 马赫。[6] 这是由美国海军研发的另一种火箭动力飞机,设计它的目的并非在于以 2 马赫速度飞行。但是,就像耶格尔拥有 X-1A 一样,斯格特·克罗斯菲尔德在这种火箭飞机上花费了大量的时间,他知道自己能够将它推进到这一速度纪录。两位争强好胜的飞行员开始了一场竞赛,都想成为以两倍音速飞行的第一人。

然而,作为 NACA 的一名试飞员,克罗斯菲尔德的分内之事并不是创造纪录,他的工作是驾驶工程试验飞机,像耶格尔那样的军事飞行员的职责才是创造新的速度纪录。如果克罗斯菲尔德要将火箭飞机飞到 2 马赫,就必须向顶层上司——NACA 的负责人休·

德莱顿全程请示,而正是德莱顿在克罗斯菲尔德进行火箭飞机试飞检验中设置了速度限制,阻止他将速度推进到 2 马赫。德莱顿武断地规定,那位把飞机速度推到其极限的人必是一位海军飞行员。[7] 但克罗斯菲尔德的决心已定,他决定把他的情况交给中间人斡旋。

奥利弗·"珀克"·帕金斯(Oliver "Perk" Perkins)是美国海军在爱德华兹空军基地的联络人员,克罗斯菲尔德希望他热衷于为海军促成一个速度纪录。作为一名前海军飞行员,克罗斯菲尔德提出,在整个项目中以美国海军的名义对驾驶火箭飞机达到 2 马赫做出尝试。[8] 他把自己的想法告诉了帕金斯,然后敦促他向德莱顿施压。克罗斯菲尔德预计,如果以 2 马赫速度飞行的动力来自于海军,而不是来自一位满怀热情的飞行员,德莱顿会更容易接纳这一想法。对克罗斯菲尔德来说,这一迂回的策略以及潜在对其职业造成灾难性后果的举动是冒险一搏,但是他获得了回报,帕金斯马上把情况汇报给了五角大楼。一周后德莱顿在穆罗克飞行测试中心给沃尔特·威廉姆斯打电话说,火箭飞机(Skyrocket)的速度禁令已被解除了,但禁令解除只适用于一次飞行。克罗斯菲尔德只有一次机会去打破 2 马赫的纪录,如果他失败了,耶格尔将驾驶 X-1A 创造纪录。即使如此,克罗斯菲尔德也感到喜出望外,他向威廉姆斯保证不会失败。

1953 年 11 月 20 日的拂晓,荒漠中寒风凛冽。克罗斯菲尔德最近一段时间患上感冒,浑身发冷,虚弱无力,但在拂晓之前他来到了爱德华兹空军基地。他关心火箭飞机的健康远远超过关心自己,[9] 他相信自己能够使出全部的精力和体力完成四分钟的动力飞行。火箭飞机挂载在 B-29 发射机的腹部下方,被加油操作而生成的旋转不止的液态氧蒸汽所环绕。

克罗斯菲尔德意识到自己正要用火箭飞机展示一个小小的奇

迹。正因为如此,他决心尽其所能促使这种飞行器获取进展。他和地面维护人员一起研究了几个技巧,以求使飞机尽可能飞得更快。他们发现恰在发射之前迅速将超低温的液态氧充进发动机,能够提升它的性能。克罗斯菲尔德通过以前几次试飞,已经知道了从四个组合中得到最大动力的点燃引擎的最优顺序,但使火箭飞机速度超过 2 马赫的最佳方法莫过于携载更多的燃料。他们甚至想出一个思路,通过冷浸法去增加飞机的燃料容量,这个过程包括:在发射前几个小时用超低温的液态氧充满箱体,让它凝固,燃料箱就会腾出一些空间,这样就可以多装入几磅宝贵的燃料。发射人员也完善了恰在释放火箭飞机前开启液氧箱的方法,这样,克罗斯菲尔德就有了最多可用的燃料。克罗斯菲尔德甚至让地面人员给火箭飞机的机身打蜡磨光,让它以最小的摩擦力穿过空气,由于突破 2 马赫的机会只有一次,他必须全力以赴去实现这个目标。

B-29 飞向清晨的天空,一个半小时后,腹部携载着火箭飞机的轰炸机升至 32 000 英尺的发射高度。母舰的飞行员释放了火箭飞机,克罗斯菲尔德快速依次点燃四个火箭引擎,开始以平稳且微小的上升角度进入上面的大气层。他计算出所携带的燃料能支持大约 200 秒的动力飞行,如果每一秒都获得最大的动力就意味着他要沿着一个非常精确的弧形抛物线轨迹飞行,任何的偏差都会影响他的宝贵速度。火箭飞机爬升到 7.2 万英尺的高度后,克罗斯菲尔德轻轻地完成了对它的定位,此时火箭引擎仍在熊熊燃烧,冷浸已成功发挥作用,火箭飞机的引擎在燃料用尽之前燃烧了 207 秒。在驾驶舱中,克罗斯菲尔德注意到仪表盘上的马赫值刚好超过 2.0 的标识,他达到了 2.005 马赫的最高速度,略微超过 2 倍音速,但这已足以创造纪录了。

当全部的可用燃料耗尽后,火箭飞机的发动机突然关闭,让他的身体向前一冲。现在无声、无动力的飞机开始失去速度和高度，向地面滑翔，并减速到亚音速飞行。从 B-29 中发射后仅仅 12 分钟，克罗斯菲尔德就驾驶着火箭飞机在罗杰斯干涸的湖床上平稳着陆。第二天，在洛杉矶的希尔顿酒店召开了一个新闻发布会，记者们争相实况采访这位"飞行最快的人"，克罗斯菲尔德的历史地位就此确立。

22 天后，耶格尔通过自己的努力也突破了 2 马赫的飞行速度。虽然他失去了最先创造这项纪录的机会，但他认为，在 12 月 17 日——怀特兄弟第一次飞行的 50 周年纪念日到来之前，他至少要打破克罗斯菲尔德的纪录[10]，夺回"飞行最快的人"的称号。那一年的早些时候，耶格尔第一次驾驶 X-1A，感觉和以前相似，接下来的两次飞行也同样顺利。然而，在 12 月 12 号的第四次飞行却全然不同了。

对耶格尔来说，那一天的开端与平时并无二致，他在到达爱德华兹空军基地之前花了两个小时打猎。他吃了点早餐，因修复压力服的一个小问题而不得不推迟了一会，又花了点时间清洁猎枪，在处理完这些事情之后，X-1A 被装置在 B-50 发射母机的腹部，耶格尔也准备好起飞了。在 1.3 万英尺的高度上，他通过投弹窗爬进狭小的驾驶舱，检查系统，然后他给 B-50 机务人员示意一切就绪，拉下头上的半球形顶盖，将它紧固。耶格尔被禁锢在 3 万英尺的高空，他听到了火箭飞机从它的母舰上被释放出来的熟悉声音，在飞机突然下落时，他感觉自己从座位上升了起来。他够到了点火开关，点着了三个火箭油箱，他看到冲击波在两翼上方舞动，飞机的头部比预期的要高一点。耶格尔到达了 8 万英尺，在他的发动机燃料即将耗尽之时，达到了克罗斯菲尔德的速度 2.005 马赫，然后他使无动力的 X-1A 向上俯冲以获得更高的速度，这时他注意到马赫表的指针指向了 2.4 马赫。

直到那时耶格尔才意识到他在如此高的高度上飞得太快了[11]，其中的一个机翼总是保持向上的状态，这使飞机开始翻滚，而在稀薄的上层大气中他无法做出侧倾飞行。贝尔飞机公司的工程师们曾经警告过他，不要让飞机的速度超过 2.3 马赫。他们说对了，正是在耶格尔推进到 2.4 马赫时，飞机开始翻滚，其后，X-1A 开始滚动着从空中下落。耶格尔在驾驶舱中被重重地抛来抛去，头盔也击穿了座舱罩，他差一点失去意识。由于驾驶舱内压力流失，他的压力服膨胀起来，瞬间遮住了他的护面罩。耶格尔只有明暗隐约闪现的模糊视觉，在他持续不断的翻滚中，太阳和地面交替出现在他的视线中，期间他能做的只是在无线电中含糊不清地说着什么。透过被遮住的头盔，耶格尔看不清任何东西。他摸索到熟悉的仪表盘，找到了调整尾部稳定器的开关，这起作用了。在 3 万英尺高的较浓的大气层中，X-1A 开始了正常旋转，耶格尔也慢慢挣脱出来，刚好在 5 000 英尺的高度恢复了清醒意识。尽管仍然感到晕眩，也不确定飞机损坏到何种程度，他还是成功地驾驶 X-1A 安全地降落在位于爱德华兹空军基地的干涸湖床上。耶格尔的娴熟技能和万分的运气才使他安然无恙，不然这就是一场致命的空难了。

克罗斯菲尔德的火箭飞机飞行与耶格尔驾驶 X-1A 濒临死亡的经历突显了一个严重的问题。很明显，航空业作为一个产业，如果要做到飞得更高更快，需要一种新的研究机来解决速度超过 2 马赫时的飞行问题。正在研发中的一款飞机有望迈出极大的一步，那就是贝尔飞机公司的 X-2。设计 X-2 就是为了扩展对 X-1 的速度和高度控制，但是这一项目因研发问题屡屡受挫，当航空需要它时，它却被搁置在飞机库中凋零腐朽。克罗斯菲尔德欲全力以赴促使这种强动力飞机的飞行变为现实，他请求德莱顿，希望能够借调到贝尔公司去执行一项特殊的任务——为 X-2 机的飞行做准备,然后带着新的研究机返回爱德华兹空军基地。NACA 代表在推进 X-2 项目的完工上可能非常有效,尽管如此,德莱顿还是拒绝了这一请求。德莱顿回答道,爱德华兹空军基地需要克罗斯菲尔德。[12]

然而,克罗斯菲尔德是幸运的,他想要一个更加先进的研究机的愿望还是实现了。伍兹在 1952 年的备忘录上提到的高超音速飞机最终得到了 NACA 的支持。NACA 航空委员会当时并没有立刻对推进伍兹的提议表现出兴趣,但是也没有将这种想法完全抛弃,那个提议被束之高阁,直到在 6 月的一次会议上,委员会才通过了一个分两步走的解决方案。首先,建议 NACA 成立一个研究项目,以速度达到 4 马赫到 10 马赫之间的高超音速实现 50 英里的高空飞行,第二步需要通过某个未来的项目,实现 50 英里以上的高空飞行,飞行速度要从 10 马赫达到逃离地球的速度,这种速度快得足以使飞行器到达绕地轨道。尽管对太空飞行所知甚少,而且貌似它还只是未来色彩的幻想,但它已根植于主要决策者的头脑中了。早期对太空飞行的嗜好也催生了一些早期的计划,其中之一就是超音速母舰,在这种母舰上,可以使用加州理工学院喷气推进实验室研发的地对地导弹将火箭飞机发射到极端的高度。

这个计划的高超音速研究完成从概念走向现实的最初几步用了两年时间。至 1954 年,专家们认为,火箭动力飞机,特别是高超音速飞行的潜力是令人振奋的,但他们也认识到,高超音速火箭动力飞行也取决于飞机设计的所有领域的重大进展。桑格在 1944 年设想,助推滑翔飞行器只需要较少的新技术,但这一设想被证明是错误的。气动加热即所谓的热屏障是一个已知的问题,另一个挑战是在稀薄的高层大气中飞行。飞机上有控制翼面、副翼、方向舵和升降舵反推空气来使飞机运行,但是在空气如此稀薄的高空中,传统的飞行控制方法已不能使用，飞行员需要其他的控制手段。高超音速飞行仍将局限在科幻小说素材的层面，除非工程师们可以设计一套置入飞行器的高空飞行控制系统，这套系统可以保证飞行器在重返大气层（再入）的过程中产生的致命的炽热外表中幸存下来。

　　幸运的是，对于这样的飞机，时机已经成熟了。在实现 2 马赫的飞行速度之后，接踵而来的是航空界达成了共识，这在很大程度上支持了飞行速度的持续快速提升。在地面试验中一些无法解决的工程学问题是推动高超音速飞行研究计划的另一个因素。一种新型研究机将是测试的对象，天空将是它的实验场，它将由火箭引擎提供动力，这与为军事开发的导弹的引擎是相同的。在研发过程中，没有与之竞争的其他项目，这推进了 NACA 的高超声速研究机的向前发展。获得初期的一些成功之后，来自政治和产业的大量支持让 X 系列飞机的研究持续下去。美国空军科学咨询委员会飞行小组也认为，此时开展一些新的 NACA 军事项目正当其时，他们坚决支持开发一款研究机的想法，这种研究机将以 5 到 7 马赫的速度在几十万英尺的高空飞行，并收集这种飞行的数据。

　　1954 年，官僚化政治管理的需要开始形成有条不紊、一目了然的格局，这种需求使得高超音速计划得以付诸实施。德莱顿这位超级飞机和高超音速飞行研究的终身支持者，也是 NACA 的负责人，被任命为新的空军-海军- NACA 研究机委员会的主席。该委员会致力于收集实验性研究机的数据，探索在高空中以高速飞行的有人驾驶飞行问题，以及指导一种飞机的研发，去探索飞机在能够达到的最高海拔以及以最高速度飞行时可能遇到的问题。计划研发的高超音速飞机符合委员会的需求，并且被纳入现在已为人们所熟知的一个约定协议中：军方资助飞机的研发和制造，NACA 在其飞行研究项目中负责这种飞机的试验，军事和民用机构都将受益于这些研究结果。

1954 年 2 月,高超音速研究计划正式启动,其目的包括探测新的飞行领域并收集数据,同时研发速度处于 2 马赫到 3 马赫之间的可操作的超音速战斗机。早期的研究设置了一些基本的设计限制,这使得飞机研究只能集中在一些重要领域的主要问题上。NACA的工程师们认为,从高空返回的最好方式是让飞行器的鼻型头对准天空,这是一种大仰角的配置,它将使飞机的整个底部都暴露在大气中,充当大型的空气动力减速器的角色。初步的研究表明,控制和稳定性均是迫切需要解决的问题,没有人想重蹈那次几乎将耶格尔置于死地的覆辙。

发射配置也必须有所不同,那时 B-29 系列已处于逐渐被淘汰的过程中,下一个合乎逻辑的选择是 B-36,但高速飞行站(High Speed Flight Station)和爱德华兹空军基地的研究小组对 B-36 却知之甚少,[13]因此他们无法把它转变成一个可实际运作的发射飞机。较大的 B-52 成为新型母舰的最佳选择,但它缺乏 B-29 的大型中央弹舱,因而高超音速飞机必须从一个机翼的下面发射。这一实际规定导致了更多的未知性,即母舰如何起飞、非对称载荷情况下如何飞行、在发射时刻偏离的重心在飞行中如何变化等。另一个需要考虑的问题是这种计划中的飞行器的飞行路线,在这一点上,所有的火箭飞机都在空中发射,并降落在罗杰斯干涸的湖床上。他们的动力飞行路程短,高度相对较低,这使得爱德华兹空军基地的地面站可以监测它们,但这对于高超音速飞行器是行不通的,因为这种飞行器的设计目标是比任何东西都要飞得更快更高。如果是降落在罗杰斯湖床上,它就必须从另一个湖上发射,飞行员如果在空中遇到一些紧急情况,就必须依靠附近其他的干涸湖床。飞行的物理空间的扩展也反过来要求更好的通信和跟踪系统。

　　7月，NACA 完成了研究，准备向美国空军和海军展示指定的
X-15 高超音速飞行器。初期概念对飞行器设定了基本的设计要求，
这种飞行器显然深受导弹的影响，其身长 48 英尺，机身正中是 27
英尺的短而粗的机翼；它带有两个微微凸起的、朝向机身鼻头的狭
小窗户，显然这是一架有人驾驶的飞机而不是一枚无人驾驶的导
弹。一个厚实的、楔形垂直的稳定器非常引人注目地位于飞机的尾
部，这是工程师们为了消除飞机穿过气流时的不稳定性而设计的，
这种不稳定性差点要了耶格尔的命。一名兰利的研究人员在垂直
稳定器上增添了一个分叉的机翼后缘，可以起到一个额外减速器的
作用。

　　NACA 的设计也安装了 X 形的尾翼，这是飞机尾部的稳定面，
可以增加飞机在高速穿越稀薄大气层时飞行的稳定性和控制性。
为了减少气动加热的影响，NACA 研究中心指定 X-15 由铬镍铁合
金（Inconel-X）制造，这是一种可耐强高温的镍合金，这种高温是飞
机再入期间要经受的。即使不会进入轨道，X-15 仍然可以穿过地
球的多层大气急速下降。为了达到规定的高度，飞机将不得不按照
弹道曲线飞行。和导弹不同，它首先弧形向上进入较高的大气层，
然后再弯曲向下。这个弹道路径的高度意味着飞机将穿过极其稀
薄的大气层，必须需要一个由过氧化氢驱动的反作用控制系统
（RCS）来控制（飞行器等在飞行时的）姿态。高超音速飞机作为未
来风格的飞行器是从这一研究中产生的，然而，在这一项目中取得
的所有技术进步都没有公开承认进入太空是可能的。高空飞行是
一回事，但就空军而言，太空仍然是一个不愿提及的字眼，他们的职
责是设计一款工程精细、技术先进的飞机，而不是设计一些离开大
气层的单纯的飞行器。

　　1954 年 7 月 9 日，在 NACA 总部召开的一次会议上，兰利发布

了这个概念研究机的详细介绍。德莱顿邀请来参加会议的代表来自航空界、NACA、空军和海军,尽管高超音速飞机是在海军资助下主要由空军与 NACA 联合开发的项目,但他还是想让包括国防部在内的所有军事部门都参与进来。10 月,委员会再次开会时,克罗斯菲尔德作为 NACA 的代表出席。在回顾了与该项目有关的历史资料后,他向与会者大致描述了这架新飞机的性能要求。克罗斯菲尔德看到了 X-2 的衰落,现在正面临着 2 马赫速度的飞行挑战,他迫切地想看到这款高超音速研究机如期面世。但该项目的研发面临的挑战超出了当前的技术。兰利得益于朝鲜战争,导弹突飞猛进,常规的飞行速度已超过了 10 马赫,这意味着高超音速研究在技术方面已经为人所掌握,剩下的最大未知因素就是人的因素。这项新计划承诺将实现一次巨大的飞跃,将不再设计飞行速度逐渐增快的系列飞机,这架新飞机将实现从 2 马赫到 7 马赫的跨越,一举超越现有的速度纪录的三倍以上。这是一个大胆的目标,其风险在于可能因争议过大而使项目夭折。

一旦获得了发展的动力,X-15 项目迅速展开启动。在 12 月,空军装备司令部邀请有意向的投标者提交他们的申请。第二年的 5 月,NACA 对收到的四份申请方案进行了评估,它们分别来自贝尔飞机、道格拉斯飞机、北美航空和共和航空。评估认为每个方案都有其优点,而且每个承包商都为该项目带来了各自的不同经验。贝尔飞机公司无疑是经验最丰富的公司,此时它已成功建造火箭动力飞机,对飞机的定位是与 X-1 一样简单明快。道格拉斯飞机公司也凭借其过去的成功经验,提出了一个类似火箭飞机的高超声速飞机。共和航空当时正在研发 3 马赫的拦截机,并把相关的研究应用到 X-15 的方案中。只有北美航空没有建造超音速的火箭动力飞机的经验,但它拥有一些建造导弹的经验,他们正在建造一种被称为纳瓦霍人(Navajo)的有翼巡航导弹,这种导弹的起点是 V-2 火箭。

在克罗斯菲尔德看来,北美飞机公司从一开始就是一个不言而喻的赢家。[14]贝尔飞机公司由于 X-2 的失败,很快在 NACA 的竞标中败下阵来。道格拉斯飞机公司的方案听起来合理,但不满足 NACA 的要求,NACA 的建议是用 X-铬镍铁合金而不是所谓的 HK31 材料,后者明显较为厚重,这不满足 X-15 的飞行要求。共和航空的方案似乎误解了 NACA 的指导方针,只是强调飞机在高空中以高速飞行。北美航空公司的方案最为直截了当,它马上呈交给 NACA 一个概念飞机,这在本质上符合 NACA 的标准,只需要做少量的修改。北美航空所设计的 X-15 拥有 55 英尺的细长机身和稍窄的 22 英尺翼展。NACA 的高速飞行中心、艾姆斯研究中心和兰利研究中心分别对四份方案进行评审。艾姆斯研究中心和兰利研究中心选择了北美公司的方案,而高速飞行中心则选择了道格拉斯公司的方案。北美公司在航空界拥有强大的声誉,它理所当然地成为呼声最高的选择,其生产的 P-51 野马战斗机深受第二次世界大战期间的飞行员们的青睐,它生产的 F-86 军刀战机也是美国最早的轻翼型超音速战斗机,曾在朝鲜与苏联的米格 15s 战斗机进行空战。最终在 7 月出台的结果是北美公司作为赢家胜出,其规划中的飞机并不完美,但它的思路是正确的。不过,使军方感到懊恼的是其出资的费用——中标价是最高的 5610 万美元标价。

在提交方案后,北美公司的想法有所变化,不再特别热衷于建造三架小型的高度实验性飞机,[15]公司在 9 月提出撤回投标申请。对此,休·德莱顿倾向于重新招标而不是将合同让渡第二位的竞标商——道格拉斯公司。不过前景没有明朗,德莱顿还是寄希望于北美公司最终改变主意,不管承包商的保留条件如何,他仍坚持不放弃采购的进程。此时的北美公司正在忙于其他更大的项目,不愿意把人力分流到一个小的研究项目上。NACA 提出将计划产品延长八个月，但北美公司的首席工程师雷蒙德·赖斯(Raymond Rice)仍然要撤回合同。

然而，有一位北美公司的人却极其渴望拿到 X-15 的合同，[16]他就是北美公司洛杉矶分部的研发经理哈里森·斯多姆斯(Harrison Storms)。此人在加州理工学院跟随冯·卡门学习过，之后进入航空工业，在第二次世界大战期间就职于北美公司。日本偷袭珍珠港后，他就加入了这家公司，此后一直在那里工作，一生致力于为美国空军建造更好的飞机。一天，在讨论 X-15 的合同时，赖斯把斯多姆斯叫到他的办公室[17]，告诉他可以启动 X-15 项目了，但有一个条件——斯多姆斯作北美公司关于该项目的最高代表，全权负责该项目，并且不要让任何问题烦扰赖斯。通过这一新的安排，北美公司最终确定接下 X-15 的合同。就这样，第一架高超音速研究机由斯多姆斯领导下的团队负责，查尔斯·费尔茨(Charles Feltz)作为项目的首席工程师。

斯多姆斯满腔热忱地推动了 X-15 项目的启动，但克罗斯菲尔德却有些隐隐的担忧。[18]他担心高超音速研究机这样的大型项目只是滞留在概念开发阶段，就像 X-2 那样长期停滞不前。所以他到高速飞行中心找到他的主管沃尔特·威廉姆斯，再次提出了一个非同寻常的请求——成为 NACA 正式指派的驻北美公司关于 X-15 项目的联络员。他想与生产商一同工作，以确保项目符合 NACA 的要求并按计划有序地开展。但威廉姆斯没有同意他的要求，他再次表示需要他留在爱德华兹空军基地。克罗斯菲尔德进行了申辩，这一次他对自己的信念坚持到底，当威廉姆斯拒绝让步时，克罗斯菲尔德向 NACA 提交了辞呈。

在离职待业期间，克罗斯菲尔德独自前往北美航空公司的洛杉矶分部，X-15 将在这里建造。值得庆幸的是，作为第一个达到 2 马赫速度的人，克罗斯菲尔德在航空界颇负盛名并广受尊重，他之前结识了一些行业巨头，其中就有北美航空公司的总裁李·阿特伍德（Lee Atwood）。克罗斯菲尔德来到阿特伍德的办公室，向他提交了一份提议，这份提议与给威廉姆斯提出的要求完全相同。他对阿特伍德说，他可以为之带来知识和经验，他对火箭飞机熟稔于心，这些对于首次应对外来挑战的一个机构来说是极其宝贵的财富。[19]他的要求是，从开始阶段就成为该项目的一员，他要参与项目的全过程——从最初的设计一直到飞机的整体建造，以及飞行测试，此外，还要参与 X-15 被移交给 NACA 和美国空军进行破纪录飞行之前的第一次试飞。对于阿特伍德来说，这是一个异乎寻常的提议，但他和赖斯慨然应允。

　　克罗斯菲尔德离开北美公司的洛杉矶分部时已经为自己找到了一份工作，但仍在穆罗克飞行测试中心停留了几个月时间。自从五年前从他第一次来到这个不毛之地，穆罗克飞行测试中心已经发生了翻天覆地的变化。这里最初是由 NACA 兰利纪念实验室运行管理，1951 年，国会拨付资金把这里从一个卫星基地建成一个崭新的前沿场所。1954 年 7 月 1 日，穆罗克飞行测试中心改为高速飞行场，成为最新的 NACA 基地，具有演示高速航空发展的强大内部功能。克罗斯菲尔德即将离去，这为一位新的试飞员加入位于爱德华兹空军基地的 NACA 团队腾出了一个位置。年轻的飞行员尼尔·阿姆斯特朗（Neil Armstrong）也是一位对飞行研究充满激情的工程师，对他而言，爱德华兹空军基地就是他的圣地。[20]

第 **9** 章

缓慢进入高超音速

1955 年 12 月的一天,克罗斯菲尔德把车停进一片大型工业建筑群附近的停车场,[1] 这片建筑位于洛杉矶国际机场南侧,北美航空公司就座落于其中。克罗斯菲尔德走进 20 号楼,这是二战时期的一个遗址,现在是公司的自助餐厅。在餐厅的旁边有一片狭窄的空间,员工们称之为阁楼,门上有个牌子,上面写着:机密重地,未经许可,禁止入内。尽管吃饭的地方与之相邻,但如果不是北美公司的员工,只有经过明令许可并在登记本上签名才可以穿过那道门,即便如此,每一位到访者都需要全程陪同。但是,克罗斯菲尔德可以自由进入那个狭小空间,他看到里面有一些桌子紧挨在一起,约十几个人正在埋头处理文件和技术图纸。这个小团队被赋予了把 X-15 从概念转变为现实的重任,他在其中找到了自己的位置。多年来,他一直梦想着能够驾驶一架高超音速研究机穿过爱德华兹空军基地的上空,现在他终于可以在实在的飞机硬件层面上着手研究了。

与 X-15 有关的一切都是新颖而独特的。作为航空业的巨头,北美公司通常建造飞机的方式如同底特律的主要汽车生产厂商一样,一旦主管的工程师们对飞机的设计达成认同协议,它就固定不变了,公司就会着手以有效的流水线方式来大批量生产这些最新产品。X-15 却不然,它比北美公司以前的飞机要复杂得多,不仅如此,它的产量非常小,而且只与 NACA 签订了三枚。由于这是一个专门的计划,所以管理层不愿从其他有明确资金回报的大型项目中抽调资源。因此,X-15 不是一个常规项目,它由一个隶属于公司高级设计部门的小专业团队运作,完全独立于北美公司的其他部门。

说服雷蒙德·赖斯允许北美公司承担 X-15 项目之后,哈里森·斯托姆斯成为 X-15 项目的总负责人,但所有日常工作的管理任务都委派给了项目首席工程师查尔斯·费尔茨,他是一位资深的机械工程师,其职业生涯开始于第二次世界大战的初期。费尔茨从未听说过有高超音速飞机研究这回事[2],直到一纸任命放到他的办公桌上,他被任命为十个骨干成员的带头人。克罗斯菲尔德的到来使费尔茨的团队增加到 11 人,对于费尔茨来说,这位飞行员是与X-15一样的另类。这位飞行员现在只是一个顾问角色,不直接为费尔茨工作,他的职责也没有明确地定位。克罗斯菲尔德在那里只是将他的高超音速飞机飞行员的经验贡献给他的团队,费尔茨最后称他为设计专家,这个有些随意的头衔在一定程度上也符合克罗斯菲尔德作为技术顾问和专家的角色。

费尔茨的团队开始在原方案的基础上讨论 X-15 的细节,发现这是一个复杂性不断增加的机器。从外形上看,线条简洁、造型优美,这是一个相当传统的火箭动力飞机设计。它有高大而粗壮的垂直尾翼和瘦长的鼻型头部,配置着 V 型座舱罩的光滑机体,在机身上方凸出的座舱罩并不显眼,短而粗的机翼从机身两侧伸出,这是一个相当标准的造型。X-15 最引人注目的标新立异之处是它的动力装置。

早期的概念图中列出的发动机是 XLR-99,这是一种可节流的液体燃料火箭引擎,能够在四万英尺处释放 5.7 万磅的推力,这意味着,就它的输出功率来说,它可以适合于大部分导弹。凭着相当于大约 100 万马力的推力,XLR-99 发动机承诺将小飞机加速到每秒钟 1.5 英里以上或者将近每小时 8 700 千米①,相当于在海拔超过 25 万英尺时速度达到约 7 马赫。X-15 将一举达到现有速度和高度纪录的两倍以上。

克罗斯菲尔德不久就意识到,一旦 X-15 在前所未有的高度上以极快的速度开始常规性的飞行,全国的工程师和科学家们就会争相把他们的实验品放到飞机上,但每一个添加物都有可能导致飞机增重且延迟其生产。因此,他自封了一个非正式的角色:"X-15 的首席杂种"(SOB)。³ 不经过他的首肯,飞机上的一切都不能进行任何更改,他认为不管有多大困难也要坚持这个原则。

在他们开始深入研究 X-15 的复杂性不久,费尔茨的团队就发现了有大量的困难问题需要消除。

控制 X-15 的飞行轨迹就是一个问题。很明显,在 25 万英尺的巅峰高度,X-15 需要某种反作用控制系统(RCS)来保持飞机在高层大气中的方位。压缩气体的短时膨胀允许飞行员调整他的姿势、调整飞机的飞行方向,但在较长的滑翔下降中,飞行员也不得不从反作用控制无缝转换到传统的飞行控制。对这一新型系统进行的有效测试和研发已在进行之中。

大气加热是另一个问题。尽管 X-15 不会达到像沃尔特·多恩贝格尔提出的超级飞机一样的热度,但它仍然需要在一个人们所知甚少的高温区域飞行。制造材料会有所帮助,铬镍铁合金(Inconel X)是一种在 X-15 的飞行中抵抗高温的强力合金材料,但是承受高温冲击的飞机边缘还需要一些措施来进行保护。最初的解决方案

---

① 原文 870 万英里,原文此处或许有误。

是在这些边缘上加一层烧蚀涂层，这种材料可以无害地燃烧掉，以便在飞行的最热区域保护飞机。但这一涂层不仅增加了飞机的重量，同时风洞试验显示涂上这种材料的前缘会使 X-15 在气动力学方面变得不稳定。唯一的解决方案是前缘使用坚固的铬镍铁合金，这是一种有效但却增加重量的解决方法（heavy solution）。

在克罗斯菲尔德来到北美公司后的前几个月，X-15 的研发人数在稳定增加，飞机的重量也是如此，而飞机重量每增加 1 磅就意味着飞得更慢，达到的高度更低。坚固的铬镍铁合金的使用只是一个因素，另一个因素是 NACA 规定 X-15 的燃料要留出 3% 的空隙，由此导致的结果是油箱绝对不能加满。但是，8 吨燃料的 3% 意味着飞机在空中的飞行时间减少了 2 秒钟，这看上去似乎微不足道，但它却是非常显著的性能代偿。解决方法是增加飞机的直径，以便考虑安装更大的燃料箱，使它的燃料容量增加到 2 500 磅，但这种解决方案也增加了飞机的重量。种种类似这样的微小调整逐渐累积增加，直到飞机的重量达到 3.1 万磅。至此，费尔茨不得不划定最后的界限，他告诉他的团队，X-15 不能再增重了，要求他们从任何犄角旮旯中尽可能多地减掉多余的重量。

进行 X-15 开发的几个月后，XLR-99 发动机的最新信息显示它的输出功率低于最初预期，重量问题变得更加复杂了。考虑到目前发动机的动力较小，没有办法去减少更多的重量了，费尔茨提出了一个漂亮的解决方案——增强飞机的升力，以重新获得失去的速度和动力。[4] 从一开始，X 系列飞机就有从机身顶部延伸到尾部的维护管道，有大型的管状通道布设，电线、控制电缆和水管设施贯通其中。因为燃料罐和氧化剂罐占据了飞机内部的大部分空间，所以需要在这些容器周围布设水管设施和电缆。费尔茨考虑是否可以把这些通道移到机身两侧，通过扩大基本容量去增强其升力。风洞试验显示他的直觉是对的,侧装的管道增加了升力,在驾驶舱的正后面将它们封闭起来,这样可以抵御在风洞测试中观察到的奇怪的气动现象,这种现象导致飞机鼻头在飞行中上仰。

关于 X-15 的降落也存在着一些问题。就像之前的火箭飞机一样,X-15 被设计成无动力降落,通过滑翔降落在爱德华兹空军基地的干涸湖床上,后部的滑板和前部机头的轮子着陆,但是尾翼成为了一个问题。早期的设计研究和风洞试验表明,最适合 X-15 垂直尾翼的气动外形是从上向下俯视时呈菱形。菱形尾翼在机身上下的延伸将为飞行中的高速部分带来同样的稳定性。然而,这不仅是一个增加重量的设计,这个尾翼的延伸还超越出了滑道和起落架,小组成员半开玩笑地说,这种尾翼绝对使 X-15 在着陆时成为世界上最快的"耙犁"。

整个 X-15 团队倾尽全力绘制草图和设计模板,力图找到一个解决"耙犁问题"的方法。他们最终让斯多姆斯参与其中,他是负责该项目成功的不在现场的负责人,这意味着通过电话总能找到他。在这样的情况下,针对这个问题人们请教他的专业建议,就像他的姓①一样,斯多姆斯旋即来到他的团队。[5] 他仔细思考了 X-15 的尾翼,提出了一个他认为是显而易见的解决方案:在着陆之前使用爆炸方式使尾翼的下半部分脱离,因为只在高速飞行阶段才需要它,何不在无用的时候把下半部分去掉呢?同样,斯多姆斯还提出了一个降低飞机重量的简单而漂亮的方法。菱形尾翼的前半部分是必不可少的,但后半部分不过是为了形状的完整而已。把它一切两半,使它从一个菱形变成楔形,能够实实在在地将尾翼的重量减半。风洞试验证实斯多姆斯的直觉是正确的,这些改变付诸实

---

① Storms,暴风雨的意思。编注。

施了。

然而，团队每解决一个问题，另一个问题便很快随之而来。1956 年，美国空军向北美公司发布了一个新的规定：所有的空军飞机都必须为飞行员配置一个逃生舱（escape pod），以替代传统的弹跳座椅。一个逃生舱不仅会使 X-15 增加大约 1 200 磅的重量，降低 1 马赫的速度，而且相关点火引爆系统将使飞机变得更加复杂。不仅如此，克罗斯菲尔德竭力反对增加逃生舱，他曾经驾驶道格拉斯火箭飞机突破了 2 马赫速度，那个飞机上就有一个逃生舱系统，然而在早期测试之后，克罗斯菲尔德就发誓再也不会使用它了。那次测试表明，与引爆逃生相关联的重力无疑是近乎致命的。

费尔茨同意克罗斯菲尔德的观点。[6] 在紧急情况下，X-15 的驾驶舱可能是世界上最安全的地方，它使用不可燃的氮气进行加压处理，因此不会有着火的风险，并且进行了整体强化处理，以保护飞行员在硬着陆时免受高重力的伤害。对于飞行员来说，待在 X-15 里，然后再以一个较慢的安全速度弹出，这样更加安全。更不用说，这种添加只会使整个项目的花费更加昂贵，也会使 X-15 的首飞时间延迟一年以上。然而，改变空军的想法就像请求逃生舱规定破例一样不容易，所以费尔茨的团队不得不精心审查逃生舱的设计，以便精确地说明为什么它不是 X-15 所必需的。

1956 年 7 月，第一个座舱模型完成，它包括一个专门设计的弹射座椅，座椅侧边有小的稳定器，可以防止座椅弹出时摇摆振动。飞行员将使用个人降落伞降落。当空军代表参观北美公司的设施时，他们听取了克罗斯菲尔德的简短汇报，对他反对逃生舱的观点没有提出异议，似乎克罗斯菲尔德已经让空军代表们接受了他的想法，于是这些代表在设计方案上签了字，这个设计就这样顺利通过了。克罗斯菲尔德觉得这件事让他真的没有辜负他自封的"X-15

的首席杂种"这个头衔。

费尔茨的 X-15 团队需要处理的不仅仅是飞行的技术问题,飞行员的舒适性也是一个问题。X-15 飞行员不能像耶格尔对 X-1 所做的一样,在发射的时候,他不能在母舰上上升到一个高度,然后爬进火箭发射的驾驶舱。X-15 的发射机已经从活塞式 B-36 变成了喷气式 B-52,这是一架更大型的轰炸机,将从安装在它的一个机翼下方的塔架上发射 X-15。这意味着火箭飞机的飞行员需要在狭小的驾驶舱内待上几个小时,在最后的加注燃料、检验以及在 B-52 上升的全部过程中都要待在那里。这些飞行员们需要一些保护措施,以应对僵硬以及母舰振动所带来的痛苦,但是这种保护物的重量必须是极轻的,即使是泡沫橡胶垫也会给飞机的总重量增加毁灭性的两磅。

团队成员们在阁楼里坐下来,他们在思考讨论国内什么公司最擅长使人能够在恶劣条件下舒适地在座椅上待几个小时,最后想到了国际收割机公司(International Harvester Company),这是一家拖拉机制造商。该公司的成功,一部分是由于它调研过人类脊柱的自然频率——在振动的车辆上乘坐很长时间后的反应——之后设计了一种座椅,司机在恶劣地形上驾驶时这种座椅能够保护脊柱。由此设计的 X-15 座椅是拖拉机座椅的一个精确复制品。

但是,改良后的 X-15 的技术设计只是成功的一半。飞行员需要的远不止于舒适,更重要的是保证在极高的海拔高度中能够活着。在海平面上,大气压力很高,人类不必穿防护服。但在 4.5 万英尺以上,大气如此稀薄,血液趋向更稀薄的环境,皮肤都不能够压紧身体以阻止这种情况发生。所以当 X-15 的飞行高度超过 25 万英尺时,飞行员就需要保护措施来应对稀薄的大气——解决办法就是使用压力服。压力服在高海拔空中的作用如同皮肤在海平面时的作用一样,给身体加压,对皮肤施加紧束压力以达到与海平面上类似的安全性。这种情况下,压力服必须是自冷的,以保护飞行员不会因中暑而死亡,并且还要为驾驶员在飞行中提供足够生存的氧气。此外,还需要配备一些橡胶气囊,这些气囊在遇到强重力的第一时间就会膨胀,在高速弹射时保护飞行员。

人们对于最佳压力服的看法有所分歧。当时美国空军赞成部分压力服①,这种衣服只需用足够的力挤压身体就可以消除低气压的影响。而海军则更喜欢全压服②,这是一个自足的单元系统,它的应用远远超出高空飞行。人在月球表面的真空中行走时,合适的全压服可以为人提供保护,所以,有些具有前瞻眼光的海军工程师希望能及早研发全压服。考虑到这个应用前景,大卫·克拉克(David Clark)为美国海军设计了一种全压服,它就像一个可以穿戴的内胎。涂胶尼龙的内层将在高海拔处膨胀起来以紧束身体,外层的布将使尼龙紧紧地固定住。这是一个灵活的设计,不会因为衣服而限制飞行员的活动,这多亏了纺织技术的进步。20 世纪 30 年代,大卫·克拉克发明了一种针织机,它可以用双向拉伸的方式缝制无缝布料。这种方法在腰带和胸罩的制作中非常流行,大卫·克拉克借此垄断了当时的市场。他的公司在第二次世界大战开始时将业务扩展到军装,但女性的内衣仍然是他的主打产品。

克罗斯菲尔德对克拉克设计的海军款全压服珍爱有加。[7] 他第一次见到它是在 1951 年参观费城海军实验室时,那是在他被委派到火箭飞机项目之后。当时,他穿上这种服装,爬进高空室,在里面

---

① 部分压力服(partial pressure suit),给飞行员的躯干和四肢体表施加压力以对抗因加压供氧而增加肺内压力的个体防护装备,也称高空代偿服。

② 全压服(full pressure suit),包覆全身并密闭,利用充气压力直接作用于人体全部表面的高空防护服装。

耐心地等待着机器排出足以模拟 9 万英尺高空环境的空气。克罗斯菲尔德当时兴奋不已,当他得知他所进行的测试是第一次以这样的模拟高度使用这种服装时,他感到惊讶不已。全压服的好处广为人知,一款克拉克压力服已经被列入了北美公司 X-15 的采购清单中,在克罗斯菲尔德的监管下,针对火箭飞机未来飞行员的正式生命保障系统开始走上正轨。

在他加入北美公司的第一年,费尔茨的团队仍然着力于探索将 X-15 变成现实的方法。尽管克罗斯菲尔德仍算是最熟悉火箭飞机的人,但是他们集体经验的不足还是要靠团队精神来弥补。过去的半个世纪是一场与阻力和重力进行的战争,缓慢发展的简洁且高效的飞机挣脱了重力束缚载人离开了地面。现在,这一款飞机正在为创造纪录而来,它承诺将人类送入近太空的全然未知区域。然而,从最终的设计方案转化为实际飞行物体不会那么快实现。

随着爱德华基地的 X 系列飞机变得日渐陈旧,对新的研究机的需求越来越紧迫。与 X-1 最为接近的 X-2 飞机随之而来,对 X-2 的期望不仅要求它比任何其他已存在的东西飞得更高更快,而且还要求它能够承受更高的温度。这个飞机设计的初衷就是解决气动加热问题,为 X-15 和后续的飞行器进入太空扫清道路。由不锈钢和一种叫作 K‐莫涅尔(K-Monel)的高强度铜镍合金制造的飞机机身,是为了应对飞机以 3 马赫速度飞行时所产生的高温。

有许多问题仍然困扰着 X-2。在第二次世界大战结束后不久,X-2 就被提上了日程。这款飞机能在高速度、高海拔、高热量的状态飞行取决于一系列新技术的进步,当然不是所有的新技术都最终应用在飞机上。其中一个未实现的系统就是电传操纵驾驶,这是一种将飞行员的操控从驾驶舱输入到计算机的系统,该计算机将依次用电机操作飞机的控制面。但这一决策最终仍停留在计划列表中。

尽管采用这一系统能使飞行变得更加容易,而且通过检查飞行员的控制输入也更容易做出预防措施,但是,传统的液压系统因其可以更快地应用于飞机中而更加受到青睐,电传操纵驾驶最终被放弃了。毕竟传统液压系统可以让飞行员的控制输入直接传导到飞机的操纵面,这能使飞机被直接控制在飞行员的手中。X-2 还使用了传统的陀螺仪给予飞行员有关方位的信息,这一设备通常在高空中变得极不精准,基本上是无法使用的。

　　暂且撇开缺点不谈,X-2 终于在 1952 年被推出,并进行了第一次滑翔飞行。当时,它成为爱德华基地机库中的新成员是令人备感振奋的。X-1 作为最先进的飞机入住此处已有五个年头了。4 年后,也就是 1956 年,在美国空军的管理下,X-2 进行了许多交织着成功、失败,甚至是夭折的飞行,休·德莱顿急迫地要接管这种飞机,[8] 那样 NACA 就可以开始探索极具复杂性的气动加热问题。初秋的交接迫在眉睫,但空军在没有刷新一个纪录之前是不愿放弃 X-2 的。于是双方达成了一项交易。X-2 仍然由空军负责,直到梅尔·阿帕特(Mel Apt)上尉能够熟悉火箭动力飞机并尝试达到 3 马赫的飞行速度为止。

　　黎明前,人们穿梭在液态氧形成的朦胧迷雾之中,液态氧的雾气环绕着一架子弹型的飞机,飞机被安置在塔状的母舰之下,这很快就成为人们在爱德华兹空军基地司空见惯的场景。这是梅尔·阿帕特上尉于 1956 年 9 月 27 日的清晨到达时看到的一幕场景。此时与罗杰斯干涸的湖床相毗邻的跑道上一片繁忙,技术人员正在为早晨的飞行做准备,他们在为一架小型的白色飞机加油,这架飞机有宽阔的后掠翼,有长长的尖形头。母舰是一架 B-50 轰炸机,它要携带的是贝尔飞机公司的 X-2 试验机(X-2 Starburster)。那天早晨,阿帕特挑战的目标是要成为以三倍音速飞行的第一人。

那一天的飞行是阿帕特驾驶 X-2 的首飞。原定的飞行计划是要求他将速度保持在 2.45 马赫以下,将目标集中在完美的飞行轨道飞行上,但由于 NACA 即将到来的接管,速度的限制已被解除。虽然阿帕特从未试飞过 X-2,但他为这次飞行已做了将近七个月的精心准备。他研究了之前 X-2 飞行时的状况和时间数据,并花了一些时间在模拟器上练习。他从 NACA 的专家那里获取了有关高速稳定性的各种信息。他曾驾驶一架 F-86 飞机练习"无动力"和迫降式着陆,来模拟 X-2 从高空滑翔降落到干湖床上。他也驾驶过 F-100 喷气式飞机试验飞行路径。他曾操作过 X-2 发动机在地面上的运行以熟悉它的动力,在飞机上穿着压力服进行适应驾驶舱和故障程序的训练。他已做好了准备。

在莫哈韦沙漠上,冉冉升起的旭日昭示着这又是晴朗的一天。天亮后不久,B-50 轰鸣着发动起来,紧贴其腹下的携载物是火箭动力飞机。母舰平稳地上升,到达 3.18 万英尺时,X-2 被释放出来。阿帕特离开母舰,点燃火箭引擎,迅速地和监测其飞行的两架 F-100 战斗机之间拉开了距离,在 4.4 万英尺时他达到了 1 马赫。他努力飞出了一个近乎完美的飞行轨迹,在他升到 7.2 万英尺时,他驾驶飞机做了一个俯冲。此时发动机燃烧的时间比预期的要长一些。在引擎熄火、燃料耗尽之前阿帕特达到了 3.2 马赫,他成功地成为了活着的飞得最快的人。

对于阿帕特来说,现在只剩下让飞机滑翔降落到罗杰斯湖床上了。他从早前对飞行的研究中了解到[9],要安全地使飞机调转朝向飞往沙漠中的空军基地,他必须把 X-2 的速度降至 2.4 马赫以下,如果不这样做,飞机就会有变得不稳定的风险。但他也知道高速飞行已将他远远地带离爱德华兹空军基地,如果他等待 X-2 自行降速之后再转向，可能没有足够的能量全程一直滑翔回到湖床。权衡之后，阿帕特最终决定尽早开始转向。他开始观察四周，同时将机身头部拉升，使飞机的整个底部可以通过抵挡空气而起到制动的作用。但阿帕特还是飞得太快了，他失去了控制，于是 X-2 开始剧烈翻滚，他被抛向驾驶舱的两侧和顶篷，以 6 g 的冲力四处撞击。阿帕特短暂地失去了意识，直到飞机降落到 4 万英尺时才清醒过来，此时他发现自己正在以亚音速反向旋转。X-2 在以螺旋状反向旋转，他努力地想将 X-2 的前部与机身分离，但他已经没有足够的时间和高度从驾驶舱内弹出并安全地打开他的降落伞。当飞机以每小时几百英里的速度撞击到沙漠地面时，阿帕特仍在驾驶舱里。

阿帕特的这次飞行是 X-2 项目的尾声，这次坠机给那些想要把航空推进到高超音速阶段的人敲响了警钟，它暴露出一个更大的问题。尽管在飞机以高速向爱德华基地转向时才发现问题，但最终的元凶是惯性耦合（inertial coupling），这个现象有时是致命的。此时，飞机机身的惯性压倒了飞机保持稳定的力量，由此导致它翻滚起来。而一旦它开始翻滚，在进入大气浓密区域之前，飞行员毫无办法重新控制飞机，同样的现象在贝尔 X-1A 飞机中差点要了耶格尔的命。这一问题预示着，当飞机开始在近轨道高空飞行时，情况只会更加严重。

在惯性耦合现象夺走梅尔·阿帕特生命的同一天，高速飞行研究站里对这一现象的解决方案就已具雏形。在一个宽敞明亮的飞机库中停放着几架飞机、几个压缩气体罐和其他杂物，在这些停放物的旁边放置着一个十字型的大铁架，它被水平地放在一个万向节上，这种万向节通常被用在汽车主动轴上，由它的中心保持着平衡。万向节起着枢轴的作用，使得铁十字架可以在所有方向上自由地移动。这个看起来怪怪的装备是为了完全模拟正在飞行的飞机,铁十字架的四个端角代表着飞机的四个端角:鼻头、尾部和两个侧翼。一个月后,高速飞行研究站最新加入的成员之一——尼尔·阿姆斯特朗坐在位于铁架的一个端角的座椅上,背对着枢轴。在他的面前是一块面板,上面有三个仪器显示这个十字架的俯仰角、飞机转弯时向内侧的倾斜角,以及表明飞机相对于迎面而来气流的侧滑角,这实际上相当于把他的座椅变为一个初级的开放式驾驶舱。他左手握着一个标准的操控杆,这个操控杆不同寻常地将俯仰控制、偏航控制和侧滚控制集于一体。这个操控杆连接着六个推进器,它们都是以压缩氮气为动力的,分别位于十字架支臂的端角。通过手腕的灵巧操作,阿姆斯特朗就能够把气体从其中一个推进器中排出,产生的推力可以使整个十字架在它的枢轴上运动。扭转操控杆会使位于十字架前端的推进器运动起来,这可以控制飞机的侧向运动。操纵杆以枢轴为中心向前、向后、向侧面转动就会使其他三个端角上的推进器运动起来。在四个支臂的每一个端角上都有一个防护杆,设计这个防护杆的目的是在撞击到地面的情况下可以将测试复位。所谓的铁十字状态模拟器,它的简单性使其成为 NACA 飞行员学习如何在近太空海拔高度进行驾驶的第一个工具。

阿姆斯特朗眉头紧锁,全神贯注地盯着面前的仪器。铁十字模拟器对他来说是一种全新的飞行方式的入门体验。他跟随美国海军从朝鲜回来刚好三年,在那里他曾驾驶 F9F"美洲豹",这是勤务部队的第一架成功的舰载喷气式战斗机。这种单引擎直翼式战斗机有一个控制方向的中心操作杆和踏板,位于飞行员搁脚的地方。这是一个标准的驾驶舱布局,也是他业已熟悉的布局。他的飞行生涯开始于 16 岁,那时他还没有拿到汽车驾驶证,却已经先行拿到了飞机驾驶证。现在他正在学习如何在飞行中只用左手控制操纵杆,这会产生与直觉相反的运动。工程师们对于铁十字架的设置是这样的：让头部向上升意味着需要将操纵杆向前推，这种信息输入和传统的握杆操纵是相反的。然而，最棘手的部分是计算出需要多大的推力才能使推进器做出正确的反应。屏幕上的显示并没有壮观之处，与他所期望的真实飞机上的一切几乎没有关联。

但正是这样的飞行对阿姆斯特朗产生了极大的吸引力。[10]早在上小学时，他已经把航空作为自己未来的事业了，他的梦想是成为一名飞机设计师而不是飞行员，学习飞行只是他将梦想化为现实的手段。他认为，只有理解了飞行才有助于他设计出更好的飞机。于是他开始了自主探索学习有关飞机的一切知识，他对有关航空的科幻类和非科幻类文学都非常痴迷。在小学时，他在家里建了一个风洞，这项活动增加了他对空气动力学的了解，还使他学会了怎样切断父母房间里的保险丝。阿姆斯特朗的正规飞行员训练是在高中之后开始的，那时他通过海军的霍洛威项目(Holloway Plan)获得了大学奖学金，这一项目将在指定的大学内减免他的学费、书费，提供定期的食宿补助津贴，交换条件是为海军服役。他注册入读普渡大学，但在 1950 年底被迫暂停学业，前往朝鲜战场。他于 1952 年 3 月回到美国，那时他已经执行了 78 次战斗任务，还在圣地亚哥待了五个月，负责从海军航空站向陆上运送飞机，之后才离开海军去完成他的学业。

1955 年，阿姆斯特朗从普渡大学毕业，他获得了航空工程学士学位，紧接着他去 NACA 寻找工作，NACA 将精密工程与飞行专业融合在一起，这一点吸引了他。阿姆斯特朗的第一个选择是爱德华兹空军基地的高速飞行研究站，在这个研究中心定期有创新研究的飞行。但是很不走运，阿姆斯特朗的申请在 NACA 的各中心转了一圈之后，最终落到了他的家乡俄亥俄州的刘易斯飞行动力实验室。

阿姆斯特朗接受了这个职位，他了解自己的工作是防冰系统。六个月后他得到消息，由于克罗斯菲尔德的离去，高速飞行站有了空缺的职位，于是他带好行囊，驱车前往加利福尼亚沙漠。

当他初到这里时，阿姆斯特朗是驾驶过 17 种不同飞机的五位飞行员之一。他的任期从熟悉飞行开始，一些简单的任务培养起他对新飞机的感觉，然后他才开展某些特定的飞行技术，尤其是关于飞行中数据收集的技术。阿姆斯特朗的轮值表上罗列着一些 X 系列试验飞机和一些旨在飞出极其精确的飞行轨迹的战斗机。每次执行任务之后，他都会把飞行的结果列出，与那些经验丰富的研究机飞行员们之前的飞行结果进行对比，这是检验他对此是否已了然于胸的最好方法。他也驾驶过更大型的飞机，例如，在空中发射 X-1 飞机的 B-29 超级空中堡垒，这是一种完全不同类型的飞机。对于这位年轻的研究机飞行员来说，在高速飞行站的时光是一段令人激动兴奋的日子。随着经验的累积，阿姆斯特朗越来越多地被委派在精密复杂的飞机上执行更加艰巨的任务。铁十字架上的训练为他第一次真正进行超乎寻常的飞行任务做好了准备。

尽管最广泛的设计是用来教飞行员如何单手使用反应控制器来控制飞行器的姿态，但是 NACA 的技术人员设计铁十字架时特别针对的是调配 X-1B 的维度和惯性之比。X-1B 是贝尔公司建造的四架二代 X-1 系列飞机中的一款，这种飞机的最初用途是测试飞机机体上气动负荷的研究性飞行，但移交给 NACA 之后，它的用途就改变了。300 个热电偶探针被安装在 X-1B 上，1956 年 8 月，研究机飞行员开始驾驶它飞行，这些飞行的任务是收集大气加热的数据。但 NACA 制定了用反应控制器去适应这种飞机的一些方案。在驾驶改造后的 X-1B 进入上层大气之前，铁十字架是让飞行员们能够在一个安全的悬挂装置上感受这些控制器的一种方式。

当阿姆斯特朗正在通过反应控制器学习飞行时，X-15 的设计项目被冻结了。一个涂成黑色的全尺寸木头和软金属材质的模型被隐匿在一个标记为**机密重地**的封闭区域，对于那些创造这个模型的人来说，一看到它，自豪感便会油然而生。一切都恰到好处，重量也在可接受的限度之内。在外行看来，模型是如此的精密，看起来它似乎已做好飞行的准备了。

沃尔特·威廉姆斯是克罗斯菲尔德的前老板，他代表 NACA 从高速飞行站来到洛杉矶工厂检查实体模型。和克罗斯菲尔德要驾驶研究机进行测试飞行一样，威廉姆斯迫不及待地亲自动手检测飞机。他把头探进驾驶舱，围绕着机身巡查，威廉姆斯向克罗斯菲尔德提出了很多问题，克罗斯菲尔德对飞机了如指掌，对每一个问题都对答如流。一个空军官员也检查了模型，质问克罗斯菲尔德驾驶舱内为什么没有起落架状态的指示器。克罗斯菲尔德解释道，当X-15 以每小时 200 英里的速度降落时，没有进行第二次尝试的引擎动力，不管起落架是否放下，它都要降落。不过，接线线路和驾驶舱指示器非常简单，安装这些价格不会超过五英镑。X-15 通过了第一次检查，但被要求做出大约一百个改进，这比他们团队预想的要少得多。高超音速飞机终于可以进入建造阶段了。

到这一年年底，下一代飞行研究的尖端性在于：将阿姆斯特朗训练用的太空时代反应控制器带上天空，并将 X-15 变为现实。NACA、空军和北美航空公司都面临同样的现状——飞机无法立刻开始飞行。梅尔·阿帕特的死亡使这个问题凸显出来——一些未知的因素仍然是飞机让位于航天器的道路上的阻碍，不仅如此，X-2 的失败也代表着最先进的火箭飞机的失败。这就需要 X-15 去填补研究性飞行器这一领域的新空缺。但有一个问题是 X-15 无法回答的，那就是人在一个较长的时间内待在近太空的高度究竟会发生什么。因为后续的飞行器将把人带到更高的太空,人在这样高度的太空会停留更长的时间,人类的身体将遭遇来自太空的射线和大量未知的问题。X-15 的飞行时间太短暂,无法真实地探测出在高空飞行时人可能遭受的生物医学问题。不过,国内其他地方的专家们正在设计一种收集这些数据的方法,这种方法是火箭飞机无法做到的。

从 **1961** 年开始展示的"动力飞翔"（**Dyna-Soar**）发射的概念设计，其发展的极致是泰坦（**Titan**）**II** 导弹。

上图：沃纳·冯·布劳恩（中间穿西装者）与瓦尔特·冯·勃劳希奇以及其他军事人员在观看 V-2 的发射。佩内明德，1943 年 5 月。

左图：沃尔特·多恩贝格尔（左）与沃纳·冯·布劳恩。布劳恩的一只手臂打着石膏。佩内明德火箭团队向美国军队投降之后，1945 年 5 月 3 日。

上左：沃尔特·迪士尼（左）与沃纳·冯·布劳恩在一起。1954 年。

上图右上：陆军航空队科学顾问小组（AAFSAG）成员：休·德莱顿、本·洛克阿佩瑟、西奥多·冯·卡门、A. P. 洛维在被占领的德国。1945 年 5 月 9 日。

上图右下：X-5 从 B-52 母机上发射后的瞬间。1959 年。

左图：美国海军的先锋火箭在发射台上爆炸的瞬间。1957 年 12 月 6 日。

上左：约翰·保罗·斯塔普在爱
德华兹空军基地的一个滑橇车上。

上右：嵌入 **B-52** 发射机机翼之下
的 **X-15**。

右图：飞行员斯坦·布查特在铁
十字状态模拟器上训练。**NACA**
高速飞行站。

尼尔·阿姆斯特朗在铁十字状态
模拟器上训练。**NACA** 高速飞行
站，**1956** 年。

斯格特·克罗斯菲尔德站在道
格拉斯 **D-558-II** 型火箭飞机前，
他于 **1953** 年 **11** 月 **20** 日驾驶这
架飞机打破 **2** 马赫的速度纪录。

上图：六幅图像显示了一辆火箭滑橇车的减速试验对约翰·保罗·斯塔普的影响。

右图：第二次世界大战后，在英国的逆火行动中，一枚由德国军队研发的 V-2 火箭整装待发。

下图：一名美国士兵正在检查一枚半成品的 V-2 火箭。二战后的一个地下组装工厂。

上图：弗里兹·冯·欧宝在柏林的高速公路上驾驶火箭汽车"欧宝火箭二号"之后。

左图：**20世纪60年代**，沃纳·冯·布劳恩参观位于加利福尼亚州唐尼市的北美航空公司太空与信息系统分部，与哈里森·斯多姆斯谈话。

下图：**NACA**的高速飞行研究站的动工仪式。**1953年1月27日**。

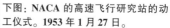

上图：在柏林的高速公路上的火箭汽车"欧宝火箭二号"后部，此时正值弗里兹·冯·欧宝试驾之前。

右图：美国空军戴维·西蒙斯中校、奥托·文森、威拉·文森与 Manhigh 吊舱在一起。1957 年。

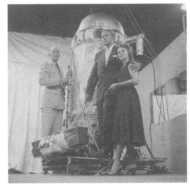

下图：艾森豪威尔总统与 NASA 的副局长休·德莱顿（左）和局长托马斯·格伦南（右）在一起。1958 年。

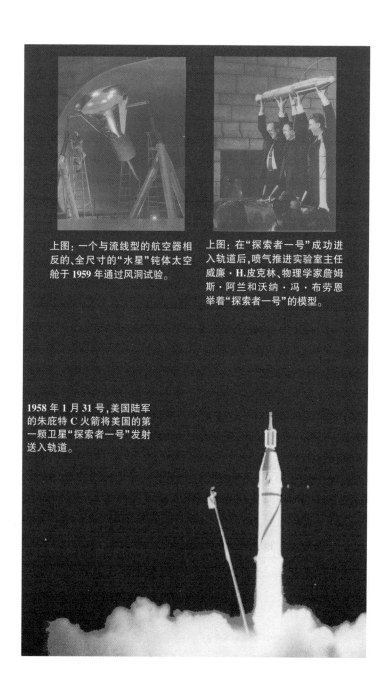

上图：一个与流线型的航空器相反的、全尺寸的"水星"钝体太空舱于 1959 年通过风洞试验。

上图：在"探索者一号"成功进入轨道后，喷气推进实验室主任威廉·H.皮克林、物理学家詹姆斯·阿兰和沃纳·冯·布劳恩举着"探索者一号"的模型。

1958 年 1 月 31 号，美国陆军的朱庇特 C 火箭将美国的第一颗卫星"探索者一号"发射送入轨道。

第 **10** 章

在空中飘浮的宇航员

　　1947 年春天,当约翰·保罗·斯塔普(John Paul Stapp)来到穆罗克空军基地的时候,几乎没有人知道他是谁。这位美国陆军航空队的军医大部分时间都是自己一个人待着,工作上有密切联系的只是他从洛杉矶的诺斯洛普公司①带过来的一行人。然而,斯塔普不久因为做了一些类似于非法交易的事情在基地名声大噪。[1] 由于经费和资源的匮乏,他们的计划迟迟没有进展,斯塔普不得已采用贸易交换的方式,用医学咨询和医学体检来换取团队所需的部件和设备。无论斯塔普的方式是多么不合常规,这种行为也无可指责。最终,斯塔普的计划得到了空军的批准,虽然是在一个效率如此低下的官僚机构中,而且还有令人头疼的资金匮乏问题。但黑暗中总有一丝光明,他的资浅望轻使他没有受到更高层上级的关注,那些人只是四平八稳地坐在红木桌子旁。斯塔普明白,他们会因他的失败而处罚他,但是也会因成功而嘉奖他。在他们的管控下工作,他个人要为每一种可能的结果负责,但同时他也被赋予了极大的自由。

　　渐渐地,斯塔普团队造出了一个滑橇车,这个车让人联想到了

━━━━━━━━━━

① 　诺斯洛普公司(Northrop Corporation)是美国主要飞机制造商之一。

肥皂盒赛车①,不过,这个滑橇车是用剩余的铝件拼接在一起的,而不是用木制的板条箱。它安置了一个为当时穆罗克飞行员专门制作的座椅,而非传统的肥皂盒赛车手的座椅,在其后面捆绑着一排火箭。滑橇停在 2 000 英尺长的轨道的一端,位于另一端的是一个制动系统,这种设计可以随时让滑橇车停止,但突然的减速会使坐在上面的人承受突如其来的高重力负荷。这是一个非常另类的稀奇装置,其目的是用来模拟飞行员高速降落时的状态。教科书上说,人类承受的极限是 18 g 的重力,即 18 倍的正常重力。斯塔普的研究致力于确定人体是否就像他怀疑的那样能够承受更大的重力。他关于人体减速研究的第一步就是这个肥皂盒赛车滑橇,绰号 Gee-Whizz②。

   Gee-Whizz 第一次在轨道上运行时,上面坐了一个 185 磅的假人。到 12 月已做了 35 次试验,之后,斯塔普自己取代了假人。在第一次载人试验中只点燃了一个火箭,在 2 000 英尺长的轨道上,斯塔普轻而易举地就达到了每小时 90 英里的速度。第二天,他再次坐上 Gee-Whizz,这次点燃了三个火箭,速度超过了一倍多,达到了每小时 200 英里。但每一次在滑橇车停止时,当斯塔普猛力撞上将他固定在座位上的安全带时,他都要承受极大的反作用重力的冲击。他承受的这种冲击力常常带来的后果是严重的挫伤、擦伤、肋骨骨折和脑震荡,甚至是失去知觉,但这些都没有阻止斯塔普。这些试验虽然让他饱受折磨,但他仍然保持着昂扬斗志。斯塔普驾驶

---

① 肥皂盒赛车又叫重力赛车,其比赛形式是:选择一段带坡度的路段然后从坡顶滑下,全程只靠重力驱动,但赛车可以有转向和制动装置。这类赛车起源于 20 世纪初,当时家长们只是想用装肥皂的板条箱装上婴儿车或自行车轮子做成一个简易的车给孩子当玩具玩,后来逐渐发展成了一项比赛。

② Gee-Whizz 意为"急速奔驰时发出嗖嗖的声音、令人惊叹的家伙"。

Gee-Whizz，最大承受力曾达到 35g，也就是说，他在 35 倍重力的冲击之下活了下来，这证明了人能够承受比以前想象的大得多的减速力。

　　最后，斯塔普亲自进行实验的消息传到了他的总部实验室，即位于俄亥俄州戴顿郊外的莱特机场（Wright Field）的航空医学实验室，但是几乎没有人对这个消息感到惊讶万分。斯塔普早就因自己充当实验对象而名声在外。他曾经在一个未加热、未加压的驾驶舱里飞到 4.7 万英尺的高空，只是为了亲身体验减压症的痛苦影响。也正是这一系列的研究让斯塔普发现——飞行员在起飞前吸半小时的氧气，就可以避免减压症的产生。但是，这仍然令莱特机场的上级们惊恐万分，对他们来说，火箭滑橇的运行速度太快了，他们担心斯塔普会因此让自己死于非命。于是他们下令，不准斯塔普在他的滑橇车里载人从滑道上飞速下滑，而用黑猩猩取而代之。

　　然而，NACA 在爱德华兹空军基地的代表对斯塔普的人体研究很感兴趣。由于高性能飞机的业务将不可避免地向太空推进，所以 NACA 对航天飞行中人的因素很感兴趣，特别是在发射火箭时飞行员要经历的加速和突然减速。这种前景促使斯塔普无视这些指令，为了 NACA 的研究，再次把他的座椅放置到 Gee-Whizz 里。

　　到 1951 年 6 月，在将近 4 年的时间里，志愿者们已经驾驶 Gee-Whizz 进行了 74 次试验，其中斯塔普本人是参与次数最多的驾驶者。但是爱德华兹空军基地的滑橇已经满足不了这位航空军医的期望了，他想要达到更快的速度，以获取更加剧烈的减速效果。随着斯塔普调往新墨西哥州的霍洛曼空军基地，其研究迈入一个新阶段的时机也随之而至，该基地毗邻白沙试验场。斯塔普于 1953

年抵达新墨西哥州,仍然是与诺斯罗普公司的工程师们一起合作,建造了动力更强大的、名为"音速之风"一号(Sonic Wind)的火箭车。这个滑橇车上装有一个座椅,是仿制的喷气式飞机驾驶员的座椅,后端有一个完整的推进系统,并且在轨道的末端有一个简单但效果极佳的水力刹车系统。一个连接在火箭滑车底部的铲斗插入到两条铁轨之间的水沟中,插入水中的铲斗产生的阻力使滑橇几乎瞬间就可以停下来,这种设计是为了将斯塔普梦寐以求的硬减速变为现实。

和往常一样,斯塔普成了音速之风高速运行的第一个人体实验对象。1954 年 3 月,在 9 个安装在后部的火箭中,6 个被同时点火,一下子就把滑橇的速度推到每小时 421 英里的最高时速。这是一个陆地上的速度纪录,当滑车停止时,斯塔普承受了 22g 的冲击力。斯塔普仍不满意,于是增加了更多的火箭,为项目制定了更高的目标。因为滑车没有挡风玻璃,它的高速运行也是收集人体对强风冲击的耐受性的数据的一种方式,这种状况也是飞行员在高速弹射过程中会经历的。他仍然是测试对象。

第一辆火箭滑车运行近 7 年之后,在 12 月 10 日这一天,在霍洛曼空军基地轨道的一端,斯塔普的身体被固定在"音速之风"一号的座椅上,他的胳膊和腿也被固定住,这是为了防止手臂甩动受伤。他戴了一顶头盔并被紧紧地固定在一个弹性头靠上,这是为了防止颈部扭伤。他嘴里咬着防护圈以保护牙齿。他还安排了一些人分布在沙漠中,进行测试的技术人员、摄影师们已准备就绪,他们要捕获这次试验的图像数据,特别是最后的减速数据。在空中,空军飞行员乔·基廷格(Joe Kittinger)在 T-33 飞机中严阵以待,准备在减速的一刹那就飞到轨道终端的上空,以便坐在他后面的摄影师可以从上面捕获测试的数据。时间对每个人都是至关重要的,晴朗的天气对于图像采集同样至关重要。那天早上,在滑橇车的座椅后面有 9 个固体燃料火箭,这些火箭可以产生 4 万磅的推力。斯塔普打算只亲身体验一次这样的高速运行,所以一切都必须做到万无一失。

那天早晨,云开雾散之时,测试开始倒计时。9 个火箭被同时点燃,随着一声雷鸣般的轰响,只用 5 秒的时间,音速之风就达到了它的最高速度——每小时 632 英里。斯塔普被突然爆发的高速狠狠地甩到椅背上,一度失去了意识。基廷格在空中看到滑橇车以远超 T-33 飞机的速度飞快地掠过沙漠表面[2],接着铲斗插入水沟里,滑橇车的能量被急速消耗,仅用 1.4 秒就彻底停了下来。突然的减速使斯塔普承受了 46.2g 的冲击力。他瞬间感觉自己的身体重达 6 800 磅,这是当他以同样的冲力猛然撞向固定带时的感觉,好像他正在以每小时 120 英里的速度驾车撞上一堵砖墙,滑橇车随之戛然而止。

斯塔普全身被绑着动弹不得,他感到疼痛难忍,呼吸困难。[3] 当急救人员将他从音速之风的座椅上救出来时,他咕哝着:"什么都看不见,眼睛要瞎了!"斯塔普被紧急送往医院进行全面的医学检查。令医生惊讶的是,他遭到如此巨大的冲击力却没有出现致命的损伤:肋骨断裂,两只手腕骨折,眼睛的血管破裂,循环系统和呼吸系统也有轻微损伤,但除此之外并无大碍。入医院一小时之后,斯塔普的视力就恢复了,他吃了一顿丰盛的午餐。斯塔普一心要将他的火箭车推向一个新阶段,在完全康复之前,他已计划在音速之风一号上加载更多的火箭[4],目标是达到每小时 1 000 英里,这足以突破音速。但是空军介入了此事,为了他的安全,空军禁止他进行更多的火箭滑橇车运行试验。

虽然被禁止做进一步的火箭车试验,斯塔普还有其他事情可做来满足自己的好奇心。莱特机场是美国陆军航空队的装备总部，是负责开发先进的飞机、装备和配件的分支机构。这一机构的活动使得俄亥俄基地的名字成为航空工程和创新研究的代名词。斯塔普在 1946 年来此不久，在一个天气和煦的 6 月天，他亲眼目睹了这样的一场试验：三个人费力举起一个坐在草地上、穿着标准飞行服的假人，这个假人是用来做碰撞试验的，他们把它放到一个简单的座椅上，然后紧紧捆绑住。之后，假人和座椅被起重机吊起来，放进一架停在附近的飞机的开放驾驶舱内。六名技术人员确认一切就绪后，在座位的后面系上一根绳子。此刻正蹲在草地上的一个人拉着绳子的末端。围观的人群后退至一个安全距离，但即使在这种情况下，距离飞机也只是几英尺远。接着，草地上的那个人拉动了绳子，一瞬间，携带假人的座椅向上射出又弹了回来，在飞机尾部上面划出了一个高高的弧线。两部分各自落地，假人落在了网中，座椅落在了附近的地面上。这个试验与着陆无关，只关乎爆破性弹射。爆破性弹射是由德国空军在第二次世界大战时提出来的一个新概念，它很快便成为美国航空业的一个基础部分。

这一测试集中于斯塔普所感兴趣的方面。随着由火箭所推动的飞机飞得更高更快，尖端的航空技术水平也在向前发展着，但是飞行员们却没有变得更加强健。日益强大的飞机与人类的脆弱之间的反差成为斯塔普的研究目标定位。[5] 减速试验是随后研究的一个部分，人类对极端环境的耐受性测试是另外的一个途径。飞得更高意味着人很快就会进入大气层外缘，在这个知之甚少的区域，与人有关的问题或者说人因（human factors）引人关切。置身于几近真空的环境中，人不仅要应对来自太空的辐射，显然还要面临心理上的挑战。

斯塔普知道，飞机不是研究航天中人因的合适手段。[6] 即使考虑到现有一切技术的复杂性和精密性,在爱德华兹空军基地起飞的火箭飞机返回干湖床之前,也只能够让飞行员短暂地处于上层大气的环境中,即使 X-15 的最高飞行高度也只能让飞行员身处太空辐射环境中几分钟的时间。飞行员需要一套特制的飞行服,就基本上可以忽略辐射问题。然而,气球会使飞行员处于一个完全相反的状态。随着海绵状气囊里的提升气体的膨胀,气球会缓慢地升高,理论上,气球可以在一个高度上延长停留一段时间,将飞行员置于太空辐射环境足够长的时间以收集数据。斯塔普把气球当作这一系列研究的理想试验平台。他想象着一个足够大的热气球,其下面可以吊挂一个加压的高空密封舱,以此作为一个漂浮的实验室。斯塔普在 1953 年抵达霍洛曼空军基地时,他着手建立并负责航空医学实验室,它的一个主要目标就是了解人处于上层大气中所遭遇的可能风险。最重要的问题是来自太空深处的宇宙射线和辐射暴露,特别是宇宙射线对活体组织的伤害。

斯塔普在火箭飞机飞行中发现的问题同样也被大卫·西蒙斯(David Simons)在小型亚轨道探空火箭中发现了。西蒙斯不仅想要在更高海拔空间停留更长的时间,还需要一个更加可靠的方式去重新获取生物样本。艾伯特猴子成为首选。艾伯特猴子是第一批在西蒙斯指导下发射进入天空的灵长类动物,它们在布洛瑟姆 V-2 火箭顶部的舱室中有过极其惨痛的经历。如何研究高海拔飞行对生物的影响?在寻找一种可行的研究方式的过程中,西蒙斯也将气球视为最佳的选择。[7]

1783 年,在法国南部,约瑟夫-米歇尔-孟戈菲和雅克-艾蒂安·

孟戈菲①用热气球下敞开的篮筐，载着一只羊、一只鸭子和一只鸡升入空中。在接下来的近两个世纪里，气球飞行已经发生了急剧的变化，这在很大程度上要归功于奥托·文森②。在第二次世界大战的大部分时间里，文森这位出生于德国的航空工程师是在集中营中度过的，战后他被聘为明尼苏达工具及制造公司的总工程师，正是在这里，文森进入了热气球领域。1945年底，他被瑞士热气球运动员让-皮卡尔（Jean Piccard）招聘加入了赫利俄斯③计划（Project Helios）。这个项目是美国海军、美国国家科学基金会，以及美国通用磨坊公司④（General Mills）的联合项目，其目标是将人类送入平流层。文森最终被美国通用磨坊公司聘用，从事气球研发工作，并为该公司组建航空实验室，在赫利俄斯计划被取消之后，这个分支实验室还继续运作。

在通用磨坊公司，文森推进了气球科学的进步。他研制出一种加热熔接塑料三角接头的方法，开发出一种承载胶带（load-bearing tape）来密封这些接头。如此一来，气球有效载荷的重量就均匀分布在它的整个表面，从而使材料开裂的可能性大大减小。他还开发了聚乙烯气球，这种气球很快取代了橡胶气球。一般来说，尽管塑

① 孟戈菲兄弟，也就是约瑟夫-米歇尔·孟戈菲（Joseph-Michel Montgolfier，1740 年 8 月 26 日—1810 年 6 月 26 日）和雅克-艾蒂安·孟戈菲（Jacques-Étienne Montgolfier，1745 年 1 月 6 日—1799 年 8 月 2 日）是法国的造纸商、发明家。

② 奥托·文森（Otto C. Winzen，1917—1979）是德裔美国航空工程师。

③ 赫利俄斯（Helios）是希腊神话中的日神，是提坦神许珀里翁与忒亚之子，月女神塞勒涅和黎明女神厄俄斯的兄弟，传说他每日乘着四匹火马所拉的日辇在天空中驰骋，从东至西，晨出晚没，令光明普照世界。

④ 通用磨坊（General Mills）是一家世界财富 500 强企业，主要从事食品制作业务，为世界第六大食品公司。公司成立于 1866 年，总部设于美国明尼苏达州明尼阿波利斯黄金谷。

料的厚度只有千分之一或千分之二英寸,但其非同一般的强度能抵抗得住气球完全充满气时的膨胀,这使气球在高空爆裂的可能性大大降低了。文森的聚乙烯气球还可以利用气体的膨胀,在地面上把少量的比空气轻的上浮气体注入气球,当它上升时,太阳的热量再加上较低的大气压会使气体膨胀,把气球的内部空间完全充满。1947 年 9 月,文森放飞了他自己设计的第一个气球。第二年他离开通用磨坊公司,开设了自己的气球制造公司——文森研发公司,总部位于明尼阿波利斯,启动资金来自于姻亲,而他的妻子威拉·哈伯海特是底特律一名富有的社交摄影师的女儿。文森研发公司开创了将聚乙烯塑料用于气球的先河,这为霍洛曼空军基地的高空研究打开了大门。

1947 年 7 月 3 日,在霍洛曼基地释放了第一个聚乙烯气球,20天后,第一批导弹被带入空军基地的上空。在随后的几年里,气球把宇宙射线追踪仪器带到高空中测量辐射,还有一些飞行携带老鼠来确定宇宙辐射对生物的影响。老鼠飞行给西蒙斯提出了一个有趣的挑战是:如果一些动物比艾伯特猴子在布洛瑟姆 V-2 火箭中飞行的时间更长,那么如何让这些动物在一个加压的密封舱内活着?他用老鼠作为衡量标准,创造了一个系统,在其中,一个"鼠单位"表示由一只老鼠产生的热量。据此,他可以为其他的有效载荷、为一群类别齐备的小动物,而不是一大群老鼠,按比例放大其舱体设计。

一天,斯塔普走进西蒙斯的办公室,想知道一个人能产生多少鼠单位的热量,是否有可能在他的放大版的动物舱里将一个人发射升空。[8] 西蒙斯仔细考虑了这个问题,并做了一些基本的计算。西蒙斯并未立刻给出确定的回答,他告诉斯塔普,500 个鼠单位的密封舱应该能够让一个人进入高层大气,并保证他有足够长的时间待在高空收集外部环境的数据。两人一致认为,载人飞行对生物医学研究不仅是有用的,而且是必需的。动物乘客在高空飞行中能做的只有呼吸,如果受到情绪的刺激,它们还会乱啃乱咬、撒尿和拉屎,除此之外其他的事都不能做。只有人类可以描述自己的体验并进行测试,把人作为高海拔飞行心理学方面的研究对象,可以使未来离开地球的太空旅行者可能产生的思想和情感显现出来。正是这些无比宝贵的数据让斯塔普和西蒙斯明白,他们不可能以任何其他方式获得它们。此外,他们不仅需要了解上层大气环境,还需要开发出密封舱和飞行员在高海拔飞机上需要的设备齐全的加压环境,以及太空旅行者在大气层之外所需要的空间。目前,由人操纵的气球飞行是以可控制和可持续的方式模拟太空环境的最佳方式。

斯塔普与西蒙斯志趣相投,受西蒙斯的鼓舞,斯塔普决定加大研究的难度,他不只是想把一个人送上高空,还想让他在高空中停留一段时间。他问西蒙斯,是否有可能使用其中一个密封舱,把一个人发送到 10 万英尺的高空,并且在那里至少停留 24 小时,西蒙斯的回答是肯定的。斯塔普又问,西蒙斯是否愿意亲自加入到飞行中。[9] 西蒙斯是一位科学家,他已习惯于被执行光荣任务的战斗机驾驶员的光环所围绕。对西蒙斯而言,这是一次在实测环境中进行试验的难得机会,他不需要完全依赖他人对环境的描述,只是把他们的复述与数据进行对照,然后才做出一个关于测试的全貌。他将集科学家与试验对象于一身,可以从两个方面得到收获。"好的",西蒙斯告诉斯塔普,他想乘气球上天。新项目启动后,斯塔普任命西蒙斯为太空生物学项目负责人。为了完成把人送上平流层的三重目标,斯塔普和西蒙斯找到了奥托·文森,希望他用关于气球的专业知识来支持他们的项目。

1955 年夏天,气球工程师与两名空军医生开始合作。三人推断,进行 24 小时的有人驾驶飞行到 11.5 万英尺的高度是可行的,并且会给出他们所寻求的数据。空军也有所保留地加入了进来。空军研究和指挥中心下设的人因部门主席在当年 8 月暂时同意了这一项目,但条件是该项目不得与其他气球项目有所重复。有一个与之竞争的项目被称为高空实验室(Stratolab),是由海军研究处(ONR)和美国国家科学基金会资助的一个海军项目,是从未实现的赫利俄斯计划的分支。文森曾经为之工作过,其目标是使一个实验体飞过 96% 的大气之上,这个项目的最终目标是用几乎不失真的大气环境来测量近太空的环境。而空军的竞争项目是一个有关逃生的生物物理学研究,特别着重于人从飞机上弹射出来时的生理和心理方面的研究,这方面与斯塔普的减速研究关联密切。

斯塔普和西蒙斯的项目逐渐明朗,他们称它为代达罗斯计划(Project Daedalus)。代达罗斯是希腊神话中的一名工匠和艺术家,他用羽毛和蜡为儿子伊卡洛斯制作了一对翅膀,但伊卡洛斯太过狂妄自大,飞得离太阳太近。不过,他们发现代达罗斯是一个机密的原子动力飞机项目的名字,于是,他们便把气球项目改名为 Man High,并最终简化为 Manhigh(高空载人计划)。他们的计划在向前推进,但整个项目受阻于资金的缺乏和空军摇摆不定的兴趣。尽管这一计划获得了斯塔普所代表的霍洛曼基地的坚定支持,但是他还需要向空军司令部提交申请以获取批准。空军司令部对载人气球计划只是进行宇宙射线研究的合理性并不认同,所以对于该计划并不热衷。但同时,他们也没有足够的理由来阻止这项计划向前推进。于是,在西蒙斯的负责和管理下,根据斯塔普了如指掌的极少预算,项目继续向前推进。测量宇宙射线对人类乘客的影响是研究的首要目标,设计出可以让人在飞行中维持生命的密封舱是该计划的第二个主要研究目标。

随着 Manhigh 计划的推进,研究表明密封舱是这项计划的最大挑战。科学家们,包括西蒙斯在内,发射装载动物乘客的气球已有几年了,但是,人类乘客则需要更加精密复杂的系统,这项任务的全程都是如此。Manhigh 密封舱就是迄今为止要设计的最复杂的载人系统,它必定比任何的动物系统更大、更精密。空军最终在 1955 年 11 月与文森公司签订了一项合同,文森公司作为主承包商,在项目存续期间,全程负责密封舱和气球的建造,也负责管理研发、制造、维修和改进 Manhigh 密封舱。时间非常紧迫,合同规定,到 1956 年 1 月底,气球必须为飞行做好一切准备,第一次飞行暂时定在 3 月份。

实践证明,Manhigh 计划的时间表颇为野心勃勃,但这种雄心与其拮据的预算之间是不相匹配的。就像斯塔普在爱德华兹空军基地曾经做的那样,他和西蒙斯被迫东拼西凑去维持这项任务的运行,特别是密封舱,这种零敲碎打的方法使得他们的进展落后于计划的时间了。3 月很快过去,Manhigh 计划中的密封舱和气球还没有出现,项目仍然在向前推进。此时,项目已经把宇宙射线研究降为第二位的研究目标,而把密封舱生命维持系统提升至首位。尽管如此,该项目在 3 月获得了空军指挥部的正式批准。随着时间的流逝,对 Manhigh 的投入稳步增加,一年之内,从原初的预算资金 29 950 美元增加至近 24 万美元。增加经费是因为发射支援和飞行追踪的人员增加了,但是,对密封舱的机械改进使造价大大提高。当成本超支远超过空军愿意提供的经费时,文森亲自投入承担起经济责任,他和他的公司以这样的奉献帮助这个项目渡过了难关。

最后,在 1957 年的春天,经历了高成本的研发时期之后,Manhigh 密封舱终于问世了。完全密封的舱室由铝合金制成,它是一个 8.3 英尺高的柱形,两端是圆形,由一些管状支柱支撑直立着,这些管状支柱还被当作一个减震系统。在接近顶部处有六个舷窗,且每一个都对着不同的方向,有些舷窗还有以一定的角度连接在一起的镜子,这样,乘坐其中的人就可以看到周围环境的全景。

通过化学方法将二氧化碳和过多的水汽排出,工作人员将这种处理过的大气压缩至密封舱内,使其相当于 26 万英尺高空的大气状态。该密封舱还首创了多气体系统(multigas system):氧、氦、氮的混合气体为飞行员提供了一个呼吸环境,并且还降低致命的氧气着火的风险,毕竟,密布于舱室中的电力系统随时有可能短路和着火。虽然生命支持是该计划的首要目标,但发生灾难的可能性仍然存在。有鉴于此,密封舱内设置了一个专为个人(准备)的氧气系统,以应对出现舱内压力失效或西蒙斯需要从高空中跳伞的情况,尽管跳伞以及用降落伞着陆不是他希望发生的,但他必须去做。收集最佳的科学数据意味着自始至终都是受控飞行。如果不得已要跳伞,他不仅会失去这个密封舱,也很有可能损失这些宝贵的数据。

为了保持连续稳定的通信,在密封舱内安装了一个高频接收器,这样,西蒙斯可以与地面控制人员通话。有一个备用的遥测系统,通过这个系统,他可以用摩尔斯密码发送消息,该系统采用了一系列装载于密封舱底部的电池,每一个电池上都安装了一个小型降落伞,这样做的目的是,在必要时可以把它们作为压舱物抛掉。在飞机上还有一个磁带录音机,西蒙斯可以实时记录他的想法和感受,如实地存留下自己的视觉、情感和心理等方面的状况。在整个飞行过程中,诸如呼吸和心率等方面的生命体征也将由机载系统进行监测。电力系统的数量之多意味着 Manhigh 密封舱不需要加热系统,当所有仪器都运行起来后,在密封舱里面待一天就会感到这是一个闷热、拥挤的空间,实际上它需要一个冷却系统。对此的解决办法就是一个开口的水容器,因为在高海拔空中水的沸点比较低,在飞行中,一个开口的容器将吸收来自密封舱的热量。

建造好的 Manhigh 密封舱通过一系列的无人驾驶测试来检查它的所有系统。利用与一个人的体重和用氧量大致相同的动物飞行来测试密封舱的大气系统。将一个碰撞试验假人从高空投下来是为了测试在紧急情况下西蒙斯使用的个人降落伞。在这些检验测试之后,接踵而至的是一次试航任务,通过此次试航飞行,解决一些剩余的问题,然后真正的科学任务才能够启动。西蒙斯已经准备好了,但斯塔普却萌生了其他想法。

在空军任职期间,斯塔普做了足够多的实验测试,所以他知道第一次飞行在技术上一定会有很大的问题,他不想让西蒙斯去做一次试验飞行,他希望这次首飞由一名专业的试飞员进行。[10]这位飞行员必须非常熟悉在陌生环境中对新型飞机的测试,尤其在紧急情况下他能够冷静地迅速应对,而不会丢失收集的数据。总而言之,此次飞行试验需要的是一位在糟糕透顶的情况下能够寻机幸存下来的人。于是,斯塔普从霍洛曼基地的试飞员团队中招募志愿者,他发现了一位具有强烈意愿的人——乔·基廷格(Joe Kittinger)。

斯塔普第一次见到基廷格是在新墨西哥沙漠中,当时他正要驾驶一架 T-33 在音速之风一号的轨道上空飞行。基廷格曾自愿参加过一项神秘的任务,其实那个项目是斯塔普的零重力项目之一。通过大致的了解,这位飞行员意识到,这个航空医生简直是一个疯狂的天才,他不会如此轻易地相信人类在太空旅行中能够存活下来。基廷格被分派加入到斯塔普的项目之后得知,他的任务是驾驶飞机沿着抛物线弧形轨迹飞行——以一个陡峭的角度爬升然后迅速向下俯冲,让坐在后排座位的医生在每一个弧形顶点都能达到短暂的失重状态。对于基廷格来说,非常精确的飞行轨迹是一个令人兴奋的挑战[11]，这是一件需要某种技巧的特殊事情，这种技巧是他在通常的试飞中用不到的。对于斯塔普来说，基廷格在第一次试飞时就能够飞出一个近乎完美的抛物线，这种能力令他印象深刻。

基廷格第一次进行生物医学飞行时，西蒙斯是他的乘客。两人开始飞向天空，很快，基廷格全神贯注于挑战飞行的轨迹，西蒙斯则被新奇的感觉所吸引，他们沉浸于这种状态的时间很长，以至于动用了储备燃料。当基廷格恳求他要进行紧急着陆时，西蒙斯还是不慌不忙的，在他看到救火车和急救人员快速地跑向沿着跑道的一些位置时，他仍然对基廷格的飞行技术充满信心，只是当基廷格失去一个引擎并发现起落架的灯不亮时，西蒙斯才开始重视起来。[12]他知道基廷格是王牌飞行员，但他也知道失去一个引擎和没有起落架是一种极为不妙的状况。还好起落架最终放下了，基廷格用一个引擎做了一次如教科书般完美的着陆，他感叹道："真幸运啊！"

由于参加了几次抛物线飞行和参与音速之风项目，这些志愿活动给基廷格带来了极佳的影响效果。确实，当他还是霍洛曼空军基地战斗机测试部的飞行员时，他本人就相当频繁地被借调到航空医学实验室，这次是他第三次作为 Manhigh 计划的替补飞行员。不过，Manhigh 对基廷格来说是一个完全陌生的事物，这种密封舱设计得非常简单，只是挂在气球下面，这与他熟悉的以精确轨迹飞行相去甚远。但他也注意到，在已做过的所有的抛物线飞行中，他从未有任何不舒服的感觉，航空医学实验室的科学家们也注意到了这一点，他们深信，美国的首批宇航员必定来自飞行员的队伍。现在，基廷格成为这个领域的一个先行者。

在 Manhigh 项目中，基廷格和西蒙斯要经过一些相同的飞行前准备。为了胜任一次 Manhigh 的飞行任务，斯塔普列出了每个人都必须通过的四项基本测试。第一个是有关幽闭恐惧症的测试。

Manhigh 密封舱几乎没有给驾驶员留出走动的空间，而且部分加压服也严重地限制了飞行员的运动。这种服装的设计目的就是要收紧他的身体，并且还刻意在躯干部分做得很短，这是考虑到加压服在高海拔处的膨胀。这意味着，飞行员在压力服膨胀开之前，在前期的发射准备活动和上升初期的整个阶段，都要保持着一个难以应付的弯腰驼背的姿势。幽闭恐惧症是最大的潜在性心理挑战，所以基廷格和西蒙斯两人都要在一个封闭空间里通过一次长达 24 小时的测试。

第二项测试是减压测试，这是在一个模拟 10 万英尺高的舱室里进行的，10 万英尺是计划中密封舱能达到的最高海拔高度。两名飞行员都必须在身体和心理上准备好应对突发的失压情况。因为失去压力可能意味着要在高海拔的空中跳伞，所以他们也必须具有伞兵的资质。基廷格在加利福尼亚埃尔森特罗（El Centro）的海军航空站参加过训练，那里是一小群空军和海军飞行员测试新设计的降落伞的地方。基廷格的第一次跳伞令他极其兴奋，那一天他留在那里跳了 9 次之多，他不负众望，赢得了海军跳伞员的资格。

斯塔普设定的最后一项标准是最必要的——西蒙斯和基廷格都要学会驾驶气球，并获得自由气球驾驶员的执照。对于民用航空局来说，这意味着有六次教学飞行，每次要持续两个小时，其中一小时的控制飞行要达到 1 万英尺的高度，另外的一小时时间是完全的驾驶飞行。西蒙斯和基廷格在明尼苏达农场上空，在双人空中客车（Sky Car）训练机上练习。两人学习了如何处理压舱物，抛出重物，减轻密封舱的重量，使其继续向上升。他们还学习了怎样排出氦气，以减小浮力而缓缓地向地面降落。对基廷格来说，这是与驾驶喷气式飞机迥然不同的一次体验，学习过程也大相径庭。不过，一切都进行得平稳顺利，两人最后都学会了复杂的气球飞行。

在整个培训过程中,基廷格提出了几千个问题,不过也给出了同样多的建议。[13]他全身心投入到这个项目之中,毕竟,他的生命掌握在文森公司的工程师们手中,他要确保让他们把他当作是一个人来对待,而不只是报告上的一个名字。而此时,西蒙斯却对基廷格当初参加 Manhigh 项目的动机产生了怀疑。西蒙斯仍将精力集中于实现 Manhigh 的科学目标,他怀疑,基廷格这位狂热的跳伞新人,不仅仅是想跳伞,而且还想从 Manhigh 飞行的最高点跳下来。如果基廷格真的这样做,这次飞行任务对他而言也算是成功的。他对基廷格越来越不信任,终于西蒙斯在斯塔普面前谈起 Manhigh 的首次飞行时,提出来让自己做飞行员。[14]但是,斯塔普的态度坚决,坚持自己的决定:把第一次飞行任务交给试飞员基廷格,不过让西蒙斯进行第一次研究飞行,这在一定程度上化解了他的怨气。

对于基廷格一方来说,他更像是以科学家而不只是战斗机飞行员的身份参与 Manhigh 飞行的。[15]与斯塔普一起工作,已经让他体会到科学和研究性飞行测试的魅力。随着飞行的临近,他在 Manhigh 密封舱里的时间越来越多,他决心确保一切如期进行。但在离发射还有几个星期时,他得知文森公司的卡车司机工会(Teamsters Union)正在计划举行罢工。由于停工,用于制造气球的塑料很可能无法按时交付,最终将延迟气球的制造,使项目落后于原定的计划。基廷格不愿意坐等这种最坏的情况发生,于是他决定亲自动手。[16]冒着可能使自己陷入困局甚至可能会给空军带来麻烦的风险,他跳进一辆老旧的军用运输机 C-47,飞到印第安纳的特雷霍特(Terre Haute)——那里是制造气球塑料的产地。在几个同伴的协助下,他把几箱气球材料装进了飞机,并在夜色的掩护下,秘密运送到明尼阿波利斯机场,在那里将箱子装上卡车,运到了文森公司。几个小时之后就到原定的罢工开始时间了。

在文森工厂,随着这些材料的到来,在威拉·文森(Vera Winzen)本人的监督下工作人员开始进行气球组装。威拉·文森亲自监督着他们将目录上的一些庞杂部件组装在一起,其中有 60 个长长的三角形塑料被高温焊接在一起,然后用带子将焊接处密封好,这将会使密封舱的重量均匀地分布于气球。然后,她的女同事们对气球的每一寸进行检查,查寻针孔或细微的裂缝,在高海拔的空中,气球膨胀对有可能破坏其结构完整性的任何东西都要找出来。女士们穿着袜子工作,她们每天都要检查指甲,以确保它们不会划伤那些精细的塑料。基廷格将之视为质量控制极其严格的典范,他放心地把自己的生命交托给这层强度牢靠的薄薄塑料。

1957 年 6 月 1 日午夜前一个小时左右,在明尼阿波利斯的文森工厂里,已通过最后一道体检的基廷格正在费力地穿上他的部分加压服。密封舱也通过了最后的检查:它的液态氧系统已充满;化学品已添加到空气再生装置里;电气系统和通信系统也进行了最后检查。一个半小时后,基廷格被封入 Manhigh 里,因为是第一次飞行,所以它被命名为 Manhigh 1 号。他让面板处于敞开状态,通过加压,氮气从舱内释放出来,取而代之的是氦气。在突发降压的情况下,氦气可以降低基廷格死于减压症的可能性,减压症就是因为氮气大量从血液中溢出而引起的致命疾病。当技术员们进行第二轮检查时,基廷格在里面半坐半蹲了几个小时,然后他被装到一辆卡车上,卡车行驶了 20 英里到达南圣保罗附近的弗莱明机场(Fleming Field)。当技术人员还在现场忙着做最后的准备工作的时候,基廷格透过小舷窗向外观看[18],此时正是黎明前的黑暗时间,逆向射出的灯光将密封舱照得通亮。当太阳从地平线升起时,晨雾笼罩在发射台上,使现场充满了一种神秘的、超现实的氛围。团队的所有员工都在现场,包括西蒙斯和斯塔普。为文森的项目付出了时间甚至个人金钱的男女员工们终于将要看到他们辛勤工作的成果了,在多年的工作时间里,他们只拿着极其微薄的工资。

清晨的阳光洒向机场,一阵和风吹起,敲打着气球的周围,气球已被氦气充满。轧钢工紧紧地拉着它把它固定在一个适当的位置上。6 点 23 分,气球终于被放飞了,它载着基廷格从发射平台升起。其实在空中基廷格并不是一个人,环绕该区域的还有航空摄影飞机和跟踪飞机。但在密封舱里面,基廷格是与外界隔绝的,而极高频的无线电通信故障更是加剧了他的孤独感。虽然他能够听到地面人员的声音,但他们听不见他的声音,他不得不使用备用的连续波传输系统,用摩尔斯密码敲出信息。在文森工厂的一名员工接收到这些信息后,再呼叫在南圣保罗的地面人员,通过口头来传递信息。虽然这种迂回曲折的方式意味着会使关键信息的传输延迟,但这些并没有挫伤基廷格的兴致。他发出一个简单的信息:不必担心。这是他的一个招牌式说法,是告诉地面人员他很好。

基廷格上升得越高,氦气就膨胀得越大,当氦气真正地充满气球的 200 万立方英尺体积时,气球载着基廷格一直向上飞去,离地球越来越远。飞行不到一小时,基廷格低头瞥了一眼他的氧气供应测量仪器,发现在不到一个小时的时间里,就已经消耗了近乎一半的可呼吸气体,远远超过了这次任务在这一阶段的预期。从逻辑上来说,应该当即中止任务,但基廷格的试飞员的本能占据了上风。因为他不仅仅是为了自己的缘故完成这次试验,他还想使整个团队的辛勤努力不至于付诸东流。另外,那天早晨,是他而不是西蒙斯,在那里进行的系统测试,将系统调试到他想要的状态。他推断,只要合理地控制氧气的使用,就或许能够到达最高点并返回,于是,他开始把氧气从他的宇航服里排出来,摘下他自己备用的救生系统,把他的生命义无反顾地交托给了建造密封舱的文森公司和空军的人员手中。

Manhigh 1 穿过大气层平稳上升，越过对流层，向着平流层飞去。在 4.5 万英尺的高空，基廷格遭遇了一束喷射气流的猛烈冲击，密封舱差点被撞翻，从舷窗向外看去，他看到气球已经完全扭曲成一团凹凸不平的塑料。此时，基廷格尽量不去想看到的这幅景象，他对威拉·文森的女子团队充满了信心，等待着气球带着他上升到这些强风之上。不过喷射气流来得快，去得也快，气球又恢复了圆滑的形状，文森女士们制造的气球的确棒极了！基廷格继续上升，当超过 7 万英尺时，舷窗外的世界开始发生变化：往下看，他仍然能看到熟悉的景象，谈蓝色的天空就像地平线上的一条宽厚的带子，而当他抬头向上望去，碧蓝的色彩转眼间就变成了漆黑的墨色。清晨的天空中，太阳光明亮而又强烈，而气球周围的天空却空无一色。当基廷格透过小窗向外面看去，他的内心被一种敬畏而又特别荣幸的感觉所充满。

气球在空中继续飞行，在地面上的西蒙斯却变得越来越焦虑。[19] 他仍然相信基廷格对跳伞的痴迷很可能会令他成功，但他也担心这位飞行员是否会找一些借口跳伞，因为跳伞比科学研究更加刺激，如果他作出那个选择，这次任务就会牺牲密封舱。因此，他急不可耐地让基廷格和 Manhigh 密封舱安全地下来，他用无线电发出命令，要求基廷格在早上 9 点之前开始向下飞行。

当基廷格接到指令的时候，他知道还有足够的氧气使他在空中停留更长一些时间，所以他并不想急于结束这次飞行任务。此刻，在 9.6 万英尺的高空，他看到了很少几个人目睹过的地球，在深邃幽暗的天空背景的衬托之下，它的轮廓曲线清晰可见。与在爱德华兹空军基地上空驾驶火箭飞机的飞行员们不同，他可以舒适地坐着,静静地享受这种尽收眼底的美景,这种条件只有无推进系统的气球才能提供。天空呈现出的色彩是他在地球上见所未见的,就在那一刻,他突然意识到,他是在近太空环境中度过如此长时间的第一人,在某种程度上,也可以说自己是进入太空的第一人。

基廷格没有多少时间品味这个美妙的瞬间。他已经开始从气球中释放气体,缓慢地向地球降落。只是,他先要跟西蒙斯开一个小小的玩笑[20],想捉弄一下这位总是臆想自己痴迷于跳伞的医生。他想了一会儿,然后敲出对下降命令的回答:"来啊,上来抓我。"西蒙斯脸色大变,他确信基廷格已经彻底陷入了一种"孤寂症现象"。这是理论上的一种心理状态,在这种状态下,处于高空的飞行员会不顾生命危险尝试进入更高的空间。这个说法在基廷格看来是非常可笑的,他了解飞行员们实际上不会遭受这种孤寂感的折磨,斯塔普也意识到了基廷格回答的戏谑幽默之意。不过,斯塔普必须遵从西蒙斯的指挥,命令基廷格开始下降,这一次,飞行员回复道:正在释放气体。

Manhigh 1 号带着基廷格穿过大气层缓缓地下降,舷窗外的天空也逐渐明亮起来,又回到地球的湛蓝色彩之中。他小心翼翼地将气体排出,使气球收缩以降低它的升力;接着,他抛出电池减轻它的重量,以放缓下降的速度;他打开舷窗,让空气中的氧气进入密封舱;最后,基廷格在下午 12:57 干净利落地着陆,此时他的氧气供给完全耗尽了,仅偏离了发射点 80 英里。西蒙斯最先到达 Manhigh 密封舱的着陆点,帮助笑容满面的基廷格出舱来到草地上。

从一次试验性飞行的角度来考虑,Manhigh 1 号的这次飞行被广泛认为是成功的。但从这些受控气球飞行的所有生物医学方面的收获来说,它们是有限的。气球可以把人带到近太空的环境中,却不能一直在轨道中行驶。为此,基廷格还需要驾驶火箭飞机飞行,或者更有可能的是乘坐火箭飞行。后一种通向太空的途径已经运转启动起来,这种方式将成为引人注目的中心,以进展缓慢但却有条不紊的方式去探索太空的时代很快进入了尾声。

第 **11** 章

太空成为一个选项

几个世纪以来,西方古代和中世纪的科学家们认为,太阳是一个完美的、永恒不变的天体,它以如时钟般准确的规则性围绕着地球运转。1543 年,波兰天文学家尼古拉斯·哥白尼通过对火星运行轨迹的追踪研究,发现流传已久的地心模型①是错误的,他提出了日心说,认为太阳是宇宙的真正中心,地球和其他的所有行星都围绕着太阳做圆周运动。光芒四射的太阳是一颗完美无瑕的天体,它的光芒照亮了世界,这种至高无上的地位是不可撼动的。到了 1611 年左右,意大利天文学家伽利略通过望远镜观察太阳的表面,看到了太阳表面的黑斑,在尽善尽美的太阳上竟然发现了瑕点!这些早期的发现永远地改变了人们认为太阳是永恒天体的观念。

后世的天文学家们纷纷仿效这种方式,他们把望远镜对准了太阳,发现太阳黑子不仅是常见的,而且也会发生变化,其数量会在有规律的太阳活动周期中或增多或减少,每 11 年太阳的活动就达到一个峰值。到 20 世纪中叶,我们知道了一度被认为是稳定不变的太阳,其实际的活跃程度是令人难以置信的。在 1952 年,随着太阳活动的高峰期即将到来,国际科学联合会理事会提出了一项联合研

---

① 原文的这一段有多处错误,此处作者误写为日心模型。

究计划,主要研究大气科学中受太阳活动影响的各个方面,呼吁设立国际地球物理年(IGY)。

对于旨在了解影响地球的物理性质和过程的大规模研究项目,国际科学家之间的合作研究并非首次。早在七十多年前,澳大利亚探险家卡尔·魏普雷希特(Carl Weyprecht)就提出,通过对地球的南北两极进行一系列协调的科学考察,可以为一些基本的气象和地球物理问题找到答案。魏普雷希特于 1881 年去世,不过在去世之前,他发起了第一个国际极地年。1881 年至 1884 年间,来自 11 个国家的约 700 名科学家在地球的极地地区建立了 14 个研究站,并在世界各地增设了 13 个辅助站。他们费心尽力积累的数据从未真正地派上用场,不过合作进行项目研究的模式却被证明是切实可行的,所以国际气象委员会在 1927 年再次使用了这种模式。另一个合作研究计划是对北极和南极各站点的协同观察,试图解答长久以来有关地磁、极光和气象现象的疑惑。这些研究现在已经直接应用于海洋和空中导航、无线电报和天气预报。第一个国际极地年后的第 15 个年头,即 1932 年到 1933 年间,第二批国际合作的科学家们不惧严寒,在两极建立了研究站,为第二个国际极地年从全球收集有用的数据。

第二次世界大战的爆发中断了这一国际科学事业,第二次极地年就被悬置了起来,直到 1946 年成立了清算委员会(Liquidation Commission)才开始解决所有悬而未决的问题。随着战后国际关系开始了缓慢的修复过程,各国科学家们越来越热衷于恢复联系,重新开展合作进行研究项目。1950 年 9 月,一大批志同道合的科学家们向位于布鲁塞尔的关于电离层的研究联合委员会(Joint Commission)提出了一项研究计划,提议将 1957 年至 1958 年定为第三个国际极地年,以便与太阳活动高峰相呼应。这一提议激发了国际天文学联合会的浓厚兴趣,并将它提交给国际科学联盟理事会(ICSU))和世界气象组织(WMO)等一些国际研究实体。这些组织都对这个提议表示赞同,但对其关注点做出了改变。他们达成的共识是,从长远来看,一项地球物理研究项目将远比又一个极地项目有用得多。修订后的研究目标意味着需要从两极到赤道建立一些新的研究站。针对这一新的研究重点,国际科学联盟理事会在1952年末设立了国际地球物理年特别委员会(CSAGI),负责监督第一届国际地球物理年(IGY)各方面的工作。

国际地球物理年特别委员会于1953年在布鲁塞尔举行第一次全体会议,三十多个国家对IGY的理念给予的回应是赞同和支持。从此,一些计划的合作逐渐开展起来,尽管困难重重。它的基本原则包括了一个总的指导方针:参加国的开发项目可以使用自上一个极地年以来已取得重大进展的技术。尽管国际规划委员会必须处处考虑到不同的科学委员会的需求,每个国家还是在本地区层面上掌管着自身的IGY项目。但是,如此规模庞大的项目本身也意味着,在布鲁塞尔或巴塞罗那仅持续几天的国际会议上,必须解决IGY的任务分派问题。

美国对国际地球物理年的作用和影响于1954年春天开始显现。项目预期总体上与IGY的目标是一致的,但有一个显著的例外。除了以地面为基础的研究站点之外,美国科学家们还想使用火箭去探索上层大气。最初,美国的地球物理年项目提倡使用气球火箭。这是火箭与气球的一种混杂物,通过气球将一个有效载荷带到空中,然后,再用一种小型火箭,也是一种小型的空蜂(Aerobee)探空火箭将其发射到海拔更高的空中。这些高空载荷将携带一些仪器,用来测量大气的压力、温度、密度,也会带回有关磁场强度,以及夜晚和白天的气辉(airglow)现象的数据。还有些特殊的仪器用于测量太空中的紫外线和 X 射线，寻找引发极光的粒子，估测地球的臭氧分布、电离层的密度，并测量宇宙辐射的影响。这些火箭将在预先确定的太阳活动最明显的"世界日"发射，目的在于获取最丰硕的成果。但是，科学家们多年来一直在研究高空探测火箭，所获得的结果喜忧参半。伴随着 IGY 的规模扩大的是使用大型火箭的可能性。

科学家已经着手开展高空大气的研究工作，那么发射地球轨道卫星不仅是自然而然的下一个步骤，也是克服现有技术缺点的最好方法。就像从白沙试验场发射的美国重新组装的 V-2 火箭一样，小型探空火箭的有效荷载只能在其弧形轨道最高处的几分钟内收集数据。探空火箭也只能将有效荷载携到高层大气中，而无法达到大气层之外。这意味着其携载的设备所收集的有关宇宙辐射或者空间环境的数据并不能完全摆脱大气的干扰。此外，因为探空火箭实在太小，没有一枚有足够的发射动力将任何负载送进绕地球的轨道中。气球飞行同样是有限的，就像约翰·保罗·斯塔普和戴维·西蒙斯在新墨西哥霍洛曼空军基地正在进行的工作一样。尽管气球比弹道火箭携载装备能在高空中保持更长的时间，但也不能逃离地球的大气层。

如果能将一颗科学卫星送入轨道，这些问题就会迎刃而解，同时还可以进行全新的太空领域探索。因为卫星处于大气层之外，所以它能够收集外层大气的密度的数据，并且当它围绕地球运转时，还可以测量地球赤道的半径和地球的扁率。这是研究大气保护层之外的辐射环境的唯一途径。卫星以每小时 1.75 万英里的速度围绕地球运动就不会落回到地球，只要所携带的设备有足够的动力持续工作，卫星的飞行使命就会延续下去。

从实际的角度来说,设计一个在高层大气中运行的仪器装备并不比设计一个相同的在轨道中运行的仪器装备更加困难。在这两种情况下,仪器装备都必须承受发射时的重力、高层大气中的寒冷,以及太空的真空环境。然而,轨道发射需要对仪器装备有更加严格的要求,并且也需要一个能够保持这些仪器设备在更极端环境中正常运行的电源。更大的挑战在于开发出一种火箭,这种火箭能够将有效荷载推进到足够快的速度,使其进入环绕地球的轨道中。这种技术不再只是存在于未来的幻想世界中,军事导弹正处于研制之中,这种导弹被改造后可以将适度的荷载送入轨道。国际项目确定了下来,更多的国家参加进来,这导致了更大的成本和更高的目标。每个参与国都承诺将使用尖端技术去探索地球物理现象。科学家一致认为,在许多研究领域中,诸如,极光和其他的高大气层和太空现象,地球轨道卫星将会是收集必需数据的最佳方式。

对国际地球物理年的支持不可避免地超出了科学界的能力范围。美国计划是根据国家科学研究委员会主席的命令,由国家科学基金会管理运作,这使它成为一项总统必须签署的政府项目。德怀特·艾森豪威尔总统第一次看到这一计划时就认为:国际地球物理年是基于科学的好奇心而进行国际合作的一个别具特色的突出范例[1],在某种程度上这将有益于世界范围的多个国家。此外卫星的前景也同样具有极大的吸引力。在 1954 年秋天举行的罗马国际科学家会议期间,总统第一次得知,把一颗小卫星送入轨道既具有科学上的效益,也具有技术上的可行性。在这次会议上,他还得知,在国际科学物理年的掌控下发射人造卫星是一次纯粹的科学尝试。把太空探索作为一项和平事业,而不是国际参与者之间的一个竞争的或者敌对的行动对艾森豪威尔来说至关重要。不过他的确也意识到,这一项目不可避免地与军事关联在一起,因为那时能够将仪器设备送入轨道的唯一运载工具是陆军的红石系列火箭。艾森豪威尔赞同 IGY 的卫星项目,但前提条件是:不干涉任何正在研制的导弹项目,并且不使用军事导弹作为发射工具,这种工具必须是某种和平的变体,要坚决地将军事从太空探索中分离出来。美国临时将卫星列入其 IGY 计划的一部分,这对国际科学联盟理事会是一个极大的促进,他们敦促其他参与国也把制造和发射一些小型的卫星作为他们的 IGY 活动的一部分。

苏联对国际科学联盟理事会的号召给出了积极的回应。1954年,苏联还不是 IGY 的正式参与国,但也没有被禁止参加。苏联表达了加入的兴趣,受到 IGY 的欢迎,但条件是必须像其他每一个参加的国家一样,要自由地与其他合作国交换所有收集到的数据,而不是为一个封闭社会所独有某些数据。无论怎样,苏联代表出席了罗马会议,在这次会议上,美国卫星计划被核准通过。

在所有为了科学研究而热衷于轨道卫星探索的科学家中,或许冯·布劳恩对这种前景的心驰神往无人能比。在阿拉巴马州亨茨维尔的陆军红石兵工厂,经过四年的研究,其研发的红石火箭经过改进,可以携带小型荷载进入轨道。由冯·布劳恩设计、由克莱斯勒公司制造,将近 70 英尺长、6 英尺粗的导弹是美国陆军的第一枚短程地对地导弹。它的发动机能够在海平面高度提供 7.8 万磅的推力,是将有效荷载送入轨道的最佳选择,尽管它并不能单独做到这一点。

在美国,在发射的所有 V-2 系列火箭中,8 枚是指定的首节火箭(Bumper rockets)。这些是耗资巨大的德国火箭的变体,与未面世的二级运载火箭 A-9 和 A-10 相似。首节火箭是 V-2 火箭的一种,有一个下士火箭(WAC Corporal)安装在其上部作为它的第二级,这种下士火箭是由喷气推进实验室建造的。当 V-2 火箭的发动机熄火并达到最大速度时,WAC 下士火箭的发动机就开始发动。在 1949 年进行的一次测试中,两级火箭的联合动力将 WAC 下士火箭推送到接近 250 英里的高度。冯·布劳恩看到从第二级火箭所获取的额外高度,对他而言,多级火箭是进入太空的最佳方法,这是显而易见的。[2] 他的第一份人造卫星方案正是基于这一原理。

冯·布劳恩提出的方案很简单。他设计的红石火箭之一,由于太小而不能仅靠自身动力将卫星送入轨道,但可以作为运载火箭的第一级。第二、第三、第四级将由数枚洛基 II-A(Loki II-A)火箭组成,这些小火箭的直径只有几英寸,也是由喷气推进实验室为陆军军械部开发的,它的基础是二战时期的德国台风(TAIFUN))地对空导弹。这个设计的关键在于分级,就像 V-2 首节火箭,每一级火箭都被设计成在其前面一级火箭到达最大速度时开始点火。最后一级是轨道插入阶段,这一阶段将给一颗适中的五磅重卫星以最后的爆发速度,从而使其能够进入大约高 186 英里的绕赤道的轨道。这种方案需要几种火箭变体,其中,19 枚洛基火箭用在第二级,7 枚用在第三级,3 枚用在最后一级,但在每一级上,相对来说承担的花费都不昂贵,这两种火箭都是现成可使用的,因此使卫星进入轨道只是简单地将一些片段组合在一起的一件事情而已。

冯·布劳恩把他的研究计划递交给了海军研究处。海军高空实验室关于高层大气的研究工作一直没有取得成果,因此冯·布劳恩推想这一建议会被联合项目所接受。冯·布劳恩的贡献的确催生了美国陆军和海军的一项共同的项目——轨道飞行器计划。空军拒绝加入这一项目,部分原因是因为军种之间的竞争,还有一部分原因是,与其搭从前的主管设计好项目的便车,还不如开发自己的卫星项目。尽管没有适用于 IGY 的卫星项目被正式批准,但是轨道飞行器计划于 1955 年 1 月正式提交给美国国防部助理部长。虽然这是一个完全可行的卫星计划,但离冯·布劳恩梦想中的项目还差得很远。他想要的是一个长期项目,该项目能够创造出一些新的东西,也可以长期为特定目的建造一些东西,这种项目可以为他在亨茨维尔的火箭团队提供较长时间的工作保障。基于这一点,冯·布劳恩不仅仅在头脑中拥有更加崇高的使命感,而且他还要与美国公众分享自己的想法。

早在1951年10月,广受欢迎的《科利尔》(Collier)杂志的几位编辑参加了第一届太空旅行年会。这次年会是在位于纽约的美国自然历史博物馆的海登天文馆内举办的。《科利尔》团队中有一位是执行编缉戈登·曼宁(Gordon Manning),他对太空旅行的兴趣大大超过了对其报道的人所应有的怀疑。[3] 出于对太空的浓厚兴趣,曼宁让副主编和记者科内纽斯·瑞安(Cornelius Ryan),以及空间艺术家切斯利·博尼斯泰尔(Chesley Bonestell)一起参加了几个月后在得克萨斯州圣安东尼奥举行的太空医学会议。在那里,瑞安聆听了冯·布劳恩的演讲。这位德国工程师在黑板上写满了冗长的计算公式和晦涩难懂的图表,在座的所有人都对这些符号和数据惊诧不已,他们都意识到冯·布劳恩刚才已经证明了航天飞行的可行性,但是瑞安却对此一头雾水,根本不知这有什么可值得惊讶的。如果没有解释,他根本没有能力从数学上去理解演讲的内容。

后来,在离开另一个会场的时候,瑞安又遇到了冯·布劳恩。[4] 这位编辑手里拿着一杯酒,一边抱怨着他被派来弄清楚真正的火箭专家是怎样看待航天的,而他所了解到的全部就只有坐在会议室里看着满黑板莫名其妙的符号带给参加会议者的兴奋笑容。冯·布劳恩意识到了瑞安面临的挑战,航天需要开放,让普通人理解它,他还窥见到激发美国公众关注航天真实前景的一个机会。所以冯·布劳恩提出要在科学家与公众之间的鸿沟上架起沟通的桥梁,由此诞生了工程师和杂志之间的合作关系。

几个月后，也就是 1952 年 3 月 22 日，《科利尔》杂志出现在全美的报摊上，这一期刊载了这一次偶遇的成果。封面上引人注目地印着博尼斯泰尔的一幅栩栩如生的画：在分级的瞬间，一架有翼滑翔机正处在一枚有翼火箭之上。滑翔机下面的弧形地平线正在让位于漆黑的太空，在它的右上面印着醒目的文章标题："人类即将征服太空，顶尖科学家们用 15 页的惊人篇幅告诉你怎样征服太空。"

这篇文章是冯·布劳恩写的，文章详细说明了轨道空间站的建设，轨道空间站可以作为远离地球的科学实验室和探月飞行的出发点。随着每期都为太空探索增加一个新的内容，冯·布劳恩带给《科利尔》的读者的视野越来越宏大。在两年内，通过由冯·布劳恩或这一领域的其他专家撰写的一系列专题文章，这个杂志刊登了八个专题，展现了他对未来太空探索的愿景。这些专家包括宇宙飞行协会（Verein für Raumschiffahrt）的创办人之一维利·莱（Willy Ley）。通过这些文章，普通的美国人知道了大型的多级火箭，知道了卫星，也知道了将载人到其他行星的飞船。

这些文章引起了华特·迪士尼的注意，这位卡通电影巨头的名字已经成为了米老鼠的代名词。迪士尼正在建造迪士尼乐园的过程中，这个游乐园的理念如此新颖超前，很难找到有意向的投资者前来投资。但是迪士尼对跟美国广播公司（ABC）的一个交易合作已有确切的把握。ABC 已经付给迪士尼一笔钱投入他的乐园建造中，交换条件是一个内容长达一小时的独家电视系列节目，播放迪士尼乐园向未来的参观者所提供的一切。该系列节目按照乐园的四个主题区域进行，这四个区域分别是幻想世界、探险世界、拓疆世界和明日世界。未来主义风格的明日世界是极富特色的，其中还有一段模拟在月球表面上的旅行，这意味着相关的电视节目必须以科学事实的方式来处理,而不是以科幻的方式。迪士尼的制作团队找到了维利·莱,维利·莱转而将冯·布劳恩拉进了团队。

1955 年 3 月 9 日,有 4 000 万美国人通过电视屏幕观看了《奇妙仙子》(*Tinkerbell*)。在一段介绍迪士尼乐园的夜间节目中,伴随着解说者的低沉声音,奇妙仙子飞来飞去,在变幻不停的图像中挥舞着她的卡通魔法棒。在结尾,奇妙仙子的魔法棒最后的闪烁波纹用一幅黑色的屏幕代替了类似于睡美人中的城堡,屏幕上出现了小写的节目标题:太空人。这种功利主义与艳丽夺目的开场景象形成了鲜明的对比。华特·迪士尼亲自介绍了这档节目,摄像机的镜头在一个办公室里展开,办公室里散落着的火箭模型,有绘图员站在桌子的旁边,桌子上堆满了满是计算公式的纸张。节目进行到33 分钟时,在对瓦利尔火箭车的运行和 V-2 火箭的发射等特色火箭技术介绍完之后,冯·布劳恩在美国人面前亮相了。这位工程师被介绍为航天事业最重要的奠基者之一,陆军红石兵工厂制导导弹部门的负责人。他高亢的声音中带有轻微却显明的德国口音。虽然轻描淡写地提到了他负责的 V-2 火箭研发工作,但也只涉及与美国火箭发展有关的部分。适合家庭温馨氛围的节目没有提及 V-2火箭不光彩的过去,和它与冯·布劳恩相连的名声。

通过三集内容的讲解,美国观众从冯·布劳恩那里了解了太空飞行。他计划建造一个直径为 200 英尺的轮形空间站,使它在距离地面 1 000 英里的高空环绕地球运行。他设想这个空间站将通过旋转为 50 位居住者提供一个微重力环境。冯·布劳恩说,宇航员可以从这个空间站出发执行飞往月球的任务,通过为期 10 天的轨道飞行,在着陆飞行开始之前进行前所未有的详细探索。但更加令人兴奋的是冯·布劳恩对火星航行的想象。在明日世界系列中,第三集的主题是"火星之外"。不同于他最初设想的月球飞行任务,那只是一个小规模的初步探测之旅,这一最初的火星航行任务遵循了他早期的著作《火星计划》(*Das Marsprojekt*)的描写思路,是一次有70人参与的科学探测任务。

在这本书中,冯·布劳恩构思了从约翰斯顿岛(Johnston Island)出发前往火星考察的任务。约翰斯顿岛是一个位于夏威夷以西940英里稍微偏南的小岛,这个与世隔绝的地点适合作为轨道航行的发射点和着陆点。每一次发射火箭,火箭的第一级和第二级都会脱离落入太平洋,在那里它们将被回收并由拖轮拖回约翰斯顿岛。火箭的第三级是一个翼型滑翔机,这让人再次联想到超级飞机(ultra plane)。只有有翼那一级才会到达轨道,将货物交付并把多余的燃料转移到飞往火星的运载工具上,然后再进入大气层,并在约翰斯顿岛的降落跑道滑行。这个三级火箭将被重新整修,并用于下一次发射,设备保存的意图是只用46枚火箭和几个滑翔机就可以执行950次航行任务,这些飞行任务是完成火星飞船的组装所必需的。

在冯·布劳恩的设想中,10艘飞船将首先登陆这颗红色星球,其中7艘搭载乘客,3艘只携带额外的补给和燃料。每艘载人飞船都配有一个65英尺直径的球形居住舱,可以供10个人居住,而且还可以携带飞船返航所需要的356.5吨的额外推进剂。与此同时,这三艘载货飞船将各自携带一个重达200吨的有翼火星着陆器和另外的重达195吨的储备物资。从地球轨道的起点出发,所有引擎要燃烧整整66分钟,才能获得到达火星所需要的助推速度。在这些飞船以及居住其中的70名勇敢的探险家到达火星的长达260天的运转途中,他们要抛掉空的燃料箱,以减轻这些飞船的整体质量。

当他们到达时,舰队将再次点燃飞船的引擎,这次引擎的方向与他们前进的方向相反,是为了让飞船减速到足以被火星的引力捕获。一旦进入轨道,他们就会开始测量火星的地形,寻找合适的着陆点。选定着陆点之后,一个小型先遣队将会登上一辆有翼的登陆车,与其他人分离,使他们的飞船离开轨道,然后滑翔着陆。它很可能不得不在火星的一个极冠地区利用光滑的冰层表面降落,所以使用起落滑橇比轮式起落架更合适。在一个可靠的区域着陆是至关重要的,一艘飞船中第一组人员的任务是一次有去无回的单向任务,因为没有办法让船员返回轨道。接下来落在这个小组肩上的任务就是为其他仍在轨道等待的团队修建着陆设施。他们将建立一个小型基地,并修建跑道。

第二个登陆队将使火星的总人口数达到 50 人,剩下的 20 人将留在轨道,监控宇宙飞船和观测这颗行星。在火星上,登陆人员依靠可充气的空间生活,乘履带车辆在这个区域走动,这次着陆探测将需要 400 天时间勘探这颗红色的星球,采集样本并进行实验。他们的旅居时间一结束,就将样品和任何其他值得带回地球的东西装到返回的飞船中后登机,从火星表面发射进入轨道。他们将与轨道上的同伴会合,登上主舰,最后将失去效力的太空飞船留弃在火星上。当他们最终回到大本营时,他们会乘特制的滑翔机再入大气层,在专为他们的回归而修建的跑道上着陆。从最初的发射到最后的着陆,这次火星探险将持续大约 963 天。

虽然这次火星探险只是一个幻想的故事,但冯·布劳恩知道,如果有足够的资金来解决工程问题,以及建造发射基地和飞行设备,他的航行任务不是没有可能。尽管许多人对如此宏伟的一项任务持怀疑态度,特别是考虑到这样一个事实:无论是卫星还是人类都还从来没有进入过太空。在太空医学会议上,与会者已经看到了冯·布劳恩的这项行动中的基本原理,就像《科利尔》杂志的读者和迪士尼乐园的参观者已经看到的一样。

　　冯·布劳恩对宇宙空间站和火星探险的未来航天设想是令人兴奋的,但是随之而来的也有警示。显而易见的是,任何一个国家,只要解决了航天飞行的复杂性,并研发出实现航天前景的强大技术,就会成为一个无可争议的技术领导者。谁先征服了太空,谁就拥有了空中的控制权以及压制对手的技术优势。冯·布劳恩敦促美国投入时间和资源,尽早将有效载荷送入太空,哪怕有效载荷只是一颗 5 磅重的卫星,这是他提出的用于轨道飞行器项目的。因为无论他的空间站和火星任务多么可行,这些任务都取决于重大的技术进步。轨道飞行器计划这类项目只是走向太空的第一步,但却是极其重要的一步。冯·布劳恩希望在 1956 年底之前把一颗小卫星送入轨道,这个项目对他来说真正的成功不是技术上的壮举,而是心理上的收获。卫星是美国实力的清楚展现,当它每 90 分钟就绕地球旋转一周时,也是对那个事实(美国的实力)的一个提醒。这将是一个虽小但却极为重要的心理冲击。简而言之,轨道飞行器计划是美国获得超越苏联的强势地位的快捷方式。

　　对于这个卫星计划的早期讨论引发了主管部门关于卫星的长期考察,并成立了一系列的委员会,这些委员会研究了这些想法的潜在可能性。其中,一般科学统筹委员会(CCGS)认为,在任何一个项目实际行得通之前,应该继续加强军种间的合作研究。科学卫星计划的临时委员会的任务是为国家安全委员会准备一份文件,是关于军种间潜在卫星合作项目,以及作为组织主体的 CCGS 的后备计划项目的。

　　将一颗卫星的发射作为美国的国际地球物理年活动的一部分,这种理念在 1955 年 7 月 29 日正式进入政策层面,白宫在那天发布了一个公告。同一天公布的一份新闻稿给出了更多的细节,声称该项目在实际上完全是科学研究性的,由国家科学基金会和国家科学院共同运作。技术支持的建议和帮助将来自于国防部，其对高层大气的研究经验对于建造发射设施非常有用，同样它拥有军事基地使用权对于该研究也大有裨益。

尽管这是作为一项纯粹的科学研究而提交的，美国 IGY 卫星计划的决策还有另一个不太为人觉察的一面。在白宫公布卫星计划的 8 天之前，艾森豪威尔已在瑞士日内瓦召开的峰会上提议签署了《开放天空条约》（*Open Skies Treaty*）。自 20 世纪 50 年代初以来，美国一直在试图获取尽可能多的关于苏联发展进攻性武器的侦测信息，这是一个艰巨的挑战。美国人的侦察飞行通常是在离苏联国境线不远的国际空域中进行的，零星几次进入其领空的飞行都违反了国际法。

随着卫星在各种轨道上环绕地球运行，一颗卫星偶尔会穿越过苏联的某些领空是在所难免的，这容易引起误会，由此使得两国之间的脆弱关系雪上加霜，进而引发一场全面的战争。1953 年 7 月，朝鲜战争结束时签署了停战协定，尽管战争结束了，但对立冲突并未真正解决，这就促使美国继续保持对苏联采取遏制和军事化的冷战政策。《开放天空条约》是艾森豪威尔创造公平竞争环境的一次尝试，目的是为了避免再次出现国际冲突。他建议美国和苏联自由地交换军事方面的信息，允许飞机越过领空以进行核查。这样的交流将缓解双方对突然袭击的恐惧，并促进太空探索发展成为真正的和平事业。

虽然欧洲各国政府高度重视《开放天空条约》，然而，苏联政府却断然拒绝了。苏联领导人担心这是美国企图在发动突袭之前诱惑整个国家陷入一种虚假的安全感之中。对《开放天空条约》的拒绝使美国产生了怀疑，怀疑苏联可能隐瞒了远程导弹和先进的核武器，这使美国忧虑重重。这一潜在的"轰炸机差距"（Bomber Gap）

促使艾森豪威尔准许继续在苏联领空进行侦察飞行,无论有多大的风险这一侦察行动都要进行。然而,IGY 卫星计划却显示出了一个有机可乘的漏洞。它主要是一项科学研究计划,飞越苏联上空的卫星既可以作为一个侦察系统,也可以为一个独立的侦察卫星项目作掩护,例如空军已经在进行的 1115 计划。

到 1955 年,加入 IGY 的已经有 55 个国家,而国际上对美国卫星计划的兴趣也与日俱增。同年 8 月在哥本哈根举行的国际宇宙航行联合会(IAF)第六次大会上,IAF 主席播放了迪士尼的"太空人"的片段。出席会议的代表们对这个节目深感兴趣,为它所呈现的未来愿景而激动万分。出席会议的苏联代表对这个节目也同样趣味盎然,并要求借阅这部影片,带回自己的国家放映。他们说,有这部手头的电影为航天飞行进行私人演示简直是太棒了,不过他们很可能想把它当作美国新兴技术的证据。在德国工程师的帮助下,这些正在崛起的技术离解决载人航天的基本问题已为期不远了。苏联不甘落后于美国,在哥本哈根会议上他们也公布了发射一颗卫星的意向计划,以其作为 IGY 计划的一部分。报告展示了一个雄心勃勃的时间框架,苏联卫星计划将历时 18 个月,并保证苏联计划的任何方面都做得比美国更好,但当时很少有人把这些承诺当真。

现在,对美国各种卫星提案做出正式的官方决定的权力落在唐纳德·夸尔斯(Donald Quarles)身上,他是美国国家航空咨询委员会的成员,也是负责研究和开发的国防部副部长兼空军部长。夸尔斯指定了一个八人委员会,军事服务机构的每个部门各出两人,还有两人来自他自己的办公室,他们将对国家的选择进行权衡,并提出一个评议书。该委员会的主席是霍默·乔·斯图尔特(Homer Joe Stewart),他来自加州帕萨迪纳市的喷气推进实验室,于是该组织就有了"斯图尔特委员会"的绰号。代表 IGY 的美国国家委员会主席约瑟夫·卡普兰（Joseph Kaplan）也是该委员会的成员。

斯图尔特委员会认识到，轨道飞行器计划有冯·布劳恩在火箭方面的惊人成果作为支撑，是最有可能成功的项目。斯图尔特本人甚至参与了这项提案，来自喷气推进实验室的他曾担任过该提案的分析师，他提出的两个重要建议最终使轨道飞行器的地位得以巩固。他建议用一个更大的固体燃料火箭去替代洛基火箭，这种火箭基于喷气推进实验室的中士导弹（Sergeant missile）。斯图尔特还建议在轨道飞行器上使用海军研究实验室的小型无线电发射机以代替更大的军队装备，不过这种改进从未变为现实。陆军和海军的合作关系也没有持续下去。在首次提出轨道飞行器后不久，美国海军就退出了该项目，转而支持自己的卫星计划。

海军自主研发的项目叫先锋计划，这又是一个两级轨道系统。先锋运载火箭是维京（Viking）探空火箭的一个变种，是海军研究实验室在20世纪40年代后期研发的，由格伦·马丁公司（Glenn L. Martin Company）建造，它是美国自制火箭威力的最早展示之一。研发一个更强大的维京版火箭或者增加上面级（upper stages），就会把一个小型的探空火箭转化为足够强大的火箭，从而可以将一颗小卫星送入地球轨道。海军还抛出了这种理念的第二个变种——用装有一个"赫耳墨斯"发动机的维京火箭作为第一级加上三个上面级，到1957年7月，使其强大到足以将一颗重达50磅的卫星送入轨道。

空军也提交了两项方案，就像轨道飞行器计划一样，先立足于其导弹项目，然后再进行研发。第一个方案是使用康维尔（Convair）制造的洲际弹道导弹（作为第一级），第二级是空蜂（Aerobee-Hi）探空火箭。这两种火箭的组合所产生的推力可以将一颗150磅的卫星送入轨道。第二个方案是用几个康维尔B系列导弹把一个重达 2 000 磅的有效载荷送入轨道。

海军和空军的这些方案都还停留在纸面上，只有冯·布劳恩的轨道飞行器计划是唯一一个立足于可能的技术之上的系统，也是唯一能够在合理的时间范围内，以合理的资金花费建造起来并可以发射的系统。如果美国想赶在苏联之前让卫星进入轨道，根据他的设计，这个方案是最好的选择。尽管海军的先锋计划使用维京火箭作为其核心技术，发展轨道火箭（orbit-capable rocket）实际上也需要创造一种新的火箭。空军的两个方案提议都是基于尚未建造、也未得到可靠证实的康维尔火箭，这就使得这些方案几乎都是假说，以至于不能被认真地考虑对待。

然而，技术和速度并不是唯一考虑的因素。斯图尔特委员会还必须考虑其他正在进行的项目。尽管在不久的将来，轨道飞行器是发射卫星的最佳选择，但是令人担心的是，支持这个计划会分散转移维持军队导弹计划所需要的资源和人力。同样，来自空军的纯科学研究也可能使正在进行的项目脱离正常进程，特别是高级侦察系统下的反馈项目。该项目已经开始进行这些方面的工作：姿态、制导和控制系统、太阳能—电能转换器、情报处理方法、辅助动力装置等，研究核辐射对卫星的电子元件的影响的工作也开始启动。把这项工作同军队分离出来，再重新复制这项工作是不可避免的，却是没有必要的。海军的先锋计划是对正在进行的项目不会产生任何影响的唯一方案。

另一个更加紧迫的考虑因素是卫星发射对国际关系的影响。即便这是一项科学活动，但技术力量的炫耀也将不可避免地与之关联起来。在这方面，先锋计划独占鳌头——美国海军的方案是唯一与德国没有任何联系的。虽然轨道飞行器有那么多的优点，但它是由前纳粹工程师设想出来的，并且红石火箭和洛基火箭都是基于他们的 V-2 技术,空军的导弹也是以 V-2 技术为起点的。而作为先锋火箭核心的维京导弹已经由美国海军作为探空火箭研发出来了,它历来就是为了科学研究的目的,从来不是为了战斗。

只有先锋计划一家提倡这种理想主义的理念——科学是一项和平的事业。[5] 华盛顿的资助人也非常重视这些已存在的基础,它们有望降低项目的总花费。该计划是否行得通是另一回事,但就目前而言,先锋的血统背景与 IGY 项目的国家目标最相吻合。这是一个自行开发的、用于和平事业的、具有典型美国理想的探测火箭,维京火箭的成功也对它形成了一定程度的支持。

斯图尔特委员会在 8 月 3 日进行投票表决。成员们认为,虽然先锋计划是一个复杂的系统,并且随着项目的进行可能会变得更加复杂和昂贵。但是,他们也不能对轨道飞行器与纳粹之间的血缘关系熟视无睹。投票的情况是分散的,三票支持先锋计划,两票支持轨道飞行器,还有两票以不熟悉导弹为由而支持大多数的意见。一位委员会成员是来自密歇根大学天文台的数学教授弗朗西斯·查尔斯·麦克马思(Francis Charles McMath),他恰好生病缺席了。他偏向于轨道飞行器,如果那天参加会议,他可能会改变那两个犹豫不决的成员的想法,让他们在分散的投票中站在陆军一方。可他没有到场,多数的结果是赞同先锋计划。委员会将他们的建议提交给了夸尔斯,并附上一条建议——保留空军的 1115 计划和反馈计划作为备用项目。海军研究实验室将在国家科学基金会的资助下负责该项目。曾经为海军建造维京火箭的格伦·马丁公司仍然是运载火箭制造及其运行管理的主要承包商。

当冯·布劳恩听到这个决定时,他惊呆了。[6] 在艾森豪威尔总统宣布美国承诺将发射一颗小型卫星作为其 IGY 活动的一部分时,他和他的家人正在北加利福尼亚,他确信他自己的轨道飞行器计划会是胜利者。毕竟,它的对手是一个未经验证的海军系统和两个还不存在的以火箭为基础的空军方案。在发现两个项目都先于自己的方案被选中时,他的感受是五味杂陈的,当他得知要不是麦克马思因病缺席,他的方案很可能会获胜,他更是怒气冲天。

这一消息让冯·布劳恩和陆军军械部急忙对轨道飞行器方案进行修改[7],希望能改变斯图尔特委员们的想法。这个计划被调整为:其中心目标是制造一个能够发射更大有效载荷的更强大的火箭,并适时抛出了冯·布劳恩的最初想法,他的想法是发射一颗小卫星以达到对苏联的心理震慑。在新的轨道飞行器方案中,他们增加了一个新型的、更强大的火箭推力发动机,并承诺该系统至迟在 1957 年夏就可以发射一个重达 162 磅重的有效载荷。如果团队能够成功地将红石火箭减轻 1700 磅,该项目就能够在 1956 年底使用轨道飞行器将一颗更适中的 18 磅重的人造卫星送入轨道。如果苏联用 18 个月发射一颗卫星的项目报告是可信的,也只有陆军的轨道飞行器计划可以与它齐头并进,并且很有可能先于对手将卫星送入轨道。

冯·布劳恩确实得到了一个尝试的机会去说服斯图尔特委员会推翻其决定,从而选择轨道飞行器而不是先锋计划。他据理以争说陆军对发射已胸有成竹,他还提醒注意苏联的威胁,敦促委员会要考虑到如果苏联首先成功发射卫星的后果,甚至进一步承诺在 90 天内发射一颗卫星。然而,他的努力无济于事,多数人仍然支持美国海军的完全美国化的先锋计划。

先锋计划于 1955 年 9 月 9 日正式启动,初步计划需要准备 6 枚能够进行多次发射的火箭。但在这一年即将结束之前,冯·布劳恩的警告似乎就要变成现实了。国际政治和军事形势正在发生变化,因为美国情报机构发现了苏联已拥有更强大的导弹,于是美国洲际弹道导弹项目成为国家优先发展的项目,利用高空飞行和间谍卫星来搜集苏联导弹活动的情报也是如此。马丁公司的工作重心随之发生了转移,在先锋计划开始后不久,马丁公司获得了建造"泰坦 I 号洲际弹道导弹"的投标。现在优先项目摆上了日程表,马丁公司把自己最好的人员都抽调出来,集中到这一军事项目上来,先锋项目只剩下一个空壳子,无人问津。冯·布劳恩一直在旁观察着,他看到一个国家卫星项目被搁置一旁时,开始采取行动使轨道飞行器项目保留下来,即使这是一个没有被批准的方案。实现到达太空的梦想已是咫尺之遥,他不会轻易放弃,不战而退。

第 **12** 章

第一次卫星竞赛

1955 年 9 月下旬,在一个和煦温暖的日子,乔·斯图尔特(Homer Joe Stewart)来到了阿拉巴马州的亨茨维尔,不断向外蔓延扩展的红石兵工厂就位于此地。这次访问并非是事先安排好的,是他从华盛顿回帕萨迪纳途中的一次顺路造访,这次访问使他的沮丧之情一扫而光。[1] 他抱着一个坚定不移的信念:如果海军研究实验室不能如期完成为国际地球物理年而设立的发射卫星入轨项目,那么他无论以什么样的方式,都要尽一切可能保留下陆军的轨道飞行器计划。斯图尔特并不是唯一持有这种信念的人,冯·布劳恩对海军的先锋计划也有同样的担忧,陆军军械部的官员们也是如此。因此,两位工程师想出一个策略——将轨道飞行器项目换个名称,将之纳入到另一个项目之下,他们想到可以把名目繁杂的官僚标识体系作为一个掩饰的幌子。

斯图尔特和冯·布劳恩首先将这个方案进行修改,把它变成了一个更强大的发射系统。喷气推进实验室的进一步分析支持了斯图尔特本人的建议——上面级使用缩小版的中士火箭,而不是使用较小的洛基火箭。第二级用 11 枚中士火箭,第三级用 3 枚,第四级使用 1 枚,安装在一个稍微加长的作为第一级的红石火箭的顶部,这是保证成功的发射配置。该方案被修改后可以适用于其他项目目标,第四级不被激活,它可以携带一颗模拟弹头,所以,这枚火箭可以作为测试再入材料的理想试验平台。于是,轨道飞行器计划经过改头换面,打着再入试验飞行器的幌子被保留了下来,这是一个小型的研发项目——研究从高空返回地球大气层时不同的材料和弹头配置的状况。到这个月底之前,已经有 5 枚导弹被转移到这个试验计划上,其中包括 RS-27 和 RS-29 两种型号的红石导弹。如果海军失败了,卫星发射的需求会变得更加刻不容缓,那么该方案可以轻而易举地重新配置,将有效载荷送入轨道。这不是一个完美的解决方式,但是当斯图尔特离开亨茨维尔的时候,他还是感到心满意足。

轨道飞行器项目暂时保住了,但对于冯·布劳恩的研发团队来说可能并非如此。失去了这个卫星标的,他们没有任何的长期项目可做,这种情况也就意味着红石兵工厂很可能一起面临被关闭的危险。直到 11 月,事情发生了转机,经过对卫星项目深思熟虑的权衡之后,国防部长查尔斯·威尔逊(Charles Wilson)就国家中程弹道导弹计划作出了一个姗姗来迟的决定。威尔逊决定对两种型号的导弹提供资助,一种是空军负责研发的“雷神”(Thor)导弹,这种导弹是基于阿特拉斯(Atlas)导弹的组件,另一种是陆军和海军联合开发的“朱庇特”火箭,这是一种从地面或位于海面的船舶上都可以发射的火箭。这个新项目的获得不仅给冯·布劳恩的团队带来了梦寐以求的工作保障,也让大量的人员涌入了红石兵工厂。

研究工作的突然增加促使陆军又创建了一个不同于红石兵工厂的新机构,这个机构的设立是基于创建红石兵工厂的同样理由。1956 年 2 月,在一个阴雨绵绵的下午,陆军弹道导弹署(ABMA)正式成立。这是一个策略性的行动,其目的在于减少缠绕导弹计划的繁文缛节而将冯·布劳恩的团队与红石兵工厂的其他部分分开。

新成立的 ABMA 从它的前东家分流出一些资源和人员。在冯·布劳恩和国防部军械署、工业部门的负责人约翰·布鲁斯·梅达里斯（John Bruce Medaris）将军的指导下,这个团队开始研发更多型号的红石导弹和一种新型的朱庇特导弹。

从表面上看,与将导弹技术的最新发展纳入一个新的设计中相比,朱庇特导弹并没有复杂多少。为了保持飞行的稳定性,冯·布劳恩在他过去设计的所有火箭中都使用鳍形结构,但随着控制系统灵敏性的不断增加,这种结构越来越不合时宜。现代发动机不仅动力更强大,而且还能够旋转助导飞行中的火箭。这些技术上的进展都被冯·布劳恩纳入对朱庇特导弹的第一个设计之中,由此使其成为了一个最先进的中程导弹。但是,海军没有同意这种设计,因为船舶的存储空间有限,海军要求导弹必须与发射管的内部相匹配。为此,冯·布劳恩缩短了朱庇特导弹弹体的长度,同时将直径增加了几英寸——以弥补导弹长度缩短所引起的体积减小,新导弹的外形看起来更粗、更短、无翼,其尾部还有一个庞大的液体燃料发动机。对于海军来说,这种导弹的制导系统是另一个存在问题的方面。船只在海面上会不停地起伏摇晃,这意味着将导弹从一个不稳定的平台发射出去,火箭体内的燃料也会四处乱溅。因此朱庇特导弹就需要一个极其精致的制导系统来应对这些恶劣的发射条件。

到了春天,来自华盛顿的一项指令进一步加剧了因海军的独特要求而带来的压力,这些命令要求尽快发射一些导弹——任何一种导弹——进行演示飞行。关于苏联方面的进展报告表明美国可能在导弹研发方面已经落后了。一次演示飞行将减轻人们对国内外技术差距的担忧。但是朱庇特导弹和雷神导弹的研发都还没有接近发射的阶段,或许到年底才可以做好发射准备。更有甚者,将重新配置的轨道飞行器转化为红石再入试验飞行器的计划还不能使人信服。火箭已整装待发，但工程师们仍需要精确地解决这个小型的朱庇特弹头所需要的材料和设计，这是评估这次火箭发射是否适当所必需的。不过，还有另外一个选择，冯·布劳恩的团队建议，他们可以首先发射一个再入飞行器——红石 RS-27 火箭，搭载一个模拟的第四级火箭，这一级不会启动，它比一个有效载荷稍微大一点。红石 RS-27 火箭的射程将达几千英里，足以展示导弹系统的威力。这将是与朱庇特导弹计划无关、只是占位性质的一次发射，但最早也要等到 9 月才能发射。两个星期以后，梅达里斯从国防部和陆军部的部长们那里得到了放行的信号，冯·布劳恩听闻顿时产生了一丝欣慰之感。[2] 他信守了对轨道飞行器的承诺，这一点从未动摇过，即使以不同的名义。他绞尽脑汁，机智巧妙地保留下了运载火箭计划，现在，所做的这一切努力正在显示出预期的效果。

　　虽然这只是一次亚轨道飞行，但是这个基本的轨道飞行器设备终究还肩负着一项正式的使命：如果它能够成功，第二枚运载火箭——RS-29 火箭就有机会在不久的将来尝试发射一颗适中的、17磅重的卫星进入轨道。不出意料，先锋计划比原来预计的时间晚了几个月，还需要在不久以后弄清楚某些备用支持系统。

　　冯·布劳恩和梅达里斯都想尽力用好这个装备系统，他们非常清楚，自己必须为陆军发射一颗卫星，另外，也必须小心谨慎——尽量不要得罪海军的团队，至少在表面上不要把自己的项目置于先锋计划直接竞争对手的位置上。他们也绝不能承认，在失去卫星投标之后，他们已经绕过了国家政策。军种之间的关系必须维持好。

　　红石 RS-27 作为卫星发射系统的潜力是显而易见的，但是它必须经过严格的发射准备，就像鼻锥体试验一样。导弹又一次被改装设计为朱庇特 C 型导弹——"朱庇特"意味着这次发射会得到全力的支持以及在该项目中的优先权,字母 C 意指组合再入试验(composite reentry test)。事实上,朱庇特 C 型导弹与陆军海军联合开发的朱庇特导弹没有任何相似之处。唯一重叠的技术就是有效载荷——86.5 磅的鼻锥体,它将沿着高弧形轨迹展示出其空气动力学形状,以及可以保护它免受再入大气层时炽热高温影响的材料。这项试验的前景是:朱庇特导弹可以将弹头发射到这样的一个高度,使它们在重返大气层时可以完好无损地活下来去击中目标。

9 月的佛罗里达州,在空军的卡纳维拉尔角(Cape Canaveral)发射基地,红石 RS-27 火箭竖立在发射台上,陆军团队沉浸在一片激动兴奋的氛围之中,他们对自己火箭的发射已急不可待。然而,这个矗立于半空中的庞然大物却让华盛顿的官员们忧心忡忡,他们怀疑冯·布劳恩可能会"意外地"进行一次可启动的第四级的发射试验,并将一颗小卫星送入轨道。五角大楼也介入了。在发射准备期间的一天,冯·布劳恩在他的办公室中接到梅达里斯的一个电话,郑重地告知他不要偷偷摸摸地把一个可启动的第四级装上火箭。打完电话之后,五角大楼还不放心,派了一名官员来到卡纳维拉尔角[3],对发射平台进行检查,以确认卫星发射是不是冯·布劳恩的一个名不副实的变相计划。尽管这些担心不无道理,却毫无根据。在红石 RS-27 火箭中,第一级是长长的红石导弹,置于其上的是真的第二级和第三级,而第四级只是一个虚拟模型。上面级装载的不是推进剂,而是一些构件和沙子,是作压舱物用的。比第四级更令人担心的情况是缺少姿态控制系统,这种系统是用来在轨道飞行器的轨道与地面平行时对上面级实施点火的。

朱庇特-C 耸立在发射台上,因为连日的阴雨和恶劣的天气,发射推迟了,它可以在这个月的任何合适时间发射。9 月 19 日,天终于放晴了,发射开始倒计时,次日早上 7:40,火箭从发射台飞向清冷的空中。ABMA 的工程师们在屏幕上紧盯着遥测监控,看着它飞出视野之外,朱庇特-C 的表现堪称完美——在很短的时间就达到了每小时 1.3 万英里的最高速度,并达到距离发射中心 3 350 英里的距离。最为重要的是,虚拟的第四级达到了 682 英里的高度峰值。很显然,如果第四级是启动的,那么它就会将一颗卫星送入轨道了。

使冯·布劳恩备受鼓舞的是,这次飞行让他距离踏入太空更近了一步,但他的快乐很快就被政府的那一套保密规定所破坏。他和团队被禁止与这个圈子之外的任何人讨论红石 RS-27 火箭发射的事情。[4] 不难看出,这个朱庇特-C 是要从陆军海军联合开发的朱庇特项目中分离出来的一枚火箭,这面临着一系列新的挑战,包括解散合伙人员。海军倾向于改用固体燃料,他们认为,把火箭安装在船上并从船上发射,这是一种更安全、更简单的选择。这最终成了两个军种之间合作破裂的导火索,海军退出了朱庇特项目,而转向使用固体燃料的北极星导弹(Polaris missile)的研发。现在,只有陆军留在朱庇特项目中了,如果朱庇特导弹最终被制造出来,陆军将和空军争夺发射权。将导弹发射的资格委派给一个军种来负责不失为一种去繁化简的有效方法。

国防部长查尔斯·威尔逊最终站在了空军一边,这一决定严重削弱了陆军的力量。对导弹的重视促使陆军削减其他领域的预算来支持朱庇特项目。此时,冯·布劳恩和 ABMA 都不约而同地想到,是否他们的项目撑不到朱庇特导弹升空的那一天——尽管红石 RS-27 已经发射成功,但他们在过去五年多的时间里所做的一切可能终究会化为徒劳。苏联自始至终在向前推进自己的导弹研发计划,远远超过了美国情报的预测。苏联已经建成了世界上第一枚洲际弹道导弹——二级 SS-6 萨福德火箭（SS-6 Sapwood rocket），它强大到足以覆盖近 5 000 英里的距离。其令人惊叹的射程来自第一级捆绑的四枚助推火箭，这种导弹比美国最先进导弹的威力要大得多。

在艾森豪威尔竞选连任的背景下，军种之间关于导弹的持续冲突仍在进行。对总统而言，当务之急还远远不止这个问题。在 1956 年夏天，埃及总统阿卜杜勒·纳赛尔（Gamal Abdel Nasser）宣布将英法公司控制了近一个世纪的苏伊士运河收归国有，埃及与英国、法国之间的关系骤然紧张起来。纳塞尔指责说，这些国家的恼羞成怒暴露出它们继续统治前殖民地的企图。英国采取了咄咄逼人的态势，不惜对埃及使用武力，同时与法国和以色列制定了一个入侵埃及的作战计划。按照这些计划，以色列在 10 月占领了苏伊士运河十英里之内的区域。

由于担心北约国家和似乎有苏联插手相助的中东国家之间爆发战争，并引发另一场大战，艾森豪威尔介入了斡旋。不过总统的健康是个问题，艾森豪威尔在 9 月曾心脏病发作，这引发了人们对于他能否完成第二个任期的怀疑，但他的人气为他赢得了连任。在第一个任期内，其平均支持率达到 69%。最后的总统竞选是在阿德莱·史蒂文森（Adlai Stevenson）与艾森豪威尔之间进行的，在 11 月 6 日，艾森豪威尔再次以压倒性的优势获胜。就在同一天，法国和英国政府同意了联合国提出的一项中东停火协议。对于艾森豪威尔总统来说，这一天是个好日子。

虽然国内外的事情都已达成了决议，但卫星的问题仍然不甚明朗，它还是一个相当低优先级的问题。马丁公司在 2 月已经完成了先锋计划的设计，但火箭被一些研发问题所困扰。冯·布劳恩仍然抱有希望——他终将有机会发射轨道飞行器。空军也信心满满,他们认为,如果海军失败的话,他们将会得到发射一颗卫星的机会。

随斯图尔特委员会的决定接踵而至的后果是空军的侦察卫星计划"反馈项目"(Project Feedback)缺少资金和支持。为了加强正在进行中的研究,卫星计划的管理由空军研究与发展司令部(ARDC)移交给了位于洛杉矶的西部发展分部(Western Development Division),并将它并入一个先进侦察系统的开发中,这就把所有的空军卫星研究置于了伯恩哈德·施里弗(Bernhard Schriever)准将的领导之下。施里弗支持卫星研发的前提条件是它不能影响正在进行中的用于战争的导弹研发工作。[5] 他最后知道,如果苏联的威胁变得迫在眉睫,这两项技术都是大有可为的,但是资金尚未到位,项目只是勉强维持着。空军无法保证在 1959 年之前发射卫星,这种状况只能使它充当先锋计划的后备项目。无论如何,空军方面仍然不愿意完全放弃这个项目,他们正在研制可以将有效载荷转变成一颗卫星的导弹和仪器。考虑到空军太空计划的可能前景,从表面看来这是一项值得做的研究。

针对空军迈入太空的初始步骤可以采取的一些方式,各研究小组提出了不同观点。一些人将注意力集中在 X-15 的后续项目上。尽管与适合飞行的航天器最接近的东西是位于洛杉矶的北美航空发射场的涂上油漆的实体模型。但具有前瞻思维的设计者看到了正在研发的高超音速航天器的潜力,它可以将设计中断的 X-15 重新启动起来。第一步是将一个人送入绕地球的轨道中飞行,此人在一个太空舱中,太空舱类似于一个核弹头,沿着弹道学的轨道再入地球大气层,并由降落伞重新收回。这只是第一步,着重观察飞行员怎样对失重环境做出反应。接下来是弹道研究计划的通常目标——收集数据,这些数据是关于助推滑翔飞行器如何工作的以及如何发射星际和深空探测器的。

最终的目标是：以沃尔特·多恩贝格尔在 1952 年推出的轨道轰炸机为基础，开发一个载人轨道航天飞机，这是其超级飞机的技术先驱。航天飞机是从一枚火箭上被发射的，它将搭载飞行员环绕地球飞行，之后重返大气层，飞行员将驾驶这架滑翔机，让它在跑道上着陆。11 月，空军空中研究和开发司令部（ARDC）向 NACA 提出请求——希望这个项目能够作为 X-15 后续计划的一部分。NACA 表示同意，并启动了初步的可行性研究，以确定假设的航天飞机的设计和时间框架。

其他空军研究小组的专注目标就没有那么高端了，他们聚焦在太空计划的更加适时的目标上——强调军事方面的价值。美国空军的科学顾问委员会组建了一个空间科学研究小组，这个小组提出一项建议：对地球和月球之间的军事防御问题进行更加广泛的探究。还有一些团体认为，纯科学太空计划的潜力之一就是在于积累经验，最终为空间中的长期规划奠定坚实的基础。莱特航空发展中心在 1957 年初的一项研究中，仔细考察了包括结构系统、推进系统、电子技术和人因等方面的最先进的技术，并着眼于这些技术的发展趋势和未来的可能发展方向。基于这些全面彻底的考察所得出的发现，最终形成了一份报告，题为"基于一种预测技术性能，对未来航天器演化的评价"，其中按时间顺序详细地介绍了航天器的演变。

对这种航天器评估测量的方法，其第一步是不可回收的地球轨道飞行器，这是最初级的阶段。使用改装的多级运载火箭可以将重量仅 100 磅的小型卫星送入轨道。只有到最高的阶段才会需要重大的技术进步，所以在这个阶段可以相对较快地进行发射。简单的轨道任务将用来作为最基础的技术发展的试验平台，如卫星操作、跟踪以及将卫星准确地送入轨道的方法。这些经验将直接被应用到第二个程序阶段，即不可回收的地球轨道飞行器的高级阶段。在这个阶段，不仅可以看到显著增大的有效载荷——重量可达2 900磅——被送入太空，而且引人注目的是可以将更加精密复杂的卫星送入轨道。这些航天器在轨道上能够实现自我稳定、收集数据，并通过一个小型核反应器为携带的仪器设备提供有限的动力。在这两个阶段的进程中，仪器和卫星组件有望发展到微型化的程度，这样科学家就能够将更多的东西装入这些大小适中的卫星之中，这种发展对于该计划向前推进是必要的。

在可回收地球轨道无人飞行器阶段，将使用与它们前一阶段相同的火箭将卫星发射入轨，这一代卫星将使用一个阻力气球来实现减速，而且在穿过地球大气层开始返回的时候，使用降落伞来减缓其最后的下降速度。这个阶段的独特之处是从太空中回收卫星，这些卫星在飞行过程中不向地球发回所有的遥测数据，数据都储存在卫星中，只有在卫星被回收后才能读取。

既然已经证明从轨道回收是可行的，那么下一阶段就是载人可回收地球轨道飞行器，它将重复以前的飞行过程，唯一的不同之处是在飞行器中搭载人。该研究预计，飞行员和所有必要的生命支持系统将增加航天器的质量和大小，这就需要研制四级助推火箭，而这仍然是一个相当初级的航天器。就第一个可回收系统而言，在最初的载人飞行中没有包括遥测数据在内的限定因素。相反，飞行员可以通过语音通信系统发送给地面上的控制器，以更新信息，同时也将信息存储在飞船上，等到着陆之后再读取。这个阶段所产生的一个副产品是极其复杂的生命支持系统的发展，包括大气循环呼吸系统，这个系统可以对航天器的压力、温度和湿度进行控制。其他使人舒适的设备也受到了军事对等物的启发，例如，飞船上的膳食就类似于战时的配给食品形式(combat-type rations),是一种小型的压缩饼干式的食品。

渐渐地,空军从这些飞行中学会了如何管理运作他们的载人航天计划,随着经验的增加,飞行任务达到的目标更长更远,要求也越来越高。最终,这些第一批太空旅行者及其地面上的管理人员产生了这样一个想法:应用最新发展起来的技术,在地球上空大约 1 237 英里处建造一个轨道空间站,其总质量约为 66.9 万磅,维持它在轨道中运行的推进剂占据了其重量的大半。他们的打算是在太空中建立一个由宇航员轮流长久居住的站点。一个宇航员将被发射到空间站中,在那里居住,在停留期间进行各种天文观测和实验,同时也学习如何使太空生活更加舒适。当任务结束的时候,一个新的宇航员携带着装备物资又被送入空间站,并替换即将返回的那名宇航员,然后前面的宇航员乘坐已成常态的载人可回收飞船返回地球。建造空间站将需要重大的技术进步,尤其是助推器技术方面的进步。处于这样的一个时期,在这个项目中,这种技术进步的到来必定是自然而然的。

不过,空军并没有打算长久地把自己局限于地球的轨道上。莱特中心的计划包括建造 7 艘目标为达到逃逸速度的宇宙飞船,这种飞行速度快到足以离开地球轨道,然后开始使用不可回收的登月车——过路者号(Expendable Lunar Vehicle, Pass-By)。这艘宇宙飞船与先进的不可回收的地球轨道卫星完全相似,它将使用更强大的助推器以达到更快的发射速度,从地球直接飞往月球。在照相机的灵敏度、数据处理和远程相机瞄准的精确度有待提高的情况下,这颗卫星将携带一个视觉系统来记录有史以来的第一幅近距离的月球图片。

继这些初始飞行之后,高级版的卫星将作为最早的有效载荷尝试着在月球着陆。在这一阶段又需要推进技术方面的重大进步,特别是减缓有效载荷着陆所需要的推进力。在 1957 年的夏天,对于空军研究小组而言,详细说明在这种航天器上进行什么样的科学实验以及所需要的仪器,尽管还为时尚早,但毫无疑问的是,它将包括一些手段,对月球的地理特点及其表面和大气层——如果证实存在大气层的话——进行采样测量和分析。所提出的太空计划的下一个阶段的目标是使用基本相同的宇宙飞船,让一个人登陆月球,虽然此时只是以潜台词形式表述出来。

无论这项提案能够达到多么深远的未来,在 1957 年夏天,这种对太空飞行的阶段推进方式既没有太保守也没有太激进。第一阶段在现有的技术范围内进展良好,其基于的假设是在飞船和火箭的研发进程中将会取得一些进展。尽管该方案是可行的,但是国防部对寻求推进军事太空计划仍持谨慎的态度,以国家安全的名义而进行的导弹研发还是最重要的目标。空军进行的太空研发活动依旧受困于资金匮乏且支持不足,侦察卫星计划也是因其有利于导弹研发才继续勉强地维持着。

空军对潜力极大的航天飞行计划的广泛研究强调了这样一个假设——太空将成为空军的主导领域。他们正在从事的主营业务是高速飞机和威力强大的导弹,最终空军将工作重心从大气空间转移到了太空,这种转移看起来也是顺理成章的。工业界的合作者似乎对此也颇为认同,他们向空军提交了其他一些航空研究计划。

AVCO 公司为洲际弹道导弹计划研制再入飞行器,它是空军最大的承包商之一,该公司于 1956 年底向空军提交了第一份航天研究计划,这个研究的焦点集中于纯阻力再入法。这种航天器——一个直径略大于 3 英尺的球体——将依赖于一个不锈钢丝布的降落伞,其直径由压缩空气管控制。单靠这个降落伞就可以调整在轨道中的航天器,让它开始向地球降落,并减慢其再入大气层时的速度。

阿特拉斯导弹的承包商康维尔公司在 1957 年的夏天向空军提交了一份自己的航天飞行计划,提出了微型的轨道试验飞行器和侦察卫星的设想。该公司设想了一种持续产生阻力的、钝锉的、圆锥形的飞行器,一个小型的固体制动火箭系统控制它开始从轨道上返回地球。玻璃纤维树脂隔热罩将保护航天器不受再入过程产生的高热的影响,从 4 万英尺的高度下降的过程将由常规的投物降落伞所控制。康维尔公司还强调在航天飞行中了解人这一方面的重要性,也就是使人从轨道上安全返回所面临的挑战。

1957 年的夏天,马丁公司也向空军提交了它的早期卫星研究方案。马丁公司强调空间探索的军事方面,最终提出了一项正式的建议,概述了在月球上建立一个军事前哨的基本需求。

尽管军事研究和行业研究给出了探索和开发计划的详细目标,太空仍旧只是一个对于空军内的小部分人具有吸引力的新奇的东西。总的来说,空军仍然醉心于大气中飞行的飞行器,而不是那些穿行于太空的火箭。对于陆军也是如此,他们的太空活动仍被归入后续的导弹研发试验这一类活动,这些导弹是用来发射卫星入轨的。但无论这两个军种和最初计划所展示的兴趣如何,遵照艾森豪威尔总统的命令,美国的第一个卫星计划毅然决然地保留了非军事的性质,这个责任就完全落在了美国海军的肩上。

1957 年 7 月 1 日,白宫秘书长詹姆斯·哈格蒂(James Hagerty)宣布,为期 18 个月的国际地球物理年(IGY)正式开始。他在讲话中说,国际地球物理年最重要的结果是参与国能够在项目上展现他们精诚合作的能力,[6] 这些项目不只是有利于一个国家,而且会造福于全人类,因为人类是一个不可分割的整体。他希望这种形式的科学合作在人类事业的其他领域实践中也成为常态。随着 IGY 的正式启动,卫星发射的解禁开放时期到来了,军事部门不仅要在国内为争取首次发射权竞争,现在,他们也面临被国际竞争对手击败的前景。

第 **13** 章

一个小球的巨大冲击

在星期五晚上的活动开始之前,趁着短暂的清闲,沃纳·冯·布劳恩回到了他在红石兵工厂的办公室休憩片刻。[1]整整一个下午,他与美国陆军弹道导弹局(ABMA)的局长布鲁斯·梅达里斯将军一起,陪同即将上任的国防部长尼尔·麦克尔罗伊①参观红石兵工厂的设施和研发团队的最新导弹技术。总的来说,ABMA 对于麦克尔罗伊接替查尔斯·威尔逊感到非常振奋。在过去的几年中,威尔逊在军队里的声望每况愈下,红石兵工厂的研发团队责备威尔逊缺乏远见,致使他们进展缓慢,将精力白白地花费在追求短程导弹上而一无所获。尤其令他们激愤难平的是他作出的决定——将国家远程导弹项目的控制权拱手让给空军。ABMA 希望麦克尔罗伊能够更好地理解并支持他们的事业,准许他们将保存下来的轨道飞行器技术从备用储存状态中重新取出来,为他们的夙愿——作为海军先锋计划的一项后备项目——打开绿灯。在陪同麦克尔罗伊参观红石兵工厂的整个下午,冯·布劳恩一直都在力荐陆军,特别是ABMA,说他们才是为美国发射卫星的最佳选择。

① 尼尔·麦克尔罗伊(Neil Hosler McElroy,1904 年 10 月 30 日—1972 年 11 月 30 日),1957 年到 1959 年担任美国国防部部长,曾是宝洁公司(Procter & Gamble)的总裁。

1957 年 10 月 4 日傍晚，冯·布劳恩正准备离开他的办公室去参加基地(on-base)为欢迎麦克尔罗伊的来访而举办的餐前鸡尾酒会，就在这时，他的电话响了。他拿起话筒，另一端传来了英国口音，询问他关于这件事是怎么想的。[2] "关于什么?" 冯·布劳恩反问道，很显然电话那头的人省略了一些至关重要的信息。"苏联卫星，苏联刚刚将一颗卫星发射进入轨道。" 电话那头的记者回答道。这个消息并未使冯·布劳恩感到大吃一惊[4]，早在 6 月，西方就有一些文章说，苏联科学家已经研制出了一枚火箭以及将一颗小型地球卫星送入轨道的所有必要的仪器。理性地推测后，冯·布劳恩就明白了他们的导弹非常强大，足可以兼做卫星发射的载具，不过，真实的情况还是有所不同。最令他感到失望的是，华盛顿的决策制定者并没有意识到苏联的这些导弹所拥有的潜在可能性，而他早已看到了这一点，情报信息以及他本人的警告——对首个将卫星发射入轨的国家而言，将会是一个极其有效的心理策略——全被置若罔闻了。

冯·布劳恩一到达鸡尾酒会现场，马上找到了麦克尔罗伊和梅达里斯。苏联成功发射卫星的消息迅速地在人群中传开，每个人都意识到 "斯普特尼克" (Sputnik，缩略词，意为 "伴侣") 的发射现在已经成为一个历史的转折点。房间里鸦雀无声，冯·布劳恩首先打破这种寂静，梅达里斯注意到，冯·布劳恩对轨道飞行器被束之高阁的失望之情，这种积蓄已久的沮丧情绪此刻随着他的一番尖锐话语而猛然爆发出来。[4] 这位德国工程师说，他知道苏联拥有轨道飞行器技术，他也知道先锋计划毫无悬念的失败结局。冯·布劳恩直截了当地对麦克尔罗伊说，海军的计划被太多的问题困扰着，根本不能完成发射；他恳求道，"给我 60 天的时间"，只要 60 天，陆军就会利用那些闲置在发射架上的设施把卫星送入轨道，他们一直在期待着这些设施能够得到充分的利用。梅达里斯走过来安抚冯·布劳恩的情绪,他说,"需要 90 天",ABMA 才能将一颗卫星发射升空,至于其他方面,他完全同意火箭工程师同事的意见。

当晚在餐桌旁,麦克尔罗伊坐在梅达里斯和冯·布劳恩之间,在晚餐期间,耳边始终充斥着赞同陆军卫星计划的言论,[5] 也不时穿插着从基地的无线电广播中传来的关于苏联卫星的新闻更新。那天晚上,在红石兵工厂,这个消息令工程师们感到沮丧和难过,不过也让他们看到了一丝希望。在进入太空方面虽然已被苏联打败了,毫无疑问,这个事件也将会突破对他们的繁多限制,这些限制将本来能够发射卫星入轨的红石火箭牢牢地束缚在地面上。梅达里斯预计正式的批文不久就会下来,第二天,他告诉冯·布劳恩,赶紧将 RS-29 火箭从"储藏室"里拉出来,悄悄地开始准备发射工作。[6]

就在冯·布劳恩和梅达里斯与麦克尔罗伊共进晚餐的时候,德怀特·艾森豪威尔总统正在宾夕法尼亚州葛底斯堡的自家农场里,他得知了苏联已经成功发射"斯普特尼克"的消息。这个直径为 22.8 英寸的圆球重达 184 磅,它正在我们的头顶上方沿着轨道运行,且每 90 分钟就绕地球一圈,播送着一种短波无线传播信号。

"斯普特尼克"号卫星上天的消息在全国迅速传播开来,广播电台与电视台的记者们和公众一样,都对苏联的这一惊世之举目瞪口呆。看起来,这正应验了冯·布劳恩的预测——卫星的发射的确会带来巨大的心理冲击。自从阿肯色州的国民警卫队出于种族隔离而阻止九名非洲裔美国学生进入小石城高级中学就读以来,这个国家已陷入一片混乱之中,为了确保黑人学生安全地进入学校,艾森豪威尔总统部署了陆军 101 空降师。① 现在,这个国家又面临着一种新的恐惧——对苏联的无能为力。美国人不得不承认,不能再把苏联当作一个技术落后的国家了,必须把它当作一个危险的敌手,只是广阔的大西洋和太平洋为敌对国的进攻提供了一个缓冲区。

"斯普特尼克"卫星使得苏联的科技实力变成一个必须面对的严酷现实。在轨道中紧随卫星之后的是上层入轨级火箭,这是肉眼可见的,同时,卫星装载的两台无线电信标播送着稳定的信号音。RCA(美国无线电公司②)接收站接收到信号,然后通过 NBC(美国国家广播公司③)播放、录音、再重复播放,为的是让全国各地都能够听到。第二天早上,《纽约时报》头版又将这则消息带给了任何一位可能错过收听广播的人,标题是"苏联成功将地球卫星发射进入太空:它正以每小时 1.8 万英里的速度绕地球运行;遍布美国上空的四个交叉站点正在跟踪这颗卫星"。国内的其他报纸也刊登了类似的标题,新闻报道说:"苏联已赢得了这场竞赛!"国际上的报纸甚至将"斯普特尼克"地球卫星上天称为"美国科学的珍珠港事件"。

这颗只有篮球大小的卫星足以使总统的形象大打折扣。批评

---

① 1957 年夏,在阿肯色州首府小石城,小石城高级中学的董事会同意按照布朗(Brown)案的裁决让黑白学生同校,允许 9 名黑人学生进入小石城高中就读。9 月 2 日,秋季开学之际,该州民主党州长奥维尔·福布斯(Orval Faubus)动用国民警卫队,封锁学校,禁止黑人学生入学。在法院干预下,20 日奥维尔撤回了国民警卫队,但仍有一些白人种族主义者的扰乱。25 日,艾森豪尔总统不得不动用美国陆军 101 空降师维持秩序,并暂时直接控制了 1 万人的州国民警卫队。在全副武装的美国大兵保护下,9 名黑人学生最终得以入学。

② 美国无线电公司(Radio Corporation of America)于 1919 年由美国联邦政府创建,1985 年由美国通用电气公司并购,1988 年转至汤姆逊麾下。历史上曾生产过电视机、显像管、录影机和音响等。

③ 美国国家广播公司(National Broadcasting Company),美国全国广播公司的简称。

者抓住这一事件,把它作为证据来证明艾森豪威尔对于苏联导弹威力的警告置若罔闻。[7] 但不容置疑的是,正是艾森豪威尔知晓苏美两国的导弹能力,他才作出了最初的决定,支持导弹研发而不是太空计划,并将海军工作的重要性提升至其他卫星发射计划之上。

　　科学界对苏联卫星上天的反应却截然不同,这种反应不带有任何政治色彩。科学界的大多数人为此深感欢欣鼓舞,不仅仅为这项技术上的壮举,而且也为"斯普特尼克"实际上也意味着太空已被开辟为一个崭新的探索领域。但与此同时,没有人对"斯普特尼克"的重量所蕴含的一切掉以轻心,他们对此深感不安。虽然它很小,但它却使先锋计划中只有 3.5 磅重、葡萄柚大小的有效载荷相形见绌,即使陆军的重达 31 磅的卫星也不能与之相比,这意味着发射"斯普特尼克"的火箭比美国任何的一个相应的火箭都要强大得多。一个能把如此重的东西送入轨道的火箭,也必能携带着同等大小甚至更大的、类似一颗弹头那样的有效载荷穿越全球。正是这种导弹而不是卫星的威胁,才使得科学家们忧心忡忡。国家之间的差异不在于技术本身,而在于把那种技术应用于实践的总体企图和效果。很明显,苏联正在把他们的精力和资源投入到研发一种新式的武器系统上,这种系统可以同时兼作卫星系统。这种方法比美国的决策——研发两个独立的且有大量重复的系统——要快得多。

　　在"斯普特尼克"卫星入轨的第四天,艾森豪威尔会见了他的主要科学顾问和军事顾问,讨论美国下一步的计划。有报道说,两名美军陆军官员紧紧抓住一点不放:先锋计划已经泄漏给公众,而他明知这样做会将国家置于不利的位置。艾森豪威尔对此感到恼怒不堪。他了解美国导弹计划的现状,公众对小卫星的畏惧和恐慌反应出乎他的意料——这颗小卫星除了发出嘟嘟的信号声,它并不能做什么,当然,也不会从轨道上把炸弹投下来。

火箭背后的寓意并没有促使艾森豪威尔对国家的卫星政策做出改变，即使他召集来的顾问们的意见也没使他有所改变。国防部副部长唐·夸尔斯也是其中的一位顾问。"不错，如果安装在 RS-27 导弹上的第四级被激活的话，陆军本来是可以在 9 月之前发射一颗卫星的。"夸尔斯告诉总统。[8] 为了平抚这种沮丧情绪，他重申了斯图尔特委员会支持先锋计划而不是轨道飞行器的背后理由，特别强调了导弹项目比国际地球物理年项目需要更大的机密性，这是目前还难以达到的条件，况且这种机密性还要延伸到运载火箭。夸尔斯接着指出了一线希望，"斯普特尼克"只是确立了太空自由的观念，这颗小卫星或许还有可能为艾森豪威尔的"开放天空"政策扫清道路。

麻省理工学院的校长詹姆斯·基利安也出席了当天的会议，和冯·布劳恩一样，他感到疑惑不解的是：通过向公众灌输非理性的恐惧，一颗如此简单的卫星竟然令美国人的心智如此扭曲，这是如何做到的？他更担心的是"斯普特尼克"会使冷战更白热化，使军备竞赛加速，或者导致先进的军事技术的出现，从而在现实中将世界带入愈加临近的另一次国际冲突的边缘。[9]

为了充分权衡顾问们的意见，在会议结束时，艾森豪威尔指派麦克尔罗伊负责对国家导弹计划进行全面的审查。总统还吩咐即将离任的国防部长威尔逊指挥陆军做好一个卫星发射系统的准备，作为先锋计划的替代计划，以应对不时之需。[10]

第二天早上，先锋计划的代表们抵达白宫，向艾森豪威尔提交了一份进展报告。这个项目的负责人约翰·哈根（John P. Hagen）以及最近被国防部任命的制导导弹的负责人威廉·霍拉迪（William M. Holaday）是其中的两位代表，他们两人就先锋计划的最新进展向艾森豪威尔做了 15 分钟的汇报。他们强调，在卡纳维拉尔角,正在准备发射的试验航天器 TV-2 只是一枚试验性的火箭,不是装备来发射卫星入轨的火箭。在其可启动的第一级之上是两个虚拟级。下一次的试验航天器 TV-3 也是一枚试验性的测试火箭,仍然是在工厂组装的。虽然 TV-3 是第一枚完整的先锋火箭,并且可以携带一个小型配置仪器的有效载荷,但是它的目标也不是发射卫星。这次发射任务旨在测试运载火箭,当然,如果卫星能够到达轨道,那将是一个额外收获的伟大成果。

　　艾森豪威尔在行政办公大楼举行了一个记者招待会发布了这些最新的消息,当时共有 245 位记者到场。室内招待会在 10:29 开始,总统直截了当地回答了有关"斯普特尼克"的问题——这些问题的答案是大家一致翘首以待的。总统沉着冷静地回答了媒体的提问,他在惊魂未定的国民面前表现得镇定自若,他坦率地承认:"不错,美国早在一年前就可以将卫星送入轨道了,但是把卫星计划与导弹计划捆绑在一起的成本已对科学和军事两方面的进步都造成羁绊。"他说美国的战略空军司令部绝不会一夜之间就化为废墟。[11]在国际地球物理年的框架内,国家的科学卫星计划依然保持着优先的地位,也仍旧与国家安全问题保持着绝对分离的状态。苏联人不可能利用"斯普特尼克"作发射平台在美国上空扔下炸弹,"绝不可能!"艾森豪威尔向全国人民保证,"斯普特尼克"并没有增加他对国家安全的担忧,丝毫没有!他说:"美国的卫星计划自 1955 年正式批准以来已经向前推进了,而且追加了额外的资金以确保在国际地球物理年的时限内进行一次发射。与苏联进行竞赛从来不是它的目标。"但是,对于海军的先锋计划长久以来面临的一些困难问题,其他军种是否清楚海军的困难,以及他们是否早应该发射卫星,等等,他不愿多谈。

　　媒体继续穷追不舍。在焦躁不安的喧哗中,有人问道,12 月计划进行发射的先锋计划是否只是概念性小球体的一个初步验证，或者它是否配置任何收集科学数据的仪器？总统想到了早期与哈根和霍拉迪的谈话，他含糊其辞地答道，最初的计划是发射一个简单初级的球体，由于仪器格外昂贵，所以首先对轨道速度和方向进行初步的测量是经济有效的第一步。在将任何仪器发射进入轨道之前，也许会有许多这种测试性的航天器。

艾森豪威尔并没有说下一次先锋发射是一次入轨尝试，但新闻界是这样解读的，随后的新闻通讯也对这一观点形成了支持。登载的文章随后就把来自总统的最新消息带给了广大公众，美国人由此知道了小型的测试球将于12月发射，紧接着在1958年初将发射全面装备仪器的卫星。测试性发射与尝试发射一颗卫星之间没有截然的区别，实际上，这是一个误解。美国人把先锋TV-3的发射误解为第一次入轨发射的尝试，这一想法随着后续推出的一些文章而气势渐长，这些文章信誓旦旦地说，美国对于"斯普特尼克"的回应是在年底实现绕地球飞行。先锋计划团队为了推动项目取得成果而要锤炼自己，但有一事是无能为力的，即没有办法消除这个计划中始终存在的一些不确定性。

总统的保证安抚了焦虑不安的民众。艾森豪威尔认为，恐慌是"斯普特尼克"带来的最直接问题，而安抚是解决这个问题的第一步，这只是给出了消除苏联卫星上天所引起的恐慌的一个前景。总统面临的第二个问题更加艰巨和复杂，现在他需要加快卫星研制的计划，使之能够与苏联的成就相抗衡，而美国目前的计划只是看起来是一个不太保守的计划。令他担忧的是，国民心中的恐慌会再次复燃。

解决第二个问题成为国防动员办公室下属的科学咨询委员会10月15日的会议主题。虽然在"斯普特尼克"发射之前，已有卫星发射计划的安排,但是,(斯普特尼克)这颗卫星使当下的计划日程必须重新调整,以便应对即将来临的太空时代的发展要求。艾森豪威尔向基利安等委员们询问他们对"斯普特尼克"的总体看法,总统的确需要知道这些专家是否真的认为美国的科学已经被苏联远远抛在后面。他们一致的意见是:美国的科学并没有被全面地超越,不过这种平衡点确实已经发生了转移,美国到了必须要有所反应的程度了。[12]哥伦比亚大学的物理学家伊西多·拉比①博士警告说,俄罗斯已经开始了加速发展,而且似乎大有轻而易举地超越美国之势。宝丽来公司(Polaroid company)的总裁兰德②博士提出,最好的措施就是效仿苏联对待科学的态度,旗帜鲜明地把科学视为知识和快乐的源泉。[13]艾森豪威尔在这一点上持怀疑态度,他不相信苏联的体制能够真正地尊重最优秀的人才,鼎力支持他们的事业,把他们的地位提高到知识分子之顶端。总统认识到,无论苏联的状况如何发展,在他自己的国家都要大力推动科学事业的发展。对此,拉比博士提出一个建议:要制定出台围绕科学发展的一系列政策,为了实现这一目标,在白宫任命一位科学顾问或许不失为明智之举。[14]在那次会议上,那些被召集来的人员的目标倾向非常明确,无论对政府机构的还是非政府机构的导弹和卫星计划,必须一视同仁,它们都是不可或缺的。现在他们需要做的是,必须弄清楚如何以进步的名义,最优化地支持甚至合并这些现有的项目。下一步行动的开展必须是迅猛且有力的。

---

① 伊西多·艾萨克·拉比(Israel Isaac Rabi,1898—1988),美国物理学家、诺贝尔奖获得者,1944 年发现核磁共振,用于磁共振成像。他也是美国第一个研究谐振磁控管的科学家,这种磁控管用于微波雷达和微波炉。
② 埃德·兰德(Edwin Herbert Land,1909—1991),美国科学家和发明家,宝丽来公司的创始人之一。他发明了廉价的偏光过滤器。

基利安坐在位于麻省理工学院破旧的办公室里。几天后,他的电话响了,电话的另一头是艾森豪威尔的参谋长谢尔曼·亚当斯(Sherman Adams)。亚当斯说,总统正在考虑设立一个特别助理的职位——关于科学与技术的事宜可以直接向他报告,[15]然后问基利安是否愿意前往华盛顿,在这一新的岗位上发挥作用。虽然他没有这么直截了当地说出来,亚当斯话中的潜台词就是邀请基利安来担任这一职位。几天之后,这位麻省理工学院的校长带着一份备忘录来到华盛顿,其中阐述了将总统的科学顾问委员会从国防动员办公室迁移到白宫的好处。这样就可以建立一个与总统直接沟通的渠道,并且,如果设立一个全职的小组,其成员能够负责处理所有重要的科学事务。基利安特别指出,该顾问委员会的成员必须不归属于任何党派,只有这样才可以呈交完全机密的和匿名的建议,而且可以有效地防止任何一个人利用这一职位谋取私利。基利安的观点是将科学部门与安全和太空部门联合在一起,这样做将会使艾森豪威尔不受人们对其国防措施和政策的攻击。总统主动召开了一次科学顾问会议[16],基利安认为这是一个好兆头,预示了将来在美国,在后斯普特尼克时代(post-Sputnik era),科学与政府之间的良好关系将会建立起来。

就在艾森豪威尔会见科学顾问委员会讨论下一步太空计划的同一天,一个谋划已久的 NACA 会议在加利福尼亚艾姆斯研究实验室开幕。这就是所谓的第三轮会议(Round Three Conference),会议的宗旨是讨论下一阶段的高速飞行研究。第一阶段是用 X-1 突破了音障,然后是用 X-15 探索了超音速和较低级的高超音速飞行的阶段。毫无疑问,第三阶段将是更高更快地向太空推进的阶段。现在的根本问题是:运载飞行器的外形应是什么样的?

对这个未来的高超声速飞行器的空气动力学方面还存在着不

同的意见。对某些人而言,承袭以往的想法是继续使用带有平底三角翼的 X-15,这是一种显而易见的选择。下一步是一个有人驾驶的高超音速滑翔机,其设计的目标是:在一个火箭上将之发射出去,使其速度达到 17.5 马赫;当飞行高度达到 75 英里时,让其无动力滑翔;最后降落到爱德华兹空军基地的跑道上。最终的目标是:这架基本的滑翔机将以更快的发射速度被送入轨道,它肩负着双重的目的——既是一个高超音速研究飞行器,也是第一艘载人航天器。在某种程度上,这种设计受到多恩贝格尔的轨道轰炸机的启发,但它将吸取 X-15 的经验教训,发展为一门崭新的知识领域的基础。

将这个想法化为现实的是 HYWARDS 项目,这个项目在 1956 年浮出水面,HYWARDS 是高超声速武器研发系统(hypersonic weapon and research and development system)的缩写,是空军的一个项目,主要是支持 NACA 的兰利实验室的风洞研究,宗旨是探索能够达到 18 马赫速度的平底三角翼火箭助推滑翔飞行器的潜力。HYWARDS 项目的启动标志着自 X-15 起飞以来的一个巨大飞跃,向太空推进的步伐已不可阻挡。由于“斯普特尼克”的发射,HYWARDS 型航天器作为向太空推进的一种可能方式,其基本特征在第三轮会议上又被提出来进行讨论。由于早在几年前这种设想就被提了出来,并在多个研究小组中获得了人们的初步青睐,许多人认为,在航天飞行中,下一步要做的就是研发火箭助推滑翔飞行器。

并非所有人都赞同支持平底滑翔机的设想。一些参与工程的工程师倾向于在下一阶段的飞行研究中采用一种截然不同的钝体结构的方法,这个想法的产生是导弹研究的一个副产品。正如从高空返回的 X-15 需要一些保护,以免受到再入大气时急剧上升的高温的损害,导弹弹头也是如此,这种典型的光滑流线型的外表让人联想到步枪的子弹,就像发射它们的火箭一样,这些弹头常常在目标的上空无端地引爆。如果在大气中坠落,气动加热足以引爆这个炸弹。来自艾姆斯实验室的高速研究专家哈维·艾伦①注意到这个问题,他考虑采取完全相反的气动力学方法。他预测,在发射后,一个正从峰值高度降落的钝体会在其下方形成一个弓形的冲击波,实际上这相当于产生了一个起缓冲作用的气垫来保护它不受再入加热的损害。艾伦和艾姆斯的同事阿尔弗雷德·埃格斯②一起测试了这一新的概念,他们将微型钝头导弹放置在超音速自由飞行隧道内,这种飞行隧道是靶场和风洞的一种混合体。试验证明这个想法是对头的,然而,在 20 世纪 50 年代初期,艾伦和埃格斯的报告作为一个研究备忘录发布出来,却没有发现一个乐意接受这种观点的听众。

在探索钝体形飞行器的优点方面,艾伦和埃格斯并不是仅有的两位。一位前海军的潜水艇兵马克斯·费格特③在 1946 年加入NACA 的兰利实验室。同年,实验中心创立了无人机研究部(PARD),这在很大程度上满足了一些火箭专家们的贪婪的研究胃口,费格特就是其中的一员。在 PARD 的导弹研发过程中,费格特

① 哈维·艾伦(Harry Julian Allen,1910 年 4 月 1 日—1977 年 1 月 29 日),航空工程师,曾任美国宇航局艾姆斯研究中心主任,提出著名的是"钝体理论",为成功地回收轨道航天器奠定基础。

② 阿尔弗雷德·埃格斯(Alfred J. Eggers,1922 年 6 月 24 日—2006 年 9 月 22 日),曾任美国国家航空航天局的助理署长,致力于世界和平的研究政策,并从事高超音速航天研究。

③ 马克斯·费格特(Max Faget,1921 年 8 月 26 日—2004 年 10 月 10 日),生于中美洲的伯利兹,机械工程师,后入美籍。他是水星宇宙镍合金飞船的设计师,并参与了后来的"双子座"和阿波罗宇宙飞船的设计。

发展了用于航天飞行的弹道飞行器理念——它将从轨道上下降而不是滑翔到受控着陆。他注意到,任何以亚轨道发射的航天器,无论是否以高超音速飞行,都以同样的角度沿着弹道轨迹上升和下降。这种极简的飞行路径消除了对复杂的航空电子设备和控制设备的要求,因为有效载荷将严格按照预测的轨迹路径降落。费格特说,同样的基本原理也适用于从轨道返回的过程中。[17]制动火箭系统可以使从轨道返回的一个简单的航天舱减缓速度,使它沿着一个弹道轨迹下落,这简化了它返回地球的总体过程。航天器不必滑行或被控制在跑道上着陆。从太空返回,同时使其以弹道轨迹降落,可能就如同设计一个太空舱一样简单,只要具有足够的内在稳定性和结构完整性在再入过程中保存下来。他设想的航天器是圆锥形的,底部是平的,高 11 英尺,底部直径为 7 英尺,重量只有 2 000 磅。费格特表示,这种航天器既简单又轻盈,可以在较大一点的导弹上发射,美国不需要多长时间就可以研发了。

　　费格特和埃格斯对第三轮会议的会议记录进行了分析比较。在埃格斯看来,主要的问题是航天器的重量。如果一个钝体具有足够的内在提升力使其循着一个稍微更加可控的半弹道轨迹,那么它要比一个简易弹道航天器重一些,这样,减速力对其乘员的潜在毁灭性较小。费格特也坚决地为自己的弹道设计辩护。不过,无论这些人在细节上的意见有多么不一致,主要的反对意见还是来自支持助推—滑翔式飞行器的人。

　　除了钝体和滑翔机之间的问题,那些出席第三轮会议的人总感觉存在一个日渐增加的压力,就是要解决与导弹有关的大气加热和再入问题。参会的每个人都知道,导弹的解决方案将最终会促进载人卫星和无人卫星的再入方法的解决,虽然这时候还没有即时的目标,但是 NACA 已经开始从载人航天的角度来思考了。

240

打破重力束缚

在"斯普特尼克"的刺激下,一些工业界的合作伙伴也开始考虑载人航天的直接途径。就在哈里森·斯多姆斯即将离开位于洛杉矶的北美航空工厂的时候,苏联成功发射卫星的事实给予他沉重的一击。上车之前,他点燃一支香烟,抬头看到头顶上空的"斯普特尼克"正在朦胧的天空中隐约闪现。[18]X-15仍处于研制阶段,离发射还有很长的距离,但经过对这个项目的监督视察,他晓得这个项目的潜在能力,其首席工程师查尔斯·费尔茨也深知这一点。斯多姆斯那天晚上到家后,打电话给费尔茨,他想到一个激进的解决新卫星的方法:他们可以把X-15送入轨道。以它目前的配置,虽然还不能在太空中飞行,但通过加强改进,它就能够成为美国的第一艘载人飞船。斯多姆斯承认这并非一件容易的事,将X-15转变为太空飞船需要新的材料和一些重大的技术突破来应对高超音速的再入飞行。总而言之,飞行器要足以能够应对空气动力学方面的挑战。

受此启发,斯多姆斯一并抛出了两个提议,其中一个是可以进行轨道飞行的X-15的变体,称为X-15B。此外,继续进行一个复杂的风洞项目,他将这个提议提交给华盛顿方面。[19]他突发的奇思妙想是:把两枚北美公司生产的纳瓦霍(Navaho)火箭助推器捆绑在一起作为第一级,而用一枚纳瓦霍火箭助推器作为第二级。在这个发射系统的顶部是改进的X-15B,其自身的发动机作为第三级,在入轨阶段才启动。这个实体航天器比第一代X-15大,有一个可以容纳两个飞行员的舱室,它更重一些,因为高超音速再入加热的缘故,外表层涂上了更厚的铬镍铁合金,在其他方面,X-15B与其前身大致相同。不过,风洞试验证明了X-15的设计是合理的,为了一个可以轨道飞行的变体而改变基础部分会使拟议的计划复杂化,这种方式似乎是多此一举。

斯多姆斯的整体设计是X-15B的飞行轨迹也是基于早期X-15

的飞行研究。高高地叠加在一起的火箭将从卡纳维拉尔角发射场发射，飞行 80 秒之后，第二级将紧接着第一级随后启动。在 40 万英尺的高空，第二级脱离，然后，X-15B 自身的发动机点火启动，使航天器和飞行员继续加速，达到每小时 1.8 万英里的轨道速度。在绕地球三圈之后，飞行员将利用发动机来减慢其轨道速度，并且遵循着与 X-15 相同的基本再入轨迹，从太空中滑行到无动力降落状态，在爱德华兹空军基地的跑道上着陆。

尽管斯多姆斯为这个设想激动万分，但他的想法却没有为华盛顿的官员们所接受。斯多姆斯的提议是植根于他所了解的科技之中的，或许这些科技可以成功地应用于一个可行的航天计划之中，但它实在是太超前了，没有人认真地对待它。另外，在"斯普特尼克"升空后，远远不止他一人到首都主动为航天飞行提供建议。就这样，他成为了 421 名被拒绝的航天先驱者之一，后来他悻悻地返回了洛杉矶。

在工程师和行业专业人士对于以不同的方式进入太空而兴致勃发的同时，总统也在竭力安抚和消除民众的焦虑，但是，在"斯普特尼克"发射几周后，国民的恐惧感并没有出现消退的迹象。对美国教育体系和潜在的知识差距的忧虑开始成为人们谈论的话题，安全和防务问题仍然是人们关注的焦点。

11 月 3 日，星期日，《纽约时报》头版刊登了一条更加令人难以接受的消息：苏联发射了一颗新卫星，这颗卫星还搭载了一只狗。据报道，这个半吨重的球被送入 900 英里高①的轨道。这条消息显然更加剧了由"斯普特尼克"引起的全民恐慌。相关的文章很短，转述了美国读者很少知道的一些细节。"斯普特尼克二号"的发射是为了纪念伟大的十月革命——布尔什维克夺取俄罗斯政权四十

---

① 约 1448 公里。编注。

周年,和它的前驱者一样,当它在上空绕着地球轨道飞行时,全世界都能够听到它发出的嘟嘟声。但是,相似性也只是限于这一点,这篇文章说,第二颗卫星比第一颗重了六倍,它搭载了一只名叫莱卡(Laika)的狗,据所有来自俄罗斯媒体的报道说,这只狗仍然健康地活着。这个故事在随后的一些文章中继续演绎发酵,有的说莱卡可能已经被回收,很可能活着返回了地球。

在关于"斯普特尼克二号"的报道文章中,也提到了白宫一如既往的平定镇静,实际上,在公众视野的背后,面对这一颗卫星的发射时,白宫并不比面对前一颗卫星的发射更加镇定。这颗卫星的重量超过了 1 200 磅,这意味着苏联现在的火箭动力比发射"斯普特尼克"的火箭动力更强大,而且,搭载狗乘客是另一个令人忧虑的原因。美国正在研制的任何一种导弹都无望把如此沉重的东西送入轨道,更不用说像生命支持系统那样重的东西了。"斯普特尼克二号"加强了人们的这种印象:苏联拥有一个全功能的发射系统,更令人忧虑的是,这暗示着苏联的载人航天飞行已为期不远了。艾森豪威尔受到国会指责的同时,先锋计划必须成功的压力也越来越大。随着苏联轨道卫星的上天,显而易见的是苏联在导弹方面已遥遥领先,鉴于此,民主党反对者的矛头特别指向了国防预算的使用不当。看起来,苏联在军事力量上似乎正在大踏步地超越美国。

在 11 月 7 日晚上,艾森豪威尔将就最新的太空进展发表讲话,也就在这一天,报纸上刊登了苏联国家主席赫鲁晓夫以不可一世的口气声称苏联在重工业上已战胜了美国。8 点,艾森豪威尔坐在总统办公室的办公桌后,开始在电视和广播上发表实时讲话,总统开宗明义:"今晚我要讲的是科学与国家安全。这是一个庞大的主题,仅仅一个演讲是不能够完全涵盖的。"[20]艾森豪威尔首先向苏联的卫星研发团队表示祝贺,然后开始阐述美国正在进行的卫星和导弹计划。计划议程中的第一个项目是未来的科研卫星,这是作为国际地球物理年的一部分。艾森豪威尔为"先锋计划"辩护,他重申了将美国卫星研究与军事导弹计划分割开的决定是加强前者的一种方式,它作为一项纯粹的科学研究事业而与国际地球物理年的目标保持一致。总统告诉他的国家,早在几个月之前,也就是在 5 月,美国就已经决定在 1957 年测试卫星发射系统,以期在 1958 年 3 月发射一个仪器装备完善的航天器。他仍然重申对于这个决定的赞同与支持以及这个时间线路表,他说:"卫星计划从来就不是一场竞赛,而是美国科学活动的一部分。美国发展卫星的意图从来不是为了与苏联较量或者说击败苏联。"

谈了马上要进行的卫星发射之后,总统还提到了随后要采取的一些步骤,他说:"重中之重是将科学界最杰出的人才汇聚起来,成立必须致力于解决太空问题的科学团体。"[21]他宣布成立总统科学技术特别助理办公室,麻省理工学院的基利安博士已经同意接受这一职位,他将得到一个强有力的、由杰出的专家所组成的咨询团队的协助。展望大规模的太空探索,艾森豪威尔提到了他与国防部长达成的协议,即任何新的导弹或与太空有关的项目,即使是来自不同的军种,最终都将由一个人总负责和管理。与此同时,军方将引领进入太空之路。

先锋计划现在处于国家意识的最前沿,这是一个资金捉襟见肘但却是一个高度实验性的计划,其脆弱的肩膀承载着国家的希望:在技术竞技场上达到能够与苏联抗衡的水平。国家期望先锋计划能最先获得预期效果。不过,承载国家太空希望重任的并不仅仅限于先锋计划一项。在艾森豪威尔举行记者招待会第二天,也就是小狗"莱卡"被送入太空轨道的第五天,五角大楼给冯·布劳恩开了绿灯,允许他用朱庇特 C 火箭发射一颗小卫星,冯·布劳恩为此感到激动不已。科学与导弹之间的那条人为设定的分界线开始消解。

到 12 月,国防动员科学顾问委员会被改组为艾森豪威尔个人的科学顾问委员会,成员有 18 位,新任命的基利安担任该委员会的主席,在其团队中,包括远离其办公室、身在 NACA 工作站的休·德莱顿。总体而言,基利安认为这个委员会是由一些非常精明强干、技术精湛的科学家和工程师组成的,他们因其丰富的经验成为可信赖的政治顾问,他们正是艾森豪威尔所需要的亲密顾问。[22]该委员成员还有两点共识:怀有对科学发展的强烈责任感,坚信科学对国家和其公民都极其重要。基利安觉得这个委员会比过去的那一套官僚主义管理体制更具有感召力。

当白宫开始将科学建议纳入其组织架构时,军方对太空计划的态度也发生了转变,最引人注目的变化是在空军内部。随着"斯普特尼克"的发射,一股激进、狂热的情绪正冲击着空军,空军研究与发展司令部试图将太空计划的各部分串接起来,以夺回被苏联占据的领域并恢复受损的国家声望。国家处于紧急之中的紧迫感促使计划制定者放弃过去在航天飞行领域施行的缓慢而稳步推进的方式,转而支持一个能够产生立竿见影效果的应急计划。一个由爱德华·特勒①博士领导的委员会很快就成立了,该委员会负责处理空军下一步应该做什么的基本问题。

特勒委员会的人把这个问题分成四部分,以进行内部的剖析。他们问道,美国为什么在导弹竞赛中屈居了第二位,如果情况就是这样的话,从长远来看在军事上意味着什么? 一个长期的计划有可能恢复国家的声望吗? 无论如何,什么样的短期举措才能产生一个立竿见影且不受条件限制的回报,使国家的形象在此期间得以恢复

---

① 爱德华·特勒(Edward Teller, 1908—2003),匈牙利裔美国理论物理学家,出生于匈牙利,20 世纪 30 年代移民美国,是曼哈顿项目的早期成员,负责研制第一颗原子弹,被誉为"氢弹之父"。

呢？委员会的结论被综合在一个所谓的"特勒报告"（Teller Report）中，它提供了几种解决的方法。[23]它建议将1959年至1962年这一阶段作为国家的紧急时期，重点是利用现有的可用的硬件完成太空目标，有效地将卫星和导弹计划融合在一起。至于太空计划本身，特勒报告首先提出了一个短期目标，其重点放在高层大气研究上，这种研究的进行可以纳入IGY之中。委员会说，继这一初始阶段之后，空军应该致力于探求一个长期的登月计划，其目标是绕月球飞行，或者将有效载荷释放在月球表面上，或许是将荧光粉释放在月球上，这种物质在地球上是可以看得见的。最后，载人飞船将在这个太空基地的雏形上建立起来。委员会认识到，在不久的将来，人类将会乘卫星沿轨道飞行。

与此同时，国会也在研究国家进入太空时代的准备工作。不过，空军认为太空应该属于它管辖的范围，因为太空飞行是大气飞行的自然延伸，空军也最有经验进行和管理大型的外太空项目，如X-1项目，这种知识对于还没有进行任何军事开发的太空计划是至关重要的。空军坚持认为，探索必须先于开发。探索太空确定无疑地会带来军事上的好处，但在获取新领域的详备知识之前，这些方面都没有被认真地考虑过。后面这一点也引起了国防部的注意，这项研究并非是某种必须回避的事情——国防部开始接受这种观点。

"斯普特尼克"升空所带来的影响结果是空军投入了12个研究中心研究与未来太空计划相关的各种论题，包括航天医学、推进（问题）、地球物理学、通信、导航和测试操作，各方普遍认为空军研究与发展司令部最终将掌控这个项目。空军弹道导弹司令部也迫不及待地要在太空竞争中取得成果，不过，它更倾向于略去这个以尽快进入太空为短期噱头的阶段，希望开发一个具有实际效能的可持续的卫星计划和一个载人航天系统。

在这种背景下——众多委员会都在探索美国的太空潜力，华盛顿方面和军事部门的态度发生了改变——先锋 TV-3 火箭从工厂转移到了发射台上。在发射前的几天里，几乎没有出现意料之外的问题，第二级发动机在检查中曾被发现存在一个裂缝，随即就被更换了；前两级在地面上通过了静态点火试验；对电子器件和仪器进行测试的结果也令人满意；所有起飞前的操作都进展顺利，没有出现大的问题。从 11 月到 12 月，成千上万的人开始前往佛罗里达，要亲眼见证美国的第一颗卫星的发射。对于先锋计划的研发团队来说，这不是一种理想的情况，在火箭技术的早期阶段，他们本来更倾向于在没有个人、广播和电视转播进行跟踪的情况下进行一个新系统的测试。国家利益让先锋团队别无选择，他们只能迎难而上，继续准备发射，好像这次试验一直就是一次卫星发射一样。

火箭矗立在发射平台上，已整装待发，团队终于对他们的产品有信心了，但是天公不作美，大风和接近冰点的气温让他们推迟了发射时间。第一次倒计时原定在星期三，但由于寒冷而取消，周四下午 5 点左右又重新开始。倒计时进展缓慢，多次被暂停，直到 12 月 6 日，星期五上午 10:30，倒计时间进入最后一小时，一小时之后将进行发射。天气状况仍然不稳定，伴随着一阵阵的大风，这对在起飞时刻的小火箭会造成威胁，易使其偏离航程，但是先锋团队决心继续推进发射计划。在倒计时 45 分钟的时候，对火箭进行监控遥测的人员为发射的一切准备就绪。在倒计时 30 分钟的时候，扩音器发出了声音，提示工作人员已到清理发射区的时候了。在倒计时 25 分钟的时候，发射控制室的大门关闭——发射控制室是发射团队坐在其中的控制台旁监控火箭的地方。6 分钟之后灯光熄灭。与此同时，一个闪光的信号宣示发射控制室是一个无烟区。在倒计时 45 秒时，电脐带管从火箭上分离脱落，只留下先锋火箭自身内部的电力供应。在倒计时 1 秒时,测试指挥员向一名年轻的工程师示意,让他按下仪表板上的拨动开关。

全国的目光都集中在先锋火箭上,发射控制室里的技术人员紧贴着窗户观看着这次由测试发射转换而成的卫星发射。聚集在卡纳维拉尔角的人群,以及那些观看电视实况直播的人们看到,火箭的底部冒出了火花,这表明烟火点火器正在正常地点燃火箭发动机。突然,氧气和煤油烟雾从发动机中大量涌出并着火燃烧,瞬间变成熊熊大火。随着发动机推力的增加,火箭开始震动起来,然后先锋火箭缓缓地升离发射台,它起飞了。但 2 秒钟后,它开始转而向下坠落。发射控制室里的人本能地像鸭子一样低头躲避。在外面,位于发动机之上的火箭变得极不稳定,随后它坠落在发射装置上。当火箭翻倒时,油箱被砸裂,燃料和氧化剂溢溅到火花上,导致现场成为一片地狱般的火海。顷刻间,发射平台被火焰吞没。消防人员立即用水灭火,数千加仑的水被喷射到发射平台上。这是一次华丽悲壮的失败,全世界都目睹了整个过程。发射控制室里的工作人员沮丧万分,不过此时他们听到了一阵嘟嘟的声音,又挺起了脊背。当他们意识到这种声音是来自先锋卫星的时候,他们惊愕不已,这颗卫星阴差阳错地从炼狱中被抛射了出去,正得意地传送着信号,好像已进入了轨道。

先锋卫星在众目睽睽之下的失败被人们心照不宣地当作了美国太空计划的一个标记,成了全世界的一个笑柄。在随后的几天,一些国际头条新闻送给这颗小卫星许多绰号,像 Puffnik、Flopnik、Kaputnik 和 Stayputnik①,等等。此时,苏联表示,愿意向美国提供帮

---

① 这四个词均为对斯普特尼克(Sputnik)的戏仿,其前缀的意思分别为:吹牛的、失败了的、出故障的和不动的。

助——通过联合国的一个向发展水平低的国家提供技术援助的项目，这无异于在伤口上撒盐。这是对美国威望的毁灭性打击。事实上，早在三年前，冯·布劳恩就在他提出的发射一颗迷你卫星的设想中预言到了这种后果，他知道这种事情本来是可以避免的。在美国国内，先锋卫星的发射失败所带来的影响使得本来已重压在身的总统又压力陡增。艾森豪威尔屈于国会的压力和公众的要求，开始意识到国家需要一个集中性的太空计划和包容性的太空政策；由军方进行一些个别的卫星发射在某段时期固然可以，但终究不是一个长久之计。

　　与此同时，基利安对美国最终取得成功仍然深信不疑，他向艾森豪威尔建议继续推行先锋计划，因为一次失败并不能说明整个计划项目的失败。[24]基利安还向总统建议，应当给予军队全力的支持，并将进行下一次发射的时限定于 1 月底。这为先锋卫星令人扼腕的公开失败带来了一丝曙光。冯·布劳恩为此激动不已，他的团队已经开始准备发射系统了。以前的朱庇特 C 型火箭——红石火箭的第一级被加长了，因此火箭可以携带额外的推进剂负荷。11 枚按比例缩小的中士火箭围成一圈组成第二级，3 枚中士火箭组成第三级，并嵌套在第二级里，1 枚中士火箭组成最后的轨道插入（orbital-insertion）级，堆叠在第三级的顶部。这些小火箭围成一个圈，被安放在隔离板的周围，并由一个外壳紧固在一起，这使得整个堆叠圆滑而流畅。在这堆火箭的顶部是一个小卫星，名为探索者一号（Explorer I），重量为 30 多磅，其中仪器和有效载荷就占了 18 磅。冯·布劳恩已经准备好了，但他必须等待发射时机的到来。目前来说，海军的先锋计划仍然处于领先地位，它还有另一次最先将卫星送入轨道的机会。

　　还有一件不应被忽略的事件是，作为先锋卫星发射公开失败的结果,空军的另一个航天计划浮出了水面。"对未来空军弹道导弹和空间技术发展的建议"把太空活动的指挥权明确地交给了空军的弹道导弹部,这是空军研究与发展部(ARDC)的一个直属机构。为了寻求对这一未来方案的支持,ARDC委员会依次会见空军计划和规划办公室的代表、研究与发展部的副司令以及武器系统的副司令,在12月中旬制定了空军未来五年的太空行动计划。参与会谈的人员都认为,目前的重中之重是全力以赴发展美国的太空实力,以赶超苏联的成就,这是一个最好的方案,它涉及了侦察、武器输送、空间研究和实验、数据传输、对苏联可能的侵略的对策,以及终究要进行的载人航天飞行等主要领域。通过对现有技术的评审,一个专家组认为,X-15以及后续的与HYWARDS项目密切相关的高超音速助推滑翔系统将是下一步通向太空的最好路径,因为飞行员无疑会参与其中。在航天飞行的科学探索和军事两个方面的全力开拓中,人类飞行员将是至关重要的参与者,他们善于应对新的情况,并且在陌生的环境中,他们比任何自动系统都能够更好地驾驭新的航天器。

因为先锋卫星发射的失败,由空军来引领未来的太空之路就不仅仅只是一个展望性的内部计划了。半成形的工业界方案也正与空军接触,AVCO和康威尔公司制定了一个联合计划,AVCO的卫星将在康威尔的助推器上发射。马丁公司提出在月球上建立一个载人基地,并强调将之作为空军的长期目标的重要性,并建议军方开始实施这一设想。航空物理开发公司也推出了一项方案,包括与登月系统同时发展起来的一系列弹道测试航天器。曾生产超音速X-1的贝尔飞机公司推出了一个助推式滑翔飞行器。库克研究实验室(Cook Research Laboratory)想建造和运营一个由空军控制的轨道空间站。通用电气公司希望与空军一起开发一个监视系列轨道卫星的跟踪站。固特异飞机公司（Goodyear Aircraft）想要建立一个太空穿梭系统，在地球和操控载人轨道实验室之间运送宇航员。斯佩里陀螺仪公司（Sperry Gyroscope Company）想承担一个研究项目——把人发射到一个轨道上，该轨道可以将人置于一种自由落体的状态中，来收集航天飞行的人因数据。

这些建议方案之间的差异很小，每一个都使用助推器作为发射工具，几乎所有方案都是将卫星送入一个椭圆轨道而不是一个圆形轨道。所有的方案都使用了将航天器回收至地球的制动火箭，只有AVCO 的构想是一个例外——它使用一个金属降落伞。但是，所有承包商的方案没有一个符合必需的要求，每家公司的方案要么没有全方位地考虑到航天飞行中人的因素，要么就是没有考虑到人和宇宙飞船可能遇到的各种各样的环境因素。

不过，令 ARDC 感到欣慰的消息是，众多的方案建议有助于他们在设计太空航行计划时限定范围——知道了什么是重要的，什么是不必要的。通过对那些互相抵触的建议进行权衡，他们确实理清了有利的航天器配置，最好的开端是一个高阻力的密封舱设计：呈喇叭形展开的底部可以稳固住制动火箭，还有反作用喷射流和回收伞。这种状况很快就明确了，对第一艘航天器来说，为了确保轨道插入和点火发动的姿态万无一失，某种制导系统也是至关重要的。如果没有精确的校准器，自动点火装置就会有将卫星发射出脱离开地球而不能使其回落到地球的风险。现有的洲际弹道导弹将成为运载工具，可以根据需要进行修改，以满足某个特定飞行任务的要求。

一些细节从现有的知识来看仍然面临着迫切需要解决的问题：着陆的方式仍然有争议，是在陆地上的跑道降落还是在海上降落都是有吸引力的选择；材料也还没有确定，尽管轻便而硬度极大的铬镍铁合金（Inconel-X）是最有力的竞争者。这次调研的结果是使人认识到，在目前的技术状况下，载人航天飞行并非是不可能的。但是，执行太空计划对空军和其导弹计划产生什么样的效果来说是一个不相干的问题了。

在休·德莱顿领导空军的同时，NACA 也有条不紊地启动了自己的潜在航天项目的研究。NACA 的参与在以下理念方面扩展了载人航天工程的范围：最终计划将以由两个机构联合管理 X-15 的相同方式运行。每个机构都可以以自己的专门知识来处理即将面对的问题，最终强化产品的质量。但这种安排也让 NACA 成为航天计划的管理机构，而空军对此却并不热衷。如果考虑到正在进行的航空和导弹计划，在 NACA 看来，其内部研究的指导方针与空军所遵循的指导方针是相同的。具体来说，NACA 支持太空计划不可能会妨碍 X-15、X-15B 或高超音速助推滑翔项目。这三个项目因其自身的实力都被视为举足轻重的，且统筹运行这些项目也非常重要。

突如其来的对于载人航天事业浓厚兴趣反映在 1958 年 1 月 7 日的一个高层会议上。来自美国空军的 330 多名代表抵达马里兰州的巴尔的摩，在南方酒店（Southern Hotel）举行会晤，讨论空军研究与发展司令部如何进行重组才可以适应新的航天和太空计划。会议结束时他们制定了一个计划，从中可以看到空军的预算和一个重新修订的长期目标。这个目标包括了 1959 年全年的太空计划，而且承诺这些项目将在这一领域产生切实可行的结果，此外还制定了一个相应的计划来限制热点项目的数量，以确保那些对军方长期目标至关重要的项目的成功。然而，对太空计划的最新强调终究并不能削减正在进行的武器研发计划，在当天结束时，空军还是要承担国防的任务，如果要使这些项目计划取得实际的进展，它不得不将太空计划转让给国防部，这样就不会牺牲掉空军的更大目标。

与此同时,空军自己的飞向太空的多级方法——早在几个月前就已经通过——突然又热了起来。"基于一种预测技术性能,对未来航天器演化的评价"这一报告被重新修改为"莱特航空发展中心长期研发计划",其修改之处在于更恰当地集中于苏联的"斯普特尼克"号卫星上,并体现出美国许多可能的回应。该计划在交送五角大楼之前首先被送达空军研究与开发司令部总部。

就在空军谈论着向太空进发的时候,陆军也迈开了通往太空轨道的步伐。早在一年多以前,红石 RS-29 火箭就已经打包运往卡纳维拉尔角发射场,与先锋计划的第二次尝试并行,发射的准备工作开始启动。算下来海军研究实验室已有四次发射另一枚先锋卫星的计划了,四次发射都因为天气或技术问题被迫取消,而陆军和冯·布劳恩却坐视不管。终于在 1 月 29 日,海军退出了,而陆军的三天发射时限也开始启动。火箭已被竖立在发射台上,此时它的设计者却不在现场,根据梅达里斯的命令,冯·布劳恩要待在华盛顿,他对此感到一些遗憾,不过这也是专职需要。如果这颗卫星确实进入了轨道,那么就需要冯·布劳恩在新闻发布会上发言,他的团队可以处理卡纳维拉尔角发射场的最后一些技术方面的事宜。

1958 年 1 月 31 日晚,冯·布劳恩和一小队人来到位于华盛顿五角大楼的陆军通讯中心。房间里陆续站满了军人、民众、来自美国国家科学院的 IGY 委员会的代表等。改称为朱庇特 C 的 RS-29 火箭正矗立在 863 英里之外,静静地等候发射。而远在华盛顿的人却看不到它从五角大楼到卡纳维拉尔角发射场之间没有连通的闭路电视系统,只有一个简单的电传机更新着屏幕上的投影,有几部电话机保持着室内与外界的联系。

夜幕降临,人们聚集在一起收听广播报道,由于一次过氧化氢泄漏,发射稍微推迟了一会儿。他们紧盯着出现在电传屏幕上的消息,冯·布劳恩急切不安地看着进度报告：倒计时 1 分钟、倒计时 20 秒、倒计时 10 秒。终于等到点火命令、全推力状态(Mainstage)、起飞、正在进行、继续飞行。电传过来的信息更新松散而缓慢，这与房间里紧张兴奋的氛围形成鲜明的对比。起飞 90 秒后，电传屏幕上显示火箭已通过了喷流①。电传信息确认第一级在发射 156 秒之后分离，第二级已经点火，但是还没有证实第三级或第四级已经开始启动。

冯·布劳恩不得不等待跟踪站接收到的来自卫星的信号，以获取这一重要信息。[25]他知道，在发射探险者一号之后，如果它进入了轨道，那么，在某一时刻它就应该出现在什么位置，由跟踪站接收到的信号就会确认它是否已经成功。五角大楼陆军通讯中心里弥漫着紧张的气氛，人们都等了一个半小时，他们用咖啡、香烟和甜甜圈来分散自己的注意力。

从探险者一号那里接收到信号的预期时间到了，可是只有令人不安的沉默。随后，8 分钟的沉默过后，来自西海岸四个跟踪站的电话几乎同时响起，他们证实已经接收到了探险者一号的信号。陆军已经将卫星送入了轨道。顿时，人们的心情转忧为喜，那些坚强的老兵们情不自禁热泪横流。

美国已经将一颗卫星送进轨道了，不过，这颗小小的探险者一号却完全不能与苏联在这个竞赛领域中进行抗衡。美国在太空方面仍然落后，用卫星和载人飞船探索这个新领域的前沿可能会成为一项艰巨的挑战。目前，曾经只是工程师们对于遥远未来所幻想的东西马上就要来临，而每位竞相参与建造卫星或运作一项太空计划的人都明白，接下来的几步将为美国在太空中的未来定下基调。

———————————————

① 喷流(jet stream)是围绕地球的一条强而窄的高速气流带，集中在对流层顶或平流层，其水平长度达上万千米，宽数百千米，厚数千米。可以有一个或多个风速极大中心，中心风速有时可达每小时 200—300 千米。

第 **14** 章

掌控太空之争

　　艾森豪威尔总统在白宫办公室向全国发表讲话时表现得镇定自若,他在现实中也从未公开流露出对苏联"斯普特尼克"卫星的任何恐惧。不过,在得知美国陆军的探险者一号卫星入轨的消息时,他私下里却如释负重。[1] 那一晚,艾森豪威尔是在位于乔治亚的奥古斯塔国家高尔夫俱乐部附近的度假别墅里度过的,他整晚都如坐针毡,工作人员不时地向他报告发射的进展情况。他的秘书长安德鲁·古德巴思特(Andrew Goodpaster)告诉总统,朱庇特 C 的第二级已经点火。从那一刻起,艾森豪威尔就像冯·布劳恩一样,在一个小时的焦急等待中坐立不安,直到对这颗卫星最终结果的确认消息传来,白宫新闻秘书吉姆·哈格蒂(Jim Hagerty)将探险者一号的好消息带给了总统。

　　总统激动不已,他舒缓了一下情绪,然后吩咐哈格蒂:"我们不要大张旗鼓地宣传。"对于美国的这次成功,艾森豪威尔想极力避免浮夸的宣传,以免引起激烈反应。这颗小卫星是国家在太空领域迈出的一步,他清楚地知道,这只是承诺要进行的伟大事业的第一步。对大气之外的领域进行缓慢而有序的探索将是一项成本高昂的冒险事业,其成功将取决于运作管理这样一个大型项目的新方式。显而易见的是,国家迟早要成立一个专门的团队来运作管理这些活动。

一周之后,在 1958 年 2 月上旬,国防部长尼尔·麦克尔罗伊宣布高级研究计划署(ARPA)成立,这是一个隶属于国防部的全新机构,将管理所有具有潜在军事价值的太空活动。麦克尔罗伊是这个新机构的领导人,他任命了一位来自通用电气的人为执行副署长,此人名为罗伊·W.约翰逊(Roy W. Johnson)。约翰逊立马选定空军作为军事部门最有可能管理未来的太空计划的部门,以便为美国在这一新的领域获取并确保一个牢固的立足点。正在研发中的空军阿特拉斯导弹(Atlas missile)是美国武器库中最大的导弹,它是发射比小型的探险者一号更大的卫星时最好的选择。约翰逊还意识到,比导弹力量更重要的是,空军在国内也是航空人因领域的龙头老大。

对此进行决定性验证的时刻到了,1957 年 8 月 18 日,在明尼苏达州明尼阿波里斯的 Winzen 研发工厂,西蒙斯已爬进空军的 Manhigh 气球的吊篮中。当晚 10 点,他很快通过了发射前的一系列检查。这次是第二次飞行,为此他们已对太空舱进行了一些重大的修整,以纠正在第一次飞行中曾对乔·基廷格造成影响的问题。氧气调节和通信系统已经彻底地拆修检查,在吊篮中重新安装了一个更加精密复杂的遥测系统,能够更好地监控西蒙斯的呼吸、心率、体温。倒计时开始了,午夜 12∶37,Manhigh II 被装在一辆卡车上,西蒙斯就在密封舱中,卡车行驶了 150 英里到达发射地点,发射点位于克罗斯比(Crosby)的一个深凹的露天矿坑中。这位航空军医在将近五个小时的行驶过程中只作了短暂的休息。清早的寒冷,再加上密封舱上部的干冰冷却系统,让吊篮里冷得极不舒服。

密封舱一运到发射区,发射就准备开始。太阳升到矿坑的正上方,把现场情景照得一览无余,现场的氛围忙碌而紧张,因为一些小问题会引起重大延误。随着氦气被缓慢地充进气球中，为了防止这个塑料气泡被突如其来的阵风吹走，工作人员用收缩绳将它控制着。有一条绳子松了，把气球困在一个离地面 30 英尺的地方。威拉·文森（Vera Winzen）明白，在发射前必须把那个东西解开，他自告奋勇，爬上一个只用绳子支撑的梯子，娴熟麻利地剪断带子。[2] 障碍排除了，倒计时继续，地面的风变得越来越大，工作人员将密封舱和半充满气的气球挪到发射坑的另一边，以确保西蒙斯不被径直吹到附近的群山之中。

西蒙斯已为生物医学计划默默无闻地工作了数年，经过多年的等待，他终于在早上 9:22 升空了。他通过排出气体来控制其上升的速度，与此同时，在他的下方，以往人们拍摄的和描述的地球景象缓慢地展现开来。西蒙斯被神秘的宁静和渐渐变暗的天空迷住了，他从未见过可以与此相媲美的景象。2 小时 18 分钟过去了，Manhigh II 已达到了 10.5 万英尺的高度。此时，西蒙斯产生了这样一种感觉：气球就像一个起伏不停的小球在连绵不断的、被乡间小路分割成纵横交错的棋格状的田野上空缓缓运行，这一切都与地球的轮廓曲率相吻合。

西蒙斯刚开始进行天文观测，就接到了奥特·文森的呼叫，这个消息令他兴致大减。文森说，地面工作人员已接收不到 Manhigh II 的高频信号，这意味着他们无法得知身处密封舱内的西蒙斯的任何信息。这位德国气球工程师继续说道，无论是什么原因导致了这一故障，很有可能不久会波及到他的语音通信系统。对这种状况，西蒙斯不得不考虑他的抉择：是否放弃这次飞行。文森和约翰·保罗·斯塔普都在等待医生的决定。西蒙斯推想，虽然他独自一人在地球之上 10 万多英尺的高空飘浮，但失去了语音通信并没有对他的孤独感觉产生明显的影响。他环顾密封舱的周围，看起来其他所有的系统都在正常地运转。为了这次飞行任务,他本人已付出了多年的努力,如果就这样放弃宝贵的机会,他心有不甘。于是,西蒙斯决定继续待在高空,竭尽所能收集更多的数据。他的科学决定最终赢得了胜利。

除了无线信号丢失,其他系统一直保持着良好的运行状态,但不久飞行状况发生了变化。西蒙斯的高空飞行原计划持续一天,但在他降落区域的上方乌云翻滚,这威胁到气球的安全降落,这位医生被迫延长停留在平流层的时间。西蒙斯与地面和空中的跟踪人员交换意见后,决定从多个有利的地点,尝试看看降落是否安全。非常幸运的是,后来云开雾散了,西蒙斯终于能够操控着 Manhigh II 向地面降落。傍晚时分,5:30 刚过,在南达科他州东北部弗雷德里克附近的一片苜蓿地里,他终于安全着陆。尽管遇到一些问题以及未曾预见的计划外的延时飞行,这次飞行任务总体上说是成功的。就西蒙斯本人而言,他独自操控一个工作系统,在类太空的环境中停留了一天多的时间,而且还活了下来,这简直令他欣喜若狂!

现在,Manhigh 所需要的是进入太空的一种方式。气球仅仅能飘浮到很高的空间,但是不能为密封舱提供进入近地轨道所需的速度。基于 Manhigh 强大的飞行力量,密封舱接近于太空飞行舱,因其技术非常简单,它开始获得人们的青睐,人们对它的兴趣超过了滑翔型的飞行器。空军的阿特拉斯导弹项目走上了一条快速发展的通道,加强了一些正在进行的研发,其目标是让这些研发最终可以为一项航天计划铺平道路。

然而,在 ARPA 的创建中,强调太空的军事用途并不符合艾森豪威尔的口味。对于运行和管理一项太空计划的最佳方式,他已苦思良久,终究还是将和平探索太空提到至高无上的地位,该计划应由一个与军方无任何关联的民间机构管理。他认为,从有利于国际关系的角度而言,各国之间应该公开而自由地共享所有与太空相关的纯科学信息,但对于一个军方的太空项目,或者,即使是一个具有较强军方背景的科研项目来说,这种做法是根本不可能实现的。而对任何一个大型的技术项目秘而不宣都有可能使苏联将其解读为一个秘密隐蔽的武器系统,这将会促使苏联转而研发他们自己的先进秘密武器系统。摆在艾森豪威尔面前的是怎样防止让猜忌转化为新的武器系统。

以国家安全的名义用情报卫星和军事力量去探索太空的军事用途具有一定的合理性,尽管总统不能否认这一点,但他坚信太空研究是一项和平的科学研究领域,这种信念压倒了一切。以国家精神和美国的国际声望的名义,艾森豪威尔断然决定,在这个新的领域中,军事研究和科学探索各自进行,它们之间要保持截然分明的界线。

1958 年 3 月 24 日,艾森豪威尔发给麦克尔罗伊一份备忘录,预先通知他,如果一个民用航天机构在国会获得通过,那么这个机构将会获得超过 ARPA 的优先权。4 月 2 日,总统正式向国会提交了这份动议,其中提议成立一个新的机构,把所有现存的太空项目归至民用的旗号之下。参议院多数党领袖林登·约翰逊(Lyndon Johnson)被请来帮忙通过他认为必须的改变,于是,约翰逊启动了将总统的议案转化为法律的进程——必须通过一系列的正式程序。

为这个新的航天机构进行精确定位的重任落到了艾森豪威尔的科学顾问——詹姆斯·基利安的肩上。就在探险者一号进入轨道几天之后,总统已经任命基利安负责总统的科学顾问委员会的一个专门小组,负责规划这个新的民用航天机构的目标和管理。在基利安的指导下,小组考察了全国所有已存在的项目,鉴于艾森豪威尔对民间团体的偏爱,这个小组认定 NACA 是最好的选择。这个久已存在的航空机构是独一无二的,因为它并不向总统汇报,而是向由一位主席领导的一个董事会汇报。尽管这个理事会确实包括军事代表,但是,理事成员及其军事目标是由与他们一起合作的骨干科学家来调节的。

这种合作关系反映在 NACA 业绩记录中,他们在与军队和民用客户进行合作以及搭建两者之间的沟通桥梁方面成就斐然。这种合作关系是一种协商约定方式,其特点是:只要对某个单一的项目有益,也允许开展协同研究,就像对 X-15 项目所做的那样。这是一种较好的向太空转向的操作方式,但没有一个新颖的面向太空的目标融合到它的议程中,NACA 只剩下重复军方在建造火箭和飞机中的尝试了。基利安的小组还看到了将航天领域中最杰出的专家召集在某个组织的保护伞之下的重要性,这与将他们分散在军事和工业的合作机构中截然相反。保留下 NACA 会将这个国家的最优秀的人才联合起来,让他们集中精力攻克航天难题。NACA 仍然保持着一个非军事机构的属性,这满足了艾森豪威尔的要求——太空探索是一项和平的事业。

就像基利安看到的那样,NACA 能够驾轻就熟地将一个空间计划融合进蓬勃发展的航空领域中,而不需要牺牲掉正在进行的研究,这些研究正在持续不断地取得进步。NACA 从位于弗吉尼亚州兰利的一个不起眼的基地开始起步,已发展到拥有了位于俄亥俄州的刘易斯实验室、位于加利福尼亚的艾姆斯实验室和位于爱德华兹空军基地的高速飞行站,所有这些基地都由身在华盛顿的总负责人休·德莱顿负责管理。每一个基地都能用某种方法处理某些技术,都有自己的看家本领,这些技术最终都被应用到航天中,包括强大的引擎发动机,能够承受因大气再入而急剧升温的耐高温材料,以及载人卫星的奇异造型。

NACA 的资产总额大约 3 亿美元,包括科研设备和实验室在内,它拥有 8 000 名男女员工,其中将近三分之一是技能精湛的工程师。与再建一些全新的基地相比较,将现有的基地扩展到航空领域是一个更为简单易行的方式。基于这种认识,预算局增加了对它的支持力度,每年必须平均将大约 1 亿美元的预算投入给 NACA,用于将航天飞行的梦想变为现实。与重建一个需要若干新基地支撑的机构相比较,这是一个非常低廉划算的选择。

扩充工作人员和增加办公室将是一个挑战,不过,在发展建立一个空间机构的总体目标中,这只是一个非常微小的环节。总统科学顾问委员会的成员们一致认为,一些困难可以克服,只需相当简单地修改一下法律,允许 NACA 根据解决问题的需要来调整组织架构的发展。

由基利安任命的一个政府组织委员会对所有的选择进行了慎重权衡,决定不把太空项目计划交给原子能委员会,因为这个组织只是单一地关注某个领域中的原子能问题,而化学能无疑在短期内是更有用的。委员会基于军事基本上要限制性地利用太空而科学探索则不受此限制的原因,最终倾向于选择 NACA 而不是 ARPA。

基利安也肩负着为这个新的空间机构进行明确界定的任务。他委托总统科学顾问委员会(PSAC)的一个成员小组来负责此事,小组由爱德华·珀塞尔(Edward Purcell)主持负责,珀塞尔是哈佛的一位物理学家,一位诺贝尔奖获得者。珀塞尔委员会的结论最终以一篇题为《外太空简介》的文章问世,这篇文章生动而详细地阐释了航天飞行的基本原理和一些技术上的挑战。3 月 26 日,艾森豪威尔在白宫通过广播向全国宣读了这篇报告。总统说,报告中论及的一切都不是科学幻想,它是对事实严肃而真实的陈述。[3] 艾森豪威尔告诉全国人民,第一步将是一往无前的科学探索,研究远至月球的无人驾驶航天的物理特性。该计划将以此为出发点进行扩展,会发送探测器到遥远的行星,以期望不久之后人类也会接踵而至。尽管在太空领域中,在未来国家肯定会有军事方面的考量,但总统向全国保证,任何此类活动都不会危及国家的安全,国家安全是重中之重的考虑因素,而实际效益只是处于第二位。

正如珀塞尔委员会所设想的那样,如果将这个新太空机构的建造和管理发展成为一个最伟大的科技事业,它将面临巨大的挑战。它必须开发和建造一些可以在全然陌生的环境中工作的机械,而不需要飞行员在现场连续不断地监视机载系统,并且随时可以解决突发的难以避免的问题。该机构还必须在不牺牲科学需求的条件下满足一些军事需求,与此同时还要向公众承诺:保持美国的国防、科学和技术在世界上处于首位。

甚至太空中的军事目标也面临着同样令人生畏的挑战。基利安观察着他的军官同事们,发现"斯普特尼克"似乎对他们施了魔咒一般,使得原本一些理性的指挥官也喋喋不休地把太空当作一个探索的领域和未来战争的战场来谈论。[4] 无论是在战争年代还是和平年代,在这个崭新领域里处于最前沿的地位是至关重要的,也是令人向往的。

虽然来自华盛顿的建议一直呼吁重组 NACA,但直到 1958 的春天,进展状况仍然还停留在等待合法化的一个议案。与此同时,军方分支机构自己的航天计划仍在持续不断地向前推进。对于空军而言,非常确定的是,如果新的民间机构通过审批,它在各个方面也离不开空军,就像 NACA 的运作一样。以 X-15 计划为例,空军认为,新的机构会管理运行太空项目和测试飞船,不过,完成发射任务和一些更高目标的荣耀将归属于空军。因此,空军邀请 NACA 联合开展关于航天的研究,其前提条件是:这将是一个空军项目,由伯恩哈德·施里弗(Bernhard Schriever)将军领导的空军研究与发展司令部来管理运行。空军雄心勃勃，他们的目光牢牢地锁定在送人登陆月球，把这个目标作为扩展计划的最终阶段。

空军的载人航天计划的第一阶段是一个单纯的技术演示阶段，这个阶段被称为"最早阶段的太空人"(MISS)。其宗旨是让人在太空迈出最初的几步以及探索相关的人因问题。该阶段将以六个机器人飞行起始，来测试硬件和飞行系统，紧接其后的是在六个月的时间内进行六次动物飞行，以测试生命支持系统。这些航行任务都成功之后，第一次载人航天飞行将尽早于1960年10月进行。这些最初的有人驾驶飞行将把再入和回收增加到空军的知识库中，在进行更加复杂的载人飞行之前，需要完成这两项至关重要的任务。

因为这个阶段的目标是相当基础的，航天器非常简单，其运载工具是一个高阻力、零升力、鼻头型的火箭，箭体为圆柱形，其直径为8英尺，底部呈喇叭形展开，在朝向地球的一面还带有一个烧蚀热防护罩。在增压舱里，为了安全，飞行员要一直穿着加压服，尽管如此，飞行员还要躺在一个沙发的靠背上。太空舱内还安装了最重要的制导和控制系统，以及二次电源组、遥测和语音通信系统，语音通信系统将保持宇航员和地面工作人员之间的联系。在航天器的喇叭底上，配置着反作用控制喷射器、为再入而设置的制动火箭以及如果在海上降落可回收的降落伞。

整个阶段的设计目的是为了更好地了解在航天飞行中人的方面。因为没有人能确切知道一个人在微重力状态下怎样活动，所以，这些最初的飞行几乎是完全自动操作的。飞行员可能状态良好，也可能迷失方向而惊慌失措，从而使自己陷于危险之中。但是，如果这些最初的飞行是成功的，如果发现飞行员在太空中能够做出决策，空军在后续航行中将会给他增加控制权，开始人工控制他在太空中的姿态并点火发动制动火箭。

MISS 中的人因目标继续注入到下一个阶段中,这一阶段被称为高级阶段的太空人(MISSOPH)。这一阶段被划分为三个部分。MISSOPH I 于 1961 年 3 月开始发射,在一个较大的航天器上载有机器人和动物,它能够在空中停留长达两周的时间,这是预计的往返飞向月球的大致时间。这一阶段的飞船将或多或少地是先前 MISS 版本的扩大版,安装了一个新的气闸。建造 MISSOPH II 吸取了 MISSOPH I 的经验,MISSOPH II 会利用更大的超级泰坦氟助推器把更大、更复杂的飞行器送入距离地球达 4 万英里高度的椭圆轨道中。从这个高度,飞船以 3.5 万英尺/秒或约 2.38 万英里/小时的飞行极速再入大气层,这个速度近似等同于从月球返回的速度。从如此严酷的再入过程中幸存下来,MISSOPH II 航天器将成为一个月球返回器的原型。

第三阶段的 MISSOPH III 航天器将会变得更加复杂精密。它与较早的飞行器不同,这一期设定的特别目标是给予飞行员更多的控制以便更加精确地着陆。这不是一个太空飞行舱,这个飞行器的特点是有一个平坦的三角形底部,类似于助推式滑翔器。MISSOPH III 也将推出第一批太空服,它能够支持宇航员离开宇宙飞船在太空真空环境中作业。

MISSOPH III 的使用将会超越它的特定阶段,它既是地球轨道飞行器,也可以作为登月飞行任务的环月飞行器,不过,它首先是作为无人驾驶飞行器去勘测遥远的世界。月球勘测飞行器或简称为 LUREC 是空军的无人驾驶的第三阶段,其目标是与起始于 1960 年 4 月的 MISSOPH 阶段同时运行。LUREC 也被细分为几个阶段。LUREC I 致力于解决实时跟踪的细节问题以及与 25 万千米之外的宇宙飞船之间的通信问题,这个距离已处于月球附近。一旦跟踪系统就位,LUREC II 阶段就会启动了,这个阶段将专门测试制导系统,这一系统将在飞船的月球之旅中起支撑作用,并为登陆收集月球环境的数据。这些无人航天器将使用一系列科学仪器,测量月球周围的温度、放射性和大气密度,并发回电视影像,以帮助缩小安全着陆点的选择范围。对月球的环境有了更深入的了解之后,LUREC III 将率先尝试在月球表面软着陆。利用火箭使之减缓下降速度,放开伸缩支架减缓冲击力,这是如此近距离对月球进行研究的第一个航天器,来自着陆声响的震动和音频数据也会增加我们对这颗天然卫星的理解。

全自动的 LUREC III 飞行将是单程飞行任务,不过载人航天将会紧随其后。载人月球飞行(LUMAN),是该空军项目的最后阶段,它将实现让人登上月球并安全返回地球的目标。第一阶段,LUMAN I,称为绕月的搭载动物飞行,目的是查验硬件、计算机和生命支持系统,这次相对简单的飞行任务最早有望在 1962 年 5 月启动。LUMAN II 将完成同样的使命,只是由人来取代动物的位置。LUMAN III 将实现无人驾驶飞船登陆月球,LUMAN IV 将完成从月球表面返回到地球的目标,理想的情况下将于 1963 年早些时候实现这个目标。

载人登月最终由 LUMAN V 来完成。就像先前两个阶段的情况一样,一位宇航员将驾驶这艘飞船在月球表面软着陆。一旦到达那里,他会通过气闸离开飞船,幸亏穿着特殊的压力服,他才得以离开运载飞船,去探索这片奇异的区域。随着这一飞行任务的完成,这项计划的主要目标就基本达到了。随之而来的 LUMAN VI 和 LUMAN VII 将会进行更多的着陆和轨道飞行任务,这些航天器将使用日渐增强的尖端精密科学仪器而发射出去,以便更好地了解月球。

空军对太空探索的设想无疑是雄伟宏大的,但也没有完全超出现实的可能性。从最初的无人航天飞行直到1965年LUMAN航天任务的启动,太空人计划预计将花费15亿美元。但是,它必须符合一些严苛的条件,要保持整个计划按照预定时间进行,并且还要使其维持在预算之内。预计成本和时间范围依项目而定,该项目从1958年7月1日开始,仅仅数月之后,这一建议就被送到了空军司令部。该计划的成功需要把这个项目的所有控制权都交到空军的手中,空军转而可以自由地加强巩固所需的资源,并在有利时机进行协调合作。

空军致力于这一项目的另一个动机是衍生技术所带来的利益。空军认为,改进的侦察、通信以及针对敌人攻击的早期预警系统等三项技术具有确保使美国军队受益的潜在能力,这三项技术都有望从月球登陆计划的发展中产生。空军还认为,太空人计划不仅会恢复美国的国家声望,而且还会对全世界产生重要的心理影响,在全世界的注目下,将一个人送到月球毋庸置疑会将美国的技术地位恢复到主导地位。

尽管空军的这一宏大计划是切实可行的,但最终还是被缩减了,其重点将聚焦于第一阶段——最早的太空人上。在迎接将人送到月球的挑战之前,第一阶段是一个可以迅速完成的阶段。不过在那时,会出现其他一些类似的比较简单的方案与MISS竞争。

在Manhigh II成功飞行之后,身为陆军的沃纳·冯·布劳恩已经开始就太空舱的问题与身为空军的戴维·西蒙斯进行接洽。[5] 这位德国工程师把太空舱看作是航天飞行的完美工具,它精密复杂,配置精良,足以维持一个人在轨道中的生存,这种太空舱经过非常简单的改装,就可以在火箭上进行发射。冯·布劳恩询问西蒙斯是否有兴趣在Manhigh的基础上研发一个太空舱,这个太空舱能够用红石火箭发射出去,把这个吊舱和导弹转化为一个基本的航天系统。西蒙斯赞同冯·布劳恩的想法,太空舱是将第一位宇航员送入轨道的最为有效的工具。这一合作的结果催生了一项计划的产生,冯·布劳恩恰如其分地称之为 Man Very High,这个项目多少有点与空军的 MISS 项目相同。在实施登月计划这类宏大的目标之前,一个简单的载人飞船将在红石火箭上被发射出去并收集数据。陆军也看到了美国军事在地球的这颗天然卫星上出现是注定要实现的,因为大部分的技术已经具备了,这项陆军和空军之间拟议的联合项目承诺很快就会见到实效。

但各军种之间的竞争最终胜过了布劳恩和西蒙斯之间的所有合作,因为如果他们合作成功,空军和陆军不能够确定谁将获得项目的荣誉。冯·布劳恩接受的一个解决方法是把他的提议改编成一个纯粹的陆军方案,起名为亚当计划,引用了《圣经》中第一个人的名字。根据这个计划,陆军将建造自己的太空舱,并使用冯·布劳恩改装的一个红石火箭进行发射。在成功把探险者一号送入轨道后不久,梅达里斯将军和陆军弹道导弹协会已经开始对国家的太空计划的控制权展开竞争了。

为了不被淘汰出局,海军也竭尽全力维持其在航天领域中占有的一席之地。冯·布劳恩已邀请海军承担 Man Very High 和亚当计划这两个项目的一部分,如此做的原因非常简单,航天器返回地球时如果在海上降落,海军拥有最好的装备和能力回收这个航天器。不过,海军希望参与更多。在 1958 年 4 月,海军的航空局(Bureau of Aeronautics)向 ARPA 提交了一份载人卫星计划方案,该计划的名称是载人地球侦察(MER)。其目标是发射一艘载人飞船,它的形状是一个两端为球形的柱形,它一旦进入轨道,圆柱的两端将沿着可伸缩的支杆横向展开,将发射架(pod)送进一个有硬质尖头的、膨胀的三角翼滑翔机内。从发射到滑翔降落在水面上,整个系统都将由飞行员控制,这些设计完全满足一个早期航天计划的要求。

这些以太空舱为基础的军事太空提案并不是那个春天流传着的唯一的想法。空军和 NACA 仍然在致力于探求将助推滑翔飞行器作为继 X-15 之后的下一步。这个计划是基于尤金·桑格的亚轨道轰炸机系统,被称为轰炸机导弹(Bomber Missile),或者简称为 BoMi,它在作为一款专门的侦察航天器时期被称为 Brass Bell,在作为火箭轰炸机时期被称为 ROBO。它的最终版本 ROBO 是由行业合作伙伴道格拉斯公司、康维尔公司和北美航空公司研发的。有人认为没有必要对这个项目的开发进行快速的跟进,因为它仍然还只是一个展望性的未来技术,因此,这个议案规定了一个将这个系统变为现实的累积研发阶段。所谓的武器系统 464L,最终被冠以“动力飞翔”(Dyna-Soar)之名,意指其动力飞行着陆的鲜明特点。继美国迈入太空的最初几步之后,它很快成为主要用于延长寿命项目的一个案例研究,与一个符合美国军械库需求的武器系统一起,满足了军事的需求直到 1980 年。

第一阶段的航天飞行器 Dyna-Soar I,只是概念上的试验物,第一个飞行器搭载一位飞行员,在这方面它超越了 X-15。这个飞行器将从母舰上发射,第一次回合(iteration)将达到 25 万英尺以上的高度,并返回第一批关于高超音速飞行的硬数据,也包括在其短暂的航程中取得的空气动力学的、结构的、升温加热的和人的数据,这些信息最终会被以后的版本所吸收采纳。下一个飞行器是 Dyna-Soar II,实质上与前面的版本是相同的,前一个版本被称为 Brass Bell。这个飞行器是一个侦察武器系统,将使用火箭发动机使其达到仅 17 万英尺的峰值高度,但飞行速度可达每小时 12 300 英里,它以国家安全的名义收集情报。Dyna Soar III 是下一个阶段，类似于较早的 ROBO 概念，这是一个高超音速的、全球范围的战略轰炸和侦察的武器，同时它还可以作为一个载人的多级火箭动力滑翔飞机，环航全球。

所有的太空军事开发计划都要提交国防部批准，因为 ARPA 是全国航天项目的主管部门。然而在 5 月初，艾森豪威尔总统对建立民用航天机构的呼吁得到了国会的批复，国会起草了《国家航空暨太空法案》。至此，军方完全失去了对太空的控制权。

《美国国家航空暨太空（NAS）法案》精确地列出了这种新的民用机构要做的事项纲要，主要是根据基利安的条款。该法案正式将太空中的民用部分和军事部分分离开来，加强了有利于和平利用太空的政策。它还要求将 NACA 合并进来作为它的核心机构，成为新成立的国家航空航天局（NASA）的中坚，其大量的实验室和几千名员工也包括在内。有一些条款规定 NACA 也可以将国内其他一些太空研究机构吸纳进来，包括陆军弹道导弹协会，因为他们的火箭将成为未来运载火箭的组成部分。但即使如此，就像基利安和艾森豪威尔设计的那样，NASA 合并了这些军事单位，它仍然保留着一个严格的民用机构的属性，只进行非常有限的军事参与。总统还招募了得克萨斯的参议员林登·约翰逊（Lyndon Johnson），他是美国航天计划的一位强有力的支持者，他为太空总署的建立付出了心血。后来证明，这一举措从艾森豪威尔的角度来说是明智的。约翰逊创建了太空委员会，这有助于推动 NAS 法案尽快通过国会的一系列审议，仅仅三个月之后，在 7 月 29 日，NAS 法案签署，正式成为法律。

接踵而来的一个问题是由谁来领导新的 NASA。休·德莱顿是最引人注目的一个选择，他有执掌 NACA 近十年的经历，在他的职业生涯中不乏对航空技术的惊人预见等亮点,在将一系列国家研究实验室转化为新机构的过程中,他对所涉及的千头万绪都保持着清晰的认识,由此受到人们的推崇。但国会的一些领导认为,德莱顿领导 NACA 的风格给人的印象太过四平八稳,他不具有足够的魄力引领国家这场动人心魄的进军太空的行动。国会确信太空一定会给国家带来振兴,它想要一位与这种光明前景相匹配的魅力非凡的领袖。讨论的结果指向了另一位候选人:托马斯·格伦南(Thomas Keith Glennan),他是凯斯理工学院的校长,大多数的NACA 人对他也不陌生。

　　得到艾森豪威尔的同意后,基利安开始出面游说格伦南接受这项任命。[6]虽然太空是一片崭新的疆域,但却不是一个容易做的买卖,太空的前景以及在将人送入轨道之后它是否仍是充满活力的行业令人难以预料。格伦南犹豫不决,他告诉基利安需要慎重考虑一下这份工作邀请。几天之后,格伦南作出了决定,他告诉基利安,他接受这项任命,出任 NASA 局长,但有一个前提条件是让德莱顿做他的副职。8 月 8 日,格伦南和德莱顿两人被正式任命,他们在 11天后宣誓就职,成为 NASA 的第一届领导者。

　　随着局长和副局长的就位,NACA 向 NASA 的过渡开始了。调整的步伐非常迅速,其过程也不乏挑战,将一个拥有众多小项目的研究团体转换成一个数百万美元的机构,来运作一些自己的前沿课题,是一项极其艰巨的任务。NASA 还准备吸纳一些正在进行的军事项目,并将它们牢牢地置于民用太空计划的范围之内。空军和国防部的太空项目也做好准备归属在新 NASA 之下,后者有几个分布在全国各地的中心,包括 NACA 的刘易斯实验中心、兰利实验室、艾姆斯实验室以及高速飞行站。将冯·布劳恩和陆军弹道导弹协会,以及加州理工学院的喷气推进实验室划归到 NASA 旗下的协商也开始了。所有与太空有关的研究中心在不久后都将归属到这一民用机构中。对 NASA 而言，正是因为国家的最高利益的需要，才使它可以启用国家的最杰出人才和已掌握的技术去开发自己的航天项目。

临近 8 月底的时候，全国各地的 NACA 员工们都在观看一则来自他们领导层的视频信息。德莱顿出现在屏幕上，他向其雇用的 8 000 名员工介绍说自己是 NASA 的副局长，接着，他引见格伦南，向观众介绍说，格伦南才是他们的新任局长。

格伦南的开头一句是："我们已经来到一个新的时代。"[7] 然后，他讲述了 NACA 时代即将结束之际的现实情况，他鼓励其未来的员工们要为即将到来的变化感到自豪，而不是一味地感叹失落。他说："在全国范围内的所有机构中，NACA 被选中代表国家来引领这个探索的新时代是非常荣幸的，这是每一位 NACA 员工的功劳，正是你们的努力才使这个历史悠久的机构得到这份荣耀，并让它继续成为太空中的使者。"他继续说道："NASA 肯定与它的前驱有所不同，这是由于它背负着不同的使命，但毫无疑问，它同样会在开发前瞻性技术这种理念的指导下繁荣兴旺，这种理念在过去的近半个世纪里一直服务于 NACA，并且成效卓著！"

"NACA 永远不会消失！"格伦南向他的员工保证，"这次转型是积极正面的，这种转型将把全国最优秀的人才汇集到这个令人振奋的新目标上来，过渡状态将在 9 月 30 日最后一个工作日结束。"

格伦南遵守了他的诺言。1958 年 10 月 1 日，在这个周二的早晨，全国各地的几千名 NACA 的员工像往常一样继续上班工作，只是他们的工作不再严格地局限在航空领域了。他们正在为 NASA 工作，这种变化在他们所在机构的名称上已显示出来。为国家的航天机构工作，天空不再是他们的极限。

结语
美国步入太空

1958 年 10 月 7 日,任职一周之后,NASA 局长托马斯·格伦南开始考虑一项载人航天计划的提案。这是一份由兰利研究实验室的马克斯·费格特提出的弹道舱方案,其形状像一个截头圆锥,上方绑着一捆制动点火火箭,这一设计的目的是使太空舱从运行轨道下落。太空舱的上部是一根细长的颈管,里面存放降落伞,用以减缓最后着陆时的下降速度。在太空领域,以赶超苏联的名义,追求速度胜过了追求尖端的精密度,这是率先把人送上太空最快捷的方式。格伦南全力支持这一项目,他只简单地说了一句:"让我们开始吧。"让美国宇航员抢在苏联宇航员前面进入太空成为 NASA 独一无二的目标。[1]

第二天,在弗吉尼亚的兰利基地,由 35 人组成的太空任务小组非正式地成立了,这标志着载人航天计划进入了实施阶段。接下来的几个星期,这些男女成员们奔波于全国各地,确定哪一个现存的项目可以被 NASA 吸收进来,以实现载人航天计划的目标。一些人参观了在俄亥俄州的莱特空军发展中心,了解近太空的人因问题。其他人则与来自空军弹道导弹部的代表们一起研究了制造再入高温防护罩的各种热防护材料。兰利的工程师们开始研制用来在太空舱最后降落时减慢速度的降落伞。在陆军弹道导弹局,兰利的部分人员会晤了沃纳·冯·布劳恩的团队,讨论使用红石导弹发射亚轨道飞行器的问题。其他人拜访了空军弹道导弹部,讨论使用阿特拉斯导弹发射轨道飞行器的问题。

用航天飞机将宇航员送入绕地轨道的前景几乎被人遗忘了。在 10 月 15 日这个周三的早晨,天清气朗,在洛杉矶的北美航空工厂,一个大型机库的大门打开了,一辆黄色的小型拖车从机库行驶到阳光下,后面拖着一架熠熠闪光的黑色飞机,两名身着白色上衣的工程师分立两侧,这是 X-15 项目的第一个产品。它从分立两侧的人群中间缓慢穿过,人群中有政府要员和军队的人员,最后停在理查德·尼克松副总统的面前。此时副总统正站在一个搭建在树荫下的小台子上,目光一直追随着这架精致无比的飞机。[2] 它的设计宗旨是将人带到太空边缘,而这种前景却因为一个简单的太空舱而蒙上了阴影。到了 10 月底,NASA 弹道航天器的详细方案已足够稳妥可靠,NASA 决定将一些计划需求向外界公开,工业合作伙伴可以自行决定他们自己的航天器设计,制定总体规划,提出分析和建造的办法。

NASA 和它的合作伙伴们奋力向前推进。空军的阿特拉斯计划达到了 6 000 英里的飞行距离,这是一个里程碑式的进展,朝向使用火箭发射宇航员的目标又靠近了一步。试验飞行器在再入评估上也获得了改进。承包商向太空总署提交他们的计划,为了测试飞船的中止系统,他们打算研发小型的火箭。格伦南在 12 月 17 日的一个施政报告中,在谈及载人航天的工作时,首次提到了"水星计划"(Project Mercury)这个名字,从而将这一计划扎根在了美国公众的心中。

1959 年 1 月,美国航空航天局把确定宇航员人选的身体特征纳入到水星计划之中。有望成为宇航员的人,年龄必须在 40 岁以下,身高不超过 5 英尺 11 英寸,体重小于 180 磅,具体的身体条件由太空舱的大小以及红石火箭和阿特拉斯火箭的动力决定。候选者还必须毕业于试飞员学校,并拥有 1500 小时的喷气式飞机的驾驶飞行时间。508 名男飞行员符合 NASA 宇航员计划的基本条件,其中 110 人被选中,进入严苛的遴选程序,接受一系列的医学检查。与此同时,整体布局中的各种更复杂的技术难点研究也在有条不紊地进行着,反复测试中止系统和烧蚀材料,精心设计仪器设备,反复计算试验轨迹。美国海军是最后加入该计划的军事合作伙伴,它与 NASA 签约,其任务是:如果航天器在海上降落,为寻获宇航员提供帮助。

在航天局正式向外敞开大门之后的六个月零九天,NASA 在其位于华盛顿特区的新总部举行了一次新闻发布会。一张长长的桌子位于两面美国国旗之间,桌子后面坐着七个人,他们都身着衬衫,黑色夹克,系着领带,其中两位打着领结。在他们身后悬挂着 NASA 的标志,标志中蓝色的圆球代表着一颗行星,白色字母是该机构的缩写,球体中的星星意味着太空,一条穿越球体的红色 V 形图案喻示着一个机翼,令人联想到这个机构与航空领域的关系,那条细的白色椭圆表示一个正沿轨道运行的航天器。在桌子前面的地板上放着两个模型,一个是上面带有水星号太空舱的阿特拉斯火箭,另一个是尺寸较大的航天飞行器模型。

格伦南向大家一一介绍在座的各位:马尔科姆·S.卡彭特(Malcolm S. Carpenter)、勒罗伊·G.库珀(Leroy G. Cooper)、约翰·H.格伦(John H. Glenn)、维吉尔·I.格里索姆(Virgil I. Grissom)、瓦尔特·M.施艾拉(Walter M. Schirra)、艾伦·B.谢泼德(Alan B. Shepard)和唐纳德·K.斯雷顿(Donald K. Slayton)。"他们!女士们,先生们,就是我们国家的水星号宇航员!"[3] 话音刚落,房间里爆发出一阵热烈的掌声。NASA 和军方的官员讲话完毕,宇航员们接受了新闻记者们的直接采访，被询问的问题包括他们的家庭生活以及入选的过程。有一些飞行员似乎在聚光灯下感到颇不自在，不过很快就克服了这种局促感。

第二天，水星号宇航员们的照片特写登上了《纽约时报》的头版，在接下来的几天里，在全国的其他报纸和杂志上，也有一些小篇幅的传记文章出现。不过，水星号宇航员并没有像"斯普特尼克"那样成为热点的头条新闻，他们除了在新闻发布会上的发言之外，没有做任何其他的活动。尽管如此，他们很快就成为令人敬慕的民族英雄。美国对于太空不确定性的恐惧感被人格化的乐观主义取而代之了。过去的威胁一如既往地若隐若现，但现在有了 NASA，他们有了自己的应对。

人物列表

尼尔·阿姆斯特朗(Neil Armstrong,1930.8.5—2012.8.25),飞行员兼工程师,他于 1955 年以试飞员身份加入 NACA 的高速飞行站。他进行了 X-1B 的首次飞行任务,测试其上安装的反应控制装置。

马格努斯·冯·布劳恩(Magnus von Braun,1919.5.10—2003.6.21),沃纳·冯·布劳恩的弟弟。沃纳·冯·布劳恩在第二次世界大战的末期找到了美国军队,并带着德国火箭团队向美国军队投降。

沃纳·冯·布劳恩(Wernher von Braun,1912.3.23—1977.6.16),德国 A-4/V-2 项目最重要的设计者之一。第二次世界大战后被引进美国,之后加入美国军队,研制开发红石系列火箭。

阿尔伯特·斯格特·克罗斯菲尔德(Albert Scott Crossfield,1921.10.2—2006.4.19),飞行员兼工程师,1950 年加入 NACA。他是首位将飞行速度推进到 2 马赫的人。在他的协助下,X-15 火箭飞机在北美航空公司成功面世。

瓦尔特·多恩贝格尔(Walter Dornberger,1895.9.6—1980.6.27),德国陆军 A-4/V-2 火箭研发项目的首领。移居美国后,多恩贝格尔做过一段时间的美国空军顾问,之后进入贝尔公司工作,在那里他提出了制造高超音速飞机的概念。

休·德莱顿(Hugh Dryden,1898.7.2—1965.12.2),美国国家标准局的空气动力专家,陆军航空队科学顾问小组(AAFSAG)以及和平时期科学顾问委员会的成员,曾任美国国家航空顾问委员会(NACA)主任。

德怀特·D.艾森豪威尔(Dwight D. Eisenhower,1890.10.14—1969.3.28),美国陆军上将,1953 年至 1961 年期间任美国总统。艾森豪威尔鼎力支持将 NASA 建成为一个民用机构,而不是让太空项目成为军事分支。

西奥多·冯·卡门(Theodore von Kármán,1881.5.11—1963.5.6),匈牙利数学家、航空航天工程师、物理学家,陆军航空队科学顾问小组(AAFSAG)的负责人,加州理工学院的教授,他领导创建了喷气推进实验室(Jet Propulsion Laboratory, JPL),这个实验室现在是 NASA 的研究中心之一。

赫尔曼·奥伯特（Hermann Oberth，1894.6.25—1989.12.29），被誉为火箭之父，其著作《星际火箭》一书鼓舞了包括布劳恩和瓦利尔等人在内的众多火箭先驱者。

戴维·西蒙斯（David Simons，1922.6.7—2010.4.5），美国航空队飞行医师，他在 V-2 火箭的一个变体（布洛瑟姆火箭）上发射早期的生物载荷，曾驾驶 Manhigh II 气球飞行。

约翰·保罗·斯塔普（John Paul Stapp，1910.7.11—1999.11.13），美国航空队飞行医师，因他的人体减速试验而闻名于世。他亲身参与了几次人体试验，是探索人体在极端环境中耐受性的先驱。

马克斯·瓦利尔（Max Valier，1895.2.9—1930.5.17），德国的火箭普及者，他以把火箭装在汽车、雪橇或帆船上进行试验而闻名。他是德国太空旅行协会的创始人。

地区与组织列表

陆军航空队(Army Air Force):美国陆军勤务队的一个飞行分支,1947年它从陆军中独立出来,成为独立的美国航空军队(United States Air Forces, USAAF)。

高级研究计划署(Advanced Research Projects Agency, ARPA):也称高级研究计划局,由美国国防部长尼尔·麦克尔罗伊于1958年创立,管理诸如航天项目等高级项目。在1972年,它作为DARPA一个独立的防御部门建立起来,后来,在1993年,更名为ARPA,至1996年,再次改回原名DARPA。

高速飞行站(High Speed Flight Station):位于爱德华空军基地的NACA中心,于1954年更名为高速飞行站,1976年更名为德莱顿飞行研究中心,2014年再次更名为阿姆斯特朗飞行研究中心。

库默斯多夫西部试验基地(Kummersdorf West):柏林郊外的德国火箭制造基地,在那里,多恩贝格尔·冯·布劳恩和他们的工程师团队成员共同开发了组合(A-)系列火箭。

米特尔维克工厂(Mittelwerk):位于德国哈尔茨山区的地下工厂,在那里,集中营的囚犯们被驱使建造A-4/V-2火箭。

穆罗克空军基地(Muroc Air Force Base):1933年由陆军航空队的队长亨利·哈里·阿诺德中校建立,当时是作为一个轰炸与射击训练场。1949年,为了纪念格林·爱德华兹(Glen Edwards)上尉改名为爱德华兹空军基地。

国家航空咨询委员会(National Advisory Committee for Aeronautics):简称NACA,其发音读法有多种,但典型的读法是逐个字母拼读:N-A-C-A,以区别于作为一个独立单词而发音的"NASA"。

NACA艾姆斯研究中心(NACA Ames):1939年,在加利福尼亚的桑尼维尔建立了NACA的第二个实验室,也称艾姆斯实验室。以NACA的创始人之一、物理学家约瑟夫·艾姆斯(Joseph Sweetman Ames)的名字而命名。

NACA兰利纪念实验室(NACA Langley Memorial Laboratory):NACA的

第一个实验室,于 1917 年建立,以美国天文学家、物理学家、航空先驱塞缪尔·皮尔庞特·兰利(Samuel Pierpont Langley)的名字命名。至今它仍然是一个 NASA 研究中心。

NACA 刘易斯试验室或刘易斯研究中心(NACA Lewis Research Center):该机构作为 NACA 的一个研究中心成立于 1942 年,当时是作为飞机引擎研究实验室。1947 年更名为飞行动力研究实验室。到了 1948 年,为纪念乔治·W.刘易斯而更名为刘易斯飞行动力实验室,乔治·W.刘易斯(George W. Lewis)在 1919 年至 1947 年期间任国家航空咨询委员会(NACA)的主任。1999 年,为了纪念第一位进入轨道的美国人,该实验室又更名为 NASA 约翰·H.格伦(John H. Glenn)研究中心。

佩内明德(Peenemünde):位于德国北部乌瑟多姆岛上的一个德军火箭工厂,多恩贝格尔、布劳恩和他们的火箭工程师团队曾在此研制 A-4/V-2火箭。

火箭发射场(Raketenflugplatz):德国太空旅行协会(Verein für Raumschiffahrt)的火箭研发基地,位于柏林郊外 17 英里处。

红石兵工厂(Redstone Arsenal):第二次世界大战期间建立的军用器械工厂,战后一度被关闭,在 1949 年作为军械火箭中心而被重新启用,此中心为来自德国的科学家们进行火箭研究和研发项目提供场所。从 1956 年到1960 年期间,这里也成为陆军弹道导弹局的所在地,之后,这里转变为NASA 的乔治·C.马歇尔太空飞行中心(George C. Marshall Space Flight Center)。

德国太空旅行协会(Verein für Raumschiffahrt):简称为 VfR,该协会由马克斯·瓦利尔创建,其著名成员有奥伯特和冯·布劳恩。

白沙试验场(White Sands Proving Ground):位于新墨西哥州的美国陆军导弹试射基地。美国第一批修复后的 V-2 火箭在此发射。1958 年,这里更名为白沙导弹试验场(White Sands Missile Range)。

火箭列表

　　Aggregate 系列：德国制造的系列火箭,简称为 A 系列火箭,Aggregate 意为"聚集"或"集结",此系列火箭最终导致了攻击性武器 V-2 的出现。

　　A-1：第一代 A 系列火箭,其典型特征是后置引擎,其直径为 1 英尺,长度为 4.6 英尺。

　　A-2：第二代 A 系列火箭,其典型特征是位于箭体中心的陀螺仪,这是火箭团队为了解决 A-1 火箭的不稳定性而做出的一个改变,其尺寸大小与 A-1 火箭相同。马克斯(Max)和莫里兹(Moritz)火箭属于 A-2s。

　　A-3：第三代 A 系列火箭,其高为 21.3 英尺,直径最长之处为2.3英尺,其典型特征是有一个起稳定作用的小尾翼。

　　A-4：又以 V-2(复仇武器)而著称。这种高 47 英尺、直径 5.5 英尺的火箭是德军最早的实战导弹。

　　A-5：虽然其编号在 A-4 火箭之后,这种火箭的问世实际上在最早的实战火箭之前,它是解决 A-3 存在问题的过渡型火箭。

　　A-6：第六代 A 系列火箭,是一种将以前用于测试不同推进剂的 A 系列火箭进行混合动力研究的概念型火箭。

　　A-7：这个 A 系列火箭是一种概念研究火箭,其典型的特征是带有小的机翼,在设计上,这种火箭与其前驱者的不同之处在于,它是在弧线弹道轨迹的高点处从飞机下面发射,而不是在地面上直立发射。

　　A-8：第八代 A 系列火箭,它的箭体比其所有前驱的箭体都长。

　　A-9：第九代 A 系列火箭,这款火箭是 A-4 的一种概念火箭,它具有从其尖端一直到其中部的宽大的后掠翼,这就将火箭变成了一个滑翔机,它可以滑行穿过大气层而不是在大气层之上沿弧线运行。这款概念型变体包括了一个飞行员乘坐的压力舱。1949 年,一枚 A-9 火箭以 A-4b 的名字发射。

　　A-10：最后一代 A 系列火箭,这是另一种概念机,也是最早的一种多级武器。它是由 85 吨重的助推器及位于其上的 A-9 火箭组成,这一两级配置能够覆盖从西欧的一个火箭发射点到美国东海岸的一个大城市之间的距离。

　　阿特拉斯(Atlas)火箭：最初定名为 MX-1593,这是美国空军的一个洲际弹道导弹,于 1957 年实现首飞。

赫耳墨斯(Hermes):美国一个有关 V-2 的计划,其建立的目标是首先掌握德国的 V-2 火箭技术,最终制造出美国版的火箭。

赫耳墨斯 A1(Hermes A1):这种导弹的设计目标是作为防空导弹。

赫耳墨斯 A2(Hermes A2):一种地对地导弹。

赫耳墨斯 A3(Hermes A3):这种导弹的设计目标是把 1 000 磅的弹头发射至 150 英里的距离之外,其误差在 200 英尺之内。

赫耳墨斯 II(Hermes II):这是一种赫耳墨斯火箭的变体,其设计目标是使用一个冲压发动机,这种发动机不需要任何运动部件就可以将气体压进燃烧室。

赫耳墨斯 C-1(Hermes C-1):一种三级导弹,它使用一串固体燃料火箭,这些火箭可以提供足够的动力把更大的有效载荷送到远距离的目的地。

朱庇特火箭(Jupiter):是红石火箭的一种远程衍生物。

朱庇特 A(Jupiter A):第一代朱庇特导弹。Jupiter A 的设计目的是收集制导系统的测试数据,以及多级导弹的逐级分离程序。

朱庇特 C(Jupiter C):三枚改进的红石火箭被命名为朱庇特 C 火箭,是为组装再入飞行器而设计的,这个再入飞行器将测试位于鼻锥体上的烧蚀材料。

单元(Kegeldüse):由赫尔曼·奥伯特担纲设计的一个基础引擎(基础机),其特点是用一个空心钢锥作为燃烧室。

Mirak:这个词是 *minimumrakete* 的缩写,意思是"简单的火箭",它看起来像一个爆竹。在弹头形顶盖之后的圆柱形机身上,有一个简单的铜制火箭发动机,在圆柱形的机身内有一个简单的铜质火箭引擎,与单元(Kegeldüse)引擎类似,在子弹形状的保护罩后面是一根长长的铝合金管子,用来当作导航操纵杆。

红石火箭(Redstone):1952 年 4 月 8 日,因红石兵工厂的缘故,将赫耳墨斯 C-1 更名为红石火箭。

反重力火箭(Repulsor):在 1931 年初的设计,这枚火箭的引擎是以液态氧和汽油为燃料的,并被放入具有冷却作用的水箱中,这种火箭的典型特征是在其尾部有四个尾翅以保持稳定,在引擎后面安装了一个长长的操纵杆用来导航。

雷神(Thor)导弹:是空军负责研发的中程弹道导弹,这种导弹是基于阿特拉斯导弹的组件。

泰坦(Titan)导弹:美国第一个真正的多级洲际弹道导弹,在 20 世纪 50 年代末期开始发射。

注 释

第一章 火箭爱好者

1 Record of Climatological Observations, National Climatic Data Centre.

2 Essers. Max Valier：*A Pioneer of Space Travel*, 210.

3 Essers. Max Valier：*A Pioneer of Space Travel*, 147.

4 斯塔默的飞行回忆录，参见：Essers. Max Valier：*A Pioneer of Space Travel*, 158.

5 Essers. Max Valier: *A Pioneer of Space Travel*, 170

6 Essers. Max Valier: *A Pioneer of Space Travel*, 184.

7 Piszkiewicz, *The Nazi Rocketeers: Dreams of Space and Crimes of War*, 12.

8 Piszkiewicz, *The Nazi Rocketeers: Dreams of Space and Crimes of War*, 14.

9 Piszkiewicz, *The Nazi Rocketeers: Dreams of Space and Crimes of War*, 16.

第二章 火箭的漏洞

1 Ordway and Sharpe, *The Rocket Team* , 18 – 19.

2 Piszkiewicz, *The Nazi Rocketeers: Dreams of Space and Crimes of War*, 18.

3 Stuhlinger and Ordway, *Wernher von Braun: Crusader for Space*, 215.

4 Neufeld, *Von Braun: Dreamer of Space, Engineer of War*, 54 – 55.

5 Piszkiewicz, *The Nazi Rocketeers: Dreams of Space and Crimes of War*, 22 – 23.

6 Piszkiewicz, *The Nazi Rocketeers: Dreams of Space and Crimes of War*, 22.

7 Neufeld, *Von Braun: Dreamer of Space, Engineer of War*, 80.

8 Myhra, Sanger：*Germany's Orbital Rocket Bomber in WWII*, 49.

9 Myhra, Sanger：*Germany's Orbital Rocket Bomber in WWII*, 55.

10 Myhra, Sanger：*Germany's Orbital Rocket Bomber in WWII*, 61.

11 Neufeld, *Von Braun: Dreamer of Space, Engineer of War*, 90.

12 Neufeld, *Von Braun: Dreamer of Space, Engineer of War*, 104.

13 Piszkiewicz, *The Nazi Rocketeers: Dreams of Space and Crimes of War*, 53.

14 Smith, *Eisenhower in War and Peace*, 167.

15 Dornberger, *V-2*, 16.

16 Dornberger, *V-2*, 25.

17 Piszkiewicz, *The Nazi Rocketeers: Dreams of Space and Crimes of War*, 75 – 76.

18 Neufeld, *Von Braun: Dreamer of Space, Engineer of War*, 146.

19 Dornberger, *V-2*, 96 – 97.

第三章 战争的转折

1 Neufeld, *Von Braun: Dreamer of Space, Engineer of War*, 153 – 55.

2 Dornberger, *V-2*, 141.

3 Neufeld, *The Rocket and the Reich: Peenemünde and the Coming of the Ballistic Missile Era*, 225.

4 Neufeld, *Von Braun: Dreamer of Space, Engineer of War*, 169.

5 Dornberger, *V-2*, 179.

6 Smith, *Eisenhower: In War and Peace*, 316.

7 Smith, *Eisenhower: In War and Peace*, 362.

8 "Memorandum for Dr. von Karman" in von Karman, Towards New Horizons, iii.

9 Piszkiewicz, *The Nazi Rocketeers: Dreams of Space and Crimes of War*, 179.

10 Bob Ward. *Dr. Space*, 55 – 56.

11 Neufeld, *Von Braun: Dreamer of Space, Engineer of War*, 190.

12 Neufeld, *Von Braun: Dreamer of Space, Engineer of War*, 192.

第四章 逃跑与投降

1 Neufeld, *Von Braun: Dreamer of Space, Engineer of War*, 193.

2 Neufeld, *Von Braun: Dreamer of Space, Engineer of War*, 195.

3 Smith, *Eisenhower: In War and Peace*, 420.

4 Piszkiewicz, *The Nazi Rocketeers: Dreams of Space and Crimes of War*, 199.

5 Correspondence between Magnus von Braun and Francis French, September 8, 1995.

6 Correspondence between Magnus von Braun and Francis French, September 8, 1995.

7 Neufeld, *Von Braun: Dreamer of Space, Engineer of War*, 201.

第五章 在新墨西哥州的纳粹火箭

1 Eidenbach, "Cultural History of the Tularosa Basin", http://www.nps.gov/whsa/historyculture/culturalhistory-of-the-tularosa-basin.htm.

2 Von Kármán, "Where We Stand: A Report of the AAF Scientific Advisory Board." iv.

3 Von Kármán, "Where We Stand: A Report of the AAF Scientific Advisory Board." 13.

4 Von Kármán, "Where We Stand: A Report of the AAF Scientific Advisory Board." 13.

5 Dryden, et al. *Guided Missiles and Pilotless Aircraft: A Report of the AAF Scientific Advisory Board*, 1.

6 Von Kármán, "Towards New Horizons," xi.

7 Neufeld, *Von Braun: Dreamer of Space, Engineer of War*, 215.

8 Eisenhower, *Waging Peace*, 207.

9 Brzezinski, *Red Moon Rising*, 88.

10 Neufeld, *Von Braun: Dreamer of Space, Engineer of War*, 245.

第六章 火箭与飞机相遇

1 Arnold, *Global Mission*, 136 – 137.

2 Mack ed., *From Engineering Science to Big Science*, 62.

3 Mack ed., *From Engineering Science to Big Science*, 86.

4 Mack ed., *From Engineering Science to Big Science*, 87.

5 *Time*. Army & Navy: What Comes Naturally. Monday, Dec. 23, 1946.

6 Yeager and Janos, *Yeager*, 119.

7 Yeager and Janos, *Yeager*, 126.

8 Yeager and Janos, *Yeager*, 123.

9 Crossfield and Blair Jr., *Always Another Dawn*, 23.

10 Yeager and Janos, *Yeager*, 163.

11 Yeager and Janos, *Yeager*, 164.

12 Yeager and Janos, *Yeager*, 165.

第七章 新的战争、新的导弹和新的领导者

1 Crossfield and Blair Jr., *Always Another Dawn*, 28 – 29.

2 Crossfield and Blair Jr., *Always Another Dawn*, 30.

3 Smith, *Eisenhower: In War and Peace*, 493.

4 Smith, *Eisenhower: In War and Peace*, 504.

5 Smith, *Eisenhower: In War and Peace*, 510.

6 Smith, *Eisenhower: In War and Peace*, 511 – 512.

第八章 飞得更高、更快

1 Ordway III and Sharpe, *The Rocket Team*, 303.

2 Neufeld, Von Braun: *Dreamer of Space, Engineer of War*, 300.

3 Jenkins and Landis, Hypersonics: *The Story of the North American X-15*, 11.

4 Godwin, Dyna-Soar: *Hypersonic Strategic Weapon System*, 24.

5 Godwin, Dyna-Soar: *Hypersonic Strategic Weapon System*, 250.

6 Crossfield and Blair Jr., *Always Another Dawn*, 161.

7 Crossfield and Blair Jr., *Always Another Dawn*, 168.

8 Crossfield and Blair Jr., *Always Another Dawn*, 168.

9 Crossfield and Blair Jr., *Always Another Dawn*, 171.

10 Yeager and Janos, *Yeager*, 250.

11 Yeager and Janos, *Yeager*, 253.

12 Crossfield and Blair Jr., *Always Another Dawn*, 152.

13 Crossfield and Blair Jr., *Always Another Dawn*, 264.

14 Crossfield and Blair Jr., Always Another Dawn, 205.

15 Jenkins and Landis, *Hypersonics: The Story of the North American X-15*, 100 – 101.

16 Jenkins and Landis, *Hypersonics: The Story of the North American X-15*, 101.

17 Crossfield and Blair Jr., *Always Another Dawn*, 205.

18 Crossfield and Blair Jr., *Always Another Dawn*, 206.

19 Crossfield and Blair Jr., *Always Another Dawn*, 210.

20 Hansen, *First Man: The Life of Neil A. Armstrong*, 120.

第九章　缓慢进入高超音速

1 Crossfield and Blair Jr., *Always Another Dawn*, XXX.

2 Crossfield and Blair Jr., *Always Another Dawn*, 220

3 Crossfield and Blair Jr., *Always Another Dawn*, 224 – 225.

4 Crossfield and Blair Jr., *Always Another Dawn*, 229.

5 Crossfield and Blair Jr., *Always Another Dawn*, 248 – 249.

6 Crossfield and Blair Jr., *Always Another Dawn*, 231.

7 Crossfield and Blair Jr., *Always Another Dawn*, 240.

8 Crossfield and Blair Jr., *Always Another Dawn*, 213.

9 Merlin, "Starbursters: 55 Years Ago Capt.Mel Apt Conquered Mach 3, Lost Life on Fated Flight."

10 Hansen, *First Man: The Life of Neil A. Armstrong*, 122.

第十章　在空中飘浮的宇航员

1 Ryan, *The Pre-Astronauts: Manned Ballooning on the Threshold of Space*, 16.

2 Kittinger and Ryan, *Come Up and Get Me*, 44.

3 Ryan, *The Pre-Astronauts: Manned Ballooning on the Threshold of Space*, 29.

4 Kittinger and Ryan, *Come Up and Get Me*, 45.

5 Ryan, *The Pre-Astronauts: Manned Ballooning on the Threshold of Space*, 15.

6 *The Pre-Astronauts: Manned Ballooning on the Threshold of Space*, 19.

7 Kennedy, *Touching Space*, 45.

8 Ryan, *The Pre-Astronauts*, 23.

9 Ryan, *The Pre-Astronauts*, 24.

10 Ryan, *The Pre-Astronauts*, 65.

11 Kittinger and Ryan, *Come Up and Get Me*, 41.

12 Ryan, *The Pre-Astronauts*, 31.

13 Kittinger and Ryan, *Come Up and Get Me*, 48.

14 Ryan, *The Pre-Astronauts*, 78.

15 Kittinger and Ryan, *Come Up and Get Me*, 48.

16 Kittinger and Ryan, *Come Up and Get Me*, 61.

17 Kittinger and Ryan, *Come Up and Get Me*, 63.

18 Kittinger and Ryan, *Come Up and Get Me*, 63.

19 Kittinger and Ryan, *Come Up and Get Me*, 65.

20 Kittinger and Ryan, *Come Up and Get Me*, 66.

第十一章　太空成为一个选项

1 Eisenhower, letter to Chester I. Barnard, June 24, 1954.

2 Neufeld, *Von Braun: Dreamer of Space, Engineer of War*, 279.

3 Colin. "San Antonio & the Genesis of the Collier's Series, "Man Will Conquer Space Soon! "54.

4 Colin. "San Antonio & the Genesis of the Collier's Series, "Man Will Conquer Space Soon! "55.

5 Killian, *Sputnik, Scientists, and Eisenhower*, 119.

6 Neufeld, *Von Braun: Dreamer of Space, Engineer of War*, 295.

7 Neufeld, *Von Braun: Dreamer of Space, Engineer of War*, 298.

第十二章　第一次卫星竞赛

1 Neufeld, *Von Braun: Dreamer of Space, Engineer of War*, 298.

2 Neufeld, *Von Braun: Dreamer of Space, Engineer of War*, 299.

3 Neufeld, *Von Braun: Dreamer of Space, Engineer of War*, 304.

4 Neufeld, *Von Braun: Dreamer of Space, Engineer of War*, 304.

5 USAF, " Proposal for Man-in-Space (1957—1958) ," 30 (XXX).

6 Hagerty, " Remarks by the President in Connection with the Opening of the International Geophysical Year," June 30, 1957.

第十三章　一个小球的巨大冲击

1 Neufeld, *Von Braun: Dreamer of Space, Engineer of War*, 311.

2 Neufeld, *Von Braun: Dreamer of Space, Engineer of War*, 311 - 12.

3 Killian, *Sputnik, Scientists, and Eisenhower*, 2.

4 Medaris, *Countdown for Decision*, 155.

5 XXX。

6 Neufeld, *Von Braun: Dreamer of Space, Engineer of War*, 312.

7 Smith, *Eisenhower: In War and Peace*, 732.

8 Killian, *Sputnik, Scientists, and Eisenhower*, 3.

9 Killian, Sputnik, Scientists, and Eisenhower, 7.

10 Eisenhower, *Waging Peace*, 211 - 212.

11 Official White House Transcript of President Eisenhower's Press and Radio Conference #123."October 9, 1957.

12 Killian, Sputnik, Scientists, and Eisenhower, 15.

13 Killian, Sputnik, Scientists, and Eisenhower, 16.

14 Killian, Sputnik, Scientists, and Eisenhower, 16.

15 Killian, Sputnik, Scientists, and Eisenhower, 20.

16 Killian, Sputnik, Scientists, and Eisenhower, 29.

17 Hartman, *Adventures in Research*, 263.

18 Gray, *Angle of Attack*, 41.

19 Jenkins, *X-15: Extending the Frontiers of Flight*, 330.

20 Eisenhower, "Radio and Television Address to the American People on Science in National Security," November 7, 1957.

21 Eisenhower, "Radio and Television Address to the American People on Science in National Security," November 7, 1957.

22 Killian, *Sputnik, Scientists, and Eisenhower*, 109.

23 USAF, "Proposal for Man-in-Space (1957—1958)," 72.

24 Kistiakowsky, "Memorandum for Dr. Killian," December 19, 1957.

25 Neufeld, *Von Braun: Dreamer of Space, Engineer of War*, 323.

第十四章　掌控太空之争

1 Eisenhower, *Waging Peace*, 255 - 257.

2 Ryan, *The Pre-Astronauts: Manned Ballooning on the Threshold of Space*, 100.

3 Eisenhower, "President's Science Advisory Committee, Introduction to Outer Space," March 26, 1958.

4 Killian, *Sputnik, Scientists, and Eisenhower*, 128.

5 Ryan, *The Pre-Astronauts: Manned Ballooning on the Threshold of Space*, 149.

6 Killian, *Sputnik, Scientists, and Eisenhower*, 139.

7 Creation of NASA: Message to Employees of NACA from T. Keith Glennan 1958 NASA. YouTube via Jeff Quitney.

结语：美国步入太空

1 Swenson Jr. et al, *This New Ocean*, 109.

2 "1958.10.15 X-15 ROLLOUT AND POEM TEST PILOT" by user "Jim Davis."

3 "Press Conference Introducing the Mercury Astronauts," NASA video.

参考资料

"Army & Navy: What Comes Naturally." *Time*. Monday, December 23, 1946.

Arnold, H.H.1949. *Global Mission*. Harper & Brothers, New York.

Berger. Carl. 1966. "The Air Force in Space Fiscal Year 1962." USAF Historical Division Liaison Office.

"Big Maneuvers Test U.S.Army" *Life Magazine* vol.II no.14. October 6, 1941.

von Braun, Magnus, letter to Francis French, September 8, 1995.

von Braun, Magnus, letter to Francis French, March 8, 1996.

von Braun, Magnus, letter to Francis French, May 29, 1996.

von Braun, Magnus, letter to Francis French, August 5, 1996.

Brzezinski, Matthew. 2007. *Red Moon Rising*. Times Books, New York.

Bullard, John W. 1965. *History of the Redstone Missile System*. Army Missile Command, Washington, D. C.

"Chronology of Early Air Force Man-in-Space Activity 1955—1960." Historical Division, Office of Information Space Systems Division, Air Force Systems Command, United States Air Force.

Cleary, Mark C. *Army Ballistic Missile Programs at Cape Canaveral 1953—1988*. 45th Space Wing History Office.

"Creation of NASA: Message to Employees of NACA from T. Keith Glennan 1958 NASA," posted by user "Jeff Quitney," https://www. youtube. com/watch? v=ic4G-8qX_bk(May 17, 2013).

Crossfield, A. Scott, and Clay Blair Jr., 1960. *Always Another Dawn: The Story of a Rocket Test Pilot*. The World Publishing Company, Cleveland.

D'Antonia, Michael. 2007. *A Dog, a Ball, and a Monkey*. Simon and Schuster, New York.

Davey, Colin. "San Antonio & the Genesis of the Collier's Series, 'Man Will Conquer Space Soon!'" *Horizons*, March/April 2013, 54 - 55.

"Development of the Corporal: The Embryo of the Army Missile Program." 1961. Army Missile Command, Huntsville.

Dickson, Paul. 2001. *Sputnik: The Shock of the Century*. Berkeley Publishing Group, New York.

Dobbs, Michael. 2012. *Six Months in 1945*. Knopf, New York.

Dryden, Hugh L. et al. 1946. *Guided Missiles and Pilotless Aircraft: A Report Prepared for the AAF Scientific Advisory Group.* Headquarters Air Materiel Command, Dayton.

Dryden, Hugh L. et al. 1946. *Guidance and Homing of Missiles and Pilotless Aircraft: A Report Prepared for the AAF Scientific Advisory Group.* Headquarters Air Materiel Command, Dayton.

Dryden, Hugh L 1965. *Theodore von Kármán.* National Academy of Sciences, Washington.

Dykman, J. T. *Fifty Years Ago: Winter of Discontent, Winter 1951—1952. The Eisenhower Institute, Gettysburg.*

Eidenbach, Peter L. *"Cultural History of the Tularosa Basin." National Parks Service.* http://www. nps. gov/whsa/learn/historyculture/cultural-history-of-the-tularosa-basin. htm (*July 9, 2015*).

Eisenhower, Dwight D. 1948. Crusade in Europe. *Johns Hopkins University Press, Baltimore.*

Eisenhower, Dwight D. , letter to Chester I. Barnard, June 24, 1954.

Eisenhower, Dwight D. *"Radio and Television Address to the American People on Science in National Security," transcript, the American Presidency Project. November 7, 1957.*

Eisenhower, Dwight D. 1965. *Waging Peace: The White House Years 1956—1961. Doubleday & Company, Garden City.*

Essers, I. 1976. Max Valier: A Pioneer of Space Travel. *National Aeronautics and Space Administration, Washington, D. C.*

Evans, Michelle. 2013. *The X-15 Rocket Plane: Flying the First Wings into Space. University of Nebraska Press, Lincoln.*

"Explorer-l and Jupiter-C." Data Sheet. Department of Astronautics, National Air and Space Museum, Smithsonian Institution, Washington, D. C.

Ezell, Edward Clinton, and Linda Neuman Ezell. 1978. The Partnership: A History of the Apollo-Soyuz Test Project. *National Aeronautics and Space Administration, Washington, D. C.*

Foerstner, Abigail. 2007. James Van Allen: The First Eight Billion Miles. *University of Iowa Press, Iowa City.*

Gabel, Christopher R. 1991. *The US Army GHQ Maneuvers of 1941. United States Army, Washington, D. C.*

Gainor, Chris. 2008. To a Distant Day: The Rocket Pioneer. *University of Nebraska Press, Lincoln.*

Godwin, Robert, ed. 2003. Dyna-Soar: Hypersonic Strategic Weapon System. *Apogee, Burlington.*

Godwin, Robert, ed. 2000. X-15: The NASA Mission Reports. Apogee, Burlington.

Gorn, Michael H. 1992. The Universal Man: Theodore von Kármán's Life in Aeronautics. *Smithsonian, Washington, D. C.*

Gray, Mike. 1992. Angle of Attack: Harrison Storms and the Race to the Moon. *W. W. Norton & Company, New York.*

Grimwood, *James M.*, *and Frances Strowd*. *1962.* History of the Jupiter Missile System. *U.S. Army Ordnance Missile Command.*

Hagerty, *John C.* *White House Press Statement.* *July 29*, *1957.*

Hagerty, *John C.* "*Remarks by the President in Connection with the Opening of the International Geophysical Year.*" *White House Press Statement.June 30*, *1957.*

Hallion, *Richard P.* *1984.* *On the Frontier: Flight Research at Dryden*, *1946—1981.* *National Aeronautics and Space Administration*, *Washington*, *D. C.*

Hansen, *James R.* *1987.* *Engineer in Charge: A History of the Langley Aeronautical Laboratory*, *1917—1958.* *National Aeronautics and Space Administration.*

Hansen, *James.* *2005.* First Man: The Life of Neil A. Armstrong. *Simon & Schuster*, *New York.*

Hartman, *Edwin P.* Adventures in Research: A History of Ames Research Center 1940— *1965.National Aeronautics and Space Administration*, *Washington*, *D. C.*

"*History of Research in Space Biology and Biodynamics at the U. S. Air Force Missile Development Center*, *Holloman Air Force Base*, *New Mexico*, *1946—1958.*" *Historical Division. Office of Information Services*, *Air Force Missile Development Center*, *Air Research and Development Command*, *Holloman Air Force Base*, *New Mexico.*

"*History of Research in Space Biology and Biodynamics.*" *1958.* *Holloman Air Force Base*, *New Mexico.*

"*History of Strategic Air and Ballistic Missile Defense*, *Volume II*, *1956—1972.*" *http://www. history. army. mil/html/books/bmd/BMDV2.pdf(June 23*, *2015*).

Jenkins, *Dennis R.* *2000.* Hypersonics Before the Shuttle. *National Aeronautics and Space Administration*, *Washington*, *D. C.*

Jenkins, *Dennis R.*, *and Tony R Landis.* *2003.* Hypersonic: The Story of the North American X-15.Specialty Press*, *North Branch.*

Jenklns, *Dennis R.* *2007.* X-15: Extending the Frontiers of Flight.National Aeronautics and Space Administration*, *Washington*, *D. C.*

Kennedy, *Gregory.* *2007.* Touching Space: The Story of Project Manhigh. *Schiffer Military History*, *Atglen.*

Kennedy, *Gregory P.* *2009.* The Rockets and Missiles of White Sands Proving Ground *1945—1948.Schiffer Military History*, *Atglen.*

Killian Jr., *James R.* *1977.* Sputnik, Scientists, and Eisenhower: A Memoir of the First *Special Assistant to the President for Science and Technology.MIT Press*, *Cambridge.*

King, *Benjamin*, *and Timothy Kutta.* *1998.* Impact: The History of Germany's V-*Weapons in World War II. Sharpedon*, *Rockville Center.*

Kistiakozsky, *Piore*, *and York.* "*Memorandum for Dr. Killian.*" *December 17*, *1957.*

Kittinger, *Joe*, *and Craig Ryan.* *2010.* Come Up, and Get Me. *University of New Mexico Press*, *Albuquerque.*

Laursen, *V.* "*The Second International Polar Year(1932/33).*" *World Meteorological Organization. https:// www. wmo. int/pages/mediacentre/documents/SecondInt. PolarYear.*

pdf(April 5, 2015).

Lee, Ernest "Tex." 1985. Papers. Dwight D. Eisenhower Library online. Abilene.

Ley, Willy. "For Your Information," Galaxy Magazine, Octobcer 1955. https://archive. org/ stream/galaxymagazine-1955-1o/Galaxy_1955_10#page/n61/mode/2up(April 5, 2015).

Lundgren, William R. 1955. Across the High Frontier: The Story of a Test Pilot—Major Charles E. Yeager, USAF. Bantam Books, Toronto.

Mack, Pamela E., ed. 1998. From Engineering Science to Big Science: The NACA and NASA Collier Trophy Research Project Winners. National Aeronautics and Space Administration, Washington, D. C.

Manucy, Albert C.1949. Artillery Through the Ages. National Parks Service Interpretive Theory, Washington, D. C.

McLaughlin Green, Constance, and Milton Lomask. 1970. Vanguard: A History. National Aeronautics and Space Administration, Washington, D. C.

Medaris, General J. B., and Arthur Gordon. 1960. Countdown for Decision. G. P. Putnam's Sons, New York.

Merlin, Peter W., "Starbuster: 55 Years Ago Capt. Mel Apt Conquered Mach 3, Lost Life on Fated Flight," Edwards Air Force Base, October 5, 2011, http://www. edwards. af. mil/news/story. asp? id = 123274801.

Middlebrook, Martin. 1982. The Peenemünde Raid. Pen & Sword Books, Great Britain.

Mieczkowski, Yanek. 2013. Eisenhower's Sputnik Moment: The Race for Space and World Prestige. Cornell University Press, Ithaca.

Myhra, David. 2002. Sänger: Germany's Orbita Rocket Bomber in World War II. Schiffer Military History, Atglen.

Neufeld, Jacob. 1990. "The Development of Ballistic Missiles in the United States Air Force 1945—1960." United States Air Force, Washington, D. C.

Neufeld, Jacob. 2005. Bernard A. Schriever: Challenging the Unknown. Office of Air Force History, Washington, D. C.

Neufeld, Michael J.1995. The Rocket and the Reich: Peenemünde and the Coming of the Ballistic Missile Era. The Free Press, New York.

Neufeld, Michael J. 2007. Von Braun: Dreamer of Space, Engineer of War. Alfred A. Knopf, New York.

Nicolet, M. "The International Geophysical Year 1957/58." World Meteorological Organization. https://www. wmo. int/pages/media center/documents/Int. GeophysicalYear. pdf(April 5, 2015).

"Official White House Transcript of President Eisenhower's Press and Radio Conference# 123." October 9, 1957.

"Oral History: Maxime A. Faget." 1997. Interviewed by Jim Slade. Johnson Space Center, Houston.

Ordway III. Frederick I., and Mitchell R Sharpe. 1982. The Rocket Team: From the V-2 *to the Saturn Moon Rocket*. MIT Press, Cambridge.

Overy, R. J. 2004. *The Dictators: Hitler's Germany and Stalin's Russia*. W. W. Norton, New York.

Piszkiewicz, Dennis. 1995. *The Nazi Rocketeers: Dreams of Space and Crimes of War*. Stackpole Books, Mechanicsburg.

Powell-Willhite, Irene, ed. 1971. *The Voice of Dr. Wernher von Braun: An Anthology*. Apogee Books, Burlington.

"President's Science Advisory Committee, Introduction to Outer Space," March 26, 1958, pp. 1—2, 6, 13—15. NASA Historical Reference Colleciton, NASA History Division, NASA Headquarters, Washington, D. C.

"Proceedings of the X-15 First Flight 30th Anniversary Celebration." 1989. NASA Ames Research Center, Dryden Flight Research Facility, Edwards.

"Project Horizon: Volume I Summary and Supporting Considerations." 1959. United States Army, Washington, D. C.

"Proposal for Man-in-Space (1957—1958)." Air Research and Development Command, United States Air Force.

"Proposed United States Program for the International Geophysical Year 1957—1958." 1956. National Academy of Sciences National Research Council, Washington, D. C.

Reiffel, L. 1959. "A Study of Lunar Research Flights, Vol 1." Air Force Special Weapons Center, Kirkland Air Force Base, New Mexico.

Rickman, Gregg, ed. 2004. *The Science Fiction Film Reader Paperback*. Limelight Editions, New York.

Ryan, Craig. 1995. *The Pre-Astronauts: Manned Ballooning on the Threshold of Space*. Naval Institute Press, Annapolis.

Sänger, Eugen, and Irene Bredt. M. Hamermesh, trans. 1944. "A Rocket Drive for Long Range Bombers." Technical Information Branch Buaer Navy Department.

Satterfield, Paul H., and David S. Akens. 1958. "Historical Monograph: Army Ordnance Satellite Program." Army Ordnance Corps, Huntsville.

Sheppard, F. H. W. 1973. "The Crown Estate in Kensington Palace Gardens: Historical Development." *Survey of London*. Volume 37, Northern Kensington, ed. pp. 151 - 162.

Shirer, William L. 1961, 2011. *The Rise and Fall of the Third Reich*. Rosetta Books, New York.

Siddiqi, Asif A. "Korolev, Sputnik, and the International Geophysical Year." NASA. http://history. nasa. gov/sputnik/siddiqi. html(April 5, 2015).

Singer, S. F. 1954. "Studies of a Minimum Orbital Unmanned Satellite of the Earth. (Mouse)." American Rocket Society, New York.

Smith, Jean Edward. 2012. *Eisenhower in War and Peace*. Random House. New York.

"Soviet Fires New Satellite, Carrying Dog; Half-Ton Sphere Is Reported 900 Miles Up." *NewYork Times*. November 3, 1957. pp. 1.

"Soviet Fires Earth Satellite into Space: It Is Circling the Globe at 18,000 M.P.H.; Sphere Tracked in 4 Crossings Over U. S." *New York Times.* October 5. 1957. pp. 1.

Stewart, H. J. et al. 1945—1946. "Early Military Characteristics Expected of the Drawing-Board Corporal and the Estimated Performance of the ORDCIT Corporal Series of Guided Missiles." Jet Propulsion Laboratory, Pasadena.

Stuhlinger, Ernst, and Frederick I Ordway III. 1996. *Wernher von Braun: Crusader for Space.* Krieger Publishing Company, Malabar.

Sturm. Thomas A. 1967. *The USAF Scientific Advisory Board: Its First Twenty Years 1944—1964. Office of Air Force History, Washington, D. C.*

Swenson Jr., Loyd S., James M. Grimwood, and Charles C. Alexander. This New Ocean: A History of Project Mercury. *National Aeronautics and Space Administration, Washington, D. C.*

Thompson, Milton O. 1992. At the Edge of Space. *Smithsonian, Washington, D. C.*

Tregaskis, Richard. 1961. *X-15 Diary: The Story of America's First Space Ship.* Bison Books, University of Nebraska Press, Lincoln.

Tsien, H. S. et al. 1946. "Technical Intelligence Supplement: A Report of the AAF Scientific Advisory Board." *Headquarters Air Materiel Command, Dayton.*

Van Pelt, Michel. 2012. Rocketing into the Future: The History and Technology of Rocket Planes. *Springer Praxis, Chichester.*

Von Kármán, Theodore. 1946. "Where We Stand: A Report of the AAF Scientific Advisory Board." *Headquarters Air Materiel Command, Dayton.*

Von Kármán, Theodore. 1946. "Towards New Horizons: A Report to General of the Army H. H. Arnold Submitted on Behalf of the A. A. F. Scientific Advisory Group." *Headquarters Air Materiel Command, Dayton.*

Von Kármán, Theodore, and Lee Edson. 1967. The Wind and Beyond: Theodore von Kármán, Pioneer in Aviation and Pathfinder in Space. *Little, Brown and Company, Boston.*

"Walt Disney Treasures Tomorrowland: Disney in Space and Beyond," Walt Disney Studios Home Entertainment. DVD release May 18, 2004.

Ward, Bob. 2005. Dr. Space: The Life of Wernher von Braun. *Naval Institute Press, Annapolis.*

Wolfe, Allen E., and William J. Truscott. 1960. "Juno I: Re-Entry Test Vehicles and Explorer Satellites." *Jet Propulsion Laboratory, Pasadena.*

White, L. D. 1952. "Final Report: Project Hermes V-2 Missile Program." *General Electric, Schenectady.*

Winzen Staff. 1959. "Manhigh I." *Air Force Missile Development Center, Alamogordo.*

Yeager, Chuck, and Leo Janos. 1985. Yeager. Bantam Books, Toronto. "1958. 10. 15 X-15 ROLLOUT AND POEM TEST PILOT" posted by user "Jim Davis," https://www.youtube.com/watch? v=4 RHs9WYnnFM(April 2, 2008).

"1958 NASA/USAF Space Probes (Able-I) Final Report." *Headquarters ARDC, Space Technology Laboratory, Los Angeles.*

"7 Named as Pilots for Space Flights Scheduled in 1961." New York Times. April 10, 1959.

致　谢

这本书的面世得益于许多人的帮助,在此向各位表示诚挚的感谢! 首先要感谢的是吉姆·马丁(Jim Martin),有一天我在手机上打开了你的邮件,你告诉我,将向我提供一份正式的出版合同,感谢你始终如一的坚定支持! 感谢杰克·约翰逊(Jackie Johnson)、劳拉·菲利普(Laura Phillips)、布鲁姆斯伯里(Bloomsbury)! 谢谢你们向一位默默无闻的作者伸出了橄榄枝,并给予指导!

当我着手《打破重力束缚》的写作时,这个领域的写作对我而言已非全然陌生。在我的职业工作中,又得到许多人的帮助,此时接受该书的写作也是一件水到渠成的事。感谢 *Motherboard*(*Vice* 杂志的一个科技频道)的亚历克斯·帕斯特纳克提供给我作为作家的第一份工作! 感谢《今日宇宙》(*Universe Today*)的弗雷泽·卡因(Fraser Cain)将我带进太空爱好者网上之家! 我常常因忙碌而缺席定期的"视频群聊",即便只是偶尔不定期地参与,你也慷慨应允。感谢《探索新闻频道》(*Discovery News*)的伊恩·奥尼尔(Ian O'Neill)聘用我并一直给予我支持!

感谢 W.W.诺顿出版社(W. W. Norton Liveright)的菲尔·马里诺(Phil Marino)和切尼文学俱乐部(Cheney Literary)的亚历克斯·雅各布斯! 是你们两位引导并鼓励我开始出版自己的著作,并在我对这方面一片懵懂无知时给予宝贵的建议。菲尔·马里诺两年多前在纽约曾与我共进午餐,并从一位出版家的角度给予了我最早的建议,这最终促成了本书的问世! 亚历克斯·雅各布斯不厌其烦地为我解答合同签订的各种问题,谢谢你们!

感谢弗朗西斯·法兰西斯(Francis French)为我提供了撰写阿波罗宇航员回忆录的宝贵机会,你一如既往的支持已成为我将事业继续下去的保证;在这项工作的最后几个阶段,马特·伍德(Matt Wood)作为一位极好的朋友、耐心地倾听我的想法,并及时给予我反馈意见;罗伯特·里夫斯(Robert Reeves)在我处于艰难之时成为我的力量源泉。谢谢你们三位,在本书初稿的早期写作阶段,给予了我时间和想法!

有几位可能并没有意识到他们对我是多么的重要! 菲尔·佩雷特(Phil

Plait)和杰夫·纳金(Geoff Notkin),你们两位在几年前给予了我很多帮助,赋予我在这个光怪陆离的科技传播世界中坚持下去的信心;亚利桑那州立大学的杰米·韦特莫尔(Jamey Wetmore)在我的硕士论文写作的几个夏季学期曾经给予我许多帮助。多年来,在我的大量写作计划中,我仍受惠于先前从你的课程中学到的知识经验;YouTube 的南森·北田(Nathan Kitada),谢谢你从我的太空历史视频中看到了一些有价值的东西,正是你使我感到,我可以超越只是热衷于太空历史爱好者的定位而拓展自己的领域;谢谢阿兰·斯特恩(Alan Stern)是你引领我进入新视野团队(New Horizons),这既是一次不可多得的机会,更是一种难能可贵的信赖!

马克·赖特(Mark Ulett),谢谢你在我刚刚承担这个项目时对我的鼓励,在我写作的几年中,你允许我不断地征求意见,并阅读了样本章节的每一个原初草稿和方案计划。

感谢我的父母! 谢谢你们让我接受教育,感谢你们的爱和支持,感谢你们给予我致力于本书写作的自由! 父亲在阅读我的草稿过程中,学习了许多你一直想了解的航天知识。我爱你们!

最后,感谢我推特上的追随者、脸书上的粉丝、YouTube 视频的订阅者和博客读者! 正是因为你们,我才能够从事这份我热爱并以此为生的工作。谢谢你们允许我表达我对太空探索如醉如痴的热爱,并与你们分享这种热情,感谢你们和我一样热爱它!

艾米·希拉·泰特尔

2015 年